Fabian Bauer

Optimierung der Energieeffizienz zweibeiniger Roboter durch elastische Kopplungen

Karlsruher Institut für Technologie
Schriftenreihe des Instituts für Technische Mechanik
Band 24

Eine Übersicht aller bisher in dieser Schriftenreihe erschienenen
Bände finden Sie am Ende des Buchs.

Optimierung der Energieeffizienz zweibeiniger Roboter durch elastische Kopplungen

von
Fabian Bauer

Dissertation, Karlsruher Institut für Technologie (KIT)
Fakultät für Maschinenbau
Tag der mündlichen Prüfung: 09. Mai 2014

Impressum

 Scientific
Publishing

Karlsruher Institut für Technologie (KIT)
KIT Scientific Publishing
Straße am Forum 2
D-76131 Karlsruhe

KIT Scientific Publishing is a registered trademark of Karlsruhe
Institute of Technology. Reprint using the book cover is not allowed.

www.ksp.kit.edu

Print on Demand 2014

ISSN 1614-3914
ISBN 978-3-7315-0256-2
DOI   10.5445/KSP/1000042846

Optimierung der Energieeffizienz zweibeiniger Roboter durch elastische Kopplungen

---

Zur Erlangung des akademischen Grades

Doktor der Ingenieurwissenschaften

der
Fakultät für Maschinenbau
Karlsruher Institut für Technologie (KIT)

genehmigte
Dissertation

von

Dipl.-Ing. Fabian Bauer

aus Lahr/Schwarzwald

Tag der mündlichen Prüfung:	09. Mai 2014
Hauptreferent:	Prof. Dr.-Ing. Wolfgang Seemann
Korreferent:	Prof. Dr.-Ing. habil. Alexander Fidlin
Korreferent:	Prof. Dr. Gabriel Abba

Vorwort

Die vorliegende Arbeit entstand während meiner Tätigkeit als wissenschaftlicher Mitarbeiter am Institut für Technische Mechanik, Bereich Dynamik/Mechatronik des Karlsruher Instituts für Technologie (KIT).

An erster Stelle möchte ich mich bei meinem Doktorvater Herrn Prof. Dr.-Ing. Wolfgang Seemann für die wissenschaftliche Betreuung dieser Arbeit und seine Förderung und Unterstützung in fachlicher und persönlicher Hinsicht bedanken. Während meiner Dissertation ermöglichte er mir den Besuch zahlreicher internationaler Konferenzen. Seine Anregungen erwiesen sich stets als wertvoll für den Fortschritt meiner Arbeit.

Ein großes Dankeschön geht ebenfalls an meinen Korreferenten Herrn Prof. Dr.-Ing. habil. Alexander Fidlin, der sich sofort für mein Thema interessierte, als er 2011 ans Institut berufen wurde. Die zahlreichen Ideen und gemeinsamen Diskussionen haben meine wissenschaftliche Arbeit und persönliche Weiterentwicklung mit vorangetrieben.

Des Weiteren möchte ich Herrn Prof. Dr. Gabriel Abba danken, der sich freundlicherweise dazu bereit erklärt hat, das externe Korreferat zu übernehmen. Er ermöglichte mir, meine Forschungsergebnisse an der ENSAM Metz vorzutragen. Seine Anregungen waren wertvolle Impulse für mich, meine Arbeit zusätzlich aus einem weiteren Blickwinkel zu betrachten.

Herr Prof. Dr. rer. nat. Frank Gauterin übernahm trotz eines vollen Terminkalenders gerne den Prüfungsvorsitz und sorgte für eine angenehme Prüfungsatmosphäre. Dafür bedanke ich mich ganz besonders.

Herr Prof. Dr.-Ing. Dr. h.c. Jörg Wauer begeisterte mich während meines Studiums für die Technische Mechanik. Für sein Interesse an meiner Arbeit über die aktive Zeit am Institut hinaus und seine konstruktive Kritik bedanke ich mich sehr.

An dieser Stelle möchte ich mich weiterhin bei den Herren Prof. Dr.-Ing. Carsten Proppe, Prof. Dr.-Ing. Walter Wedig, Prof. Dr.-Ing. Dr. h.c. Jens Wittenburg und allen meinen Kollegen am Institut bedanken. Herzlich bedanke ich mich bei Herrn Prof. Dr.-Ing. Hartmut Hetzler, meinem Übungsleiter in TM III, der mir mit positiv motivierendem kritischem Feedback während meiner Doktorandenzeit zur Seite stand. Außerdem danke ich meinen Zimmerkollegen Christian Simonidis, Christoph Baum, Heike Vogt und Ulrich Römer, die über das rein fachliche Interesse hinaus auch immer ein offenes Ohr für meine Anliegen hatten. Dank gebührt auch meinen Abschlussarbeitern und Hiwis, insbesondere Tristan Schlögl und Christoph Schneider.

Schließlich möchte ich mich bei meinen Eltern bedanken, die mein Interesse an der Technik weckten, meine Ausbildung förderten und damit diese Arbeit erst ermöglichten.

Mein größter und herzlichster Dank für alles gilt aber meiner lieben Frau Veronica.

Karlsruhe, im August 2014
Fabian Bauer

Kurzfassung

Die Entwicklung zweibeiniger Roboter wird stark durch die Gewichtung der beiden ungleichen Ziele Energieeffizienz sowie Stabilität und Robustheit der Fortbewegung beeinflusst. Klassische Regelungsstrategien legen den Fokus konservativ auf Stabilität und Robustheit der Bewegung des Roboters und erzwingen diese durch vollständiges Unterdrücken der natürlichen Dynamik des Systems. Neuartige Regelungsstrategien dagegen lassen sich vom Vorbild des Menschen inspirieren, der während des Gehens stets über seinen Fuß fällt und so die natürliche Dynamik des Systems ausnutzt anstatt gegen sie anzukämpfen. Dies führt zu einer stabilen und robusten Fortbewegung im Grenzzyklus mit einer signifikant höheren maximalen Geschwindigkeit und Energieeffizienz des jeweiligen Roboters.

In dieser Arbeit wird untersucht, wie sich die natürliche Dynamik des Systems durch Einsatz elastischer Kopplungen zur weiteren Steigerung der Energieeffizienz optimieren lässt. Die betrachteten Roboter werden als unteraktuierte Systeme modelliert und mittels Ein-Ausgangs-Linearisierung geregelt, damit sich deren natürliche Dynamik ausbilden kann. Die unterschiedlichen Topologien elastischer Kopplungen werden auf ihre Funktion als Gelenkmomente reduziert und durch Kennlinien abgebildet. Zur Untersuchung des Einflusses elastischer Kopplungen auf Energieeffizienz sowie Stabilität und Robustheit werden sowohl die Bewegung des Roboters als auch dessen elastische Kopplungen unter Anwendung gradientenbasierter und gradientenfreier numerischer Algorithmen optimiert. Als Maß zur Quantifizierung der Energieeffizienz und als Zielfunktion der Optimierung werden die über den Geschwindigkeitsbereich des Gehens gemittelten spezifischen Transportkosten eingesetzt. Diese sind als Energieaufwand für die jeweilige Bewegung bezogen auf die zurückgelegte Strecke und das Gewicht definiert.

Durch Einsatz elastischer Kopplungen lassen sich die mittleren spezifischen Transportkosten über den Geschwindigkeitsbereich $0{,}3-2{,}3\,\mathrm{m/s}$ eines $80{,}0\,\mathrm{kg}$ schweren und $1{,}80\,\mathrm{m}$ großen Roboters ohne bzw. mit realistischer Gelenkreibung mit starren Knien um $56{,}6\,\%$ bzw. $39{,}3\,\%$ und mit gelenkigen Knien um $80{,}1\,\%$ bzw. $47{,}0\,\%$ reduzieren. Als optimal erweist sich die Positionierung der elastischen Kopplung zwischen den Beinen. Die Stabilität der Bewegung bleibt erhalten, die Robustheit nimmt für den Roboter mit starren Knien zu, für den mit gelenkigen Knien ab, bleibt jedoch hinreichend groß für eine praktische Anwendung. Die Minimierung der spezifischen Transportkosten erfolgt über eine Reduzierung der Stoßverluste durch kleinere Schritte. Der Mechanismus wird erst bei Erhöhung der natürlichen Frequenz durch elastische Kopplungen wirksam und wird unter Zuhilfenahme geeigneter Ersatzmodelle detailliert untersucht. Die betrachteten Roboter bewegen sich mit elastischen Kopplungen in einem weiten Geschwindigkeitsbereich in Resonanz.

Es wird eine konstruktive Umsetzung der optimalen elastischen Kopplung des Roboters mit gelenkigen Knien vorgeschlagen. Diese besteht aus zwei Riementrieben sowie einer Zugfeder und ist an einem bestehenden Roboter nachrüstbar.

Inhaltsverzeichnis

1 Einleitung — **1**
1.1 Motivation der Arbeit — 1
1.2 Stand der Forschung — 3
   1.2.1 Biomechanik — 3
   1.2.2 Robotik — 5
   1.2.3 Elastische Kopplungen — 9
1.3 Ziel der Arbeit — 12
1.4 Aufbau der Arbeit — 12

2 Methoden — **13**
2.1 Mehrkörperdynamik — 13
   2.1.1 Komponentenmodell — 13
   2.1.2 Topologiemodell — 15
   2.1.3 Gleichungsgenerierung — 17
2.2 Nichtlineare Regelung — 20
   2.2.1 Differenzordnung — 20
   2.2.2 Ein-Ausgangs-Linearisierung — 21
   2.2.3 Nulldynamik — 21
   2.2.4 Transformation — 22
2.3 Numerische Optimierung — 23
   2.3.1 Optimierung unter Nebenbedingungen — 23
   2.3.2 Sequentielle Quadratische Programmierung — 24
   2.3.3 Direktes Suchverfahren — 25

3 Robotermodell — **27**
3.1 Mechanikmodell — 27
   3.1.1 Einzelstützphase — 27
   3.1.2 Doppelstützphase — 32
   3.1.3 Hybrides Modell – Zustandsautomat — 36
   3.1.4 Parameter des Starrkörpersystems — 37
   3.1.5 Elastische Kopplungen — 38
3.2 Aktormodell — 45
3.3 Regelungsmodell — 49
   3.3.1 Regelung Einzelstützphase – Ein-Ausgangs-Linearisierung — 50
   3.3.2 Sollverlauf der Gelenkwinkel — 51
   3.3.3 Verbleibende Dynamik der Einzelstützphase – Nulldynamik — 53
   3.3.4 Verbleibende Dynamik der Doppelstützphase – Stoßabbildung — 55
   3.3.5 Verbleibende Dynamik des Gangs – Hybride Nulldynamik — 57

4   Optimierungsprozess   **59**
  4.1   Optimierung der Bewegung   59
     4.1.1   Zielfunktion   59
     4.1.2   Nebenbedingungen   60
     4.1.3   Prozessablauf   61
  4.2   Optimierung der elastischen Kopplungen   64
     4.2.1   Zielfunktion   64
     4.2.2   Prozessablauf   64

5   Dreisegmentläufer   **67**
  5.1   Referenzmodell ohne elastische Kopplungen   67
  5.2   Energieverlust durch Stoß   70
  5.3   Minimierung der spezifischen Transportkosten mit elastischen Kopplungen   75
  5.4   Einfluss der Topologie der elastischen Kopplungen   82
     5.4.1   Elastische Kopplung der Beine   82
     5.4.2   Elastische Kopplung des Oberkörpers und der Beine   83
     5.4.3   Optimale Topologie der elastischen Kopplung   86
  5.5   Einfluss des Grads der BÉZIER-Polynome   88
  5.6   Einfluss des Haftreibungskoeffizienten   89
  5.7   Einfluss des Koeffizienten der statischen Leistung   90
  5.8   Einfluss der Massenverteilung   91
  5.9   Einfluss der viskosen Gelenkreibung   92
  5.10 Einfluss der elastischen Kopplungen auf Stabilität und Robustheit   94

6   Fünfsegmentläufer   **97**
  6.1   Referenzmodell ohne elastische Kopplungen   97
  6.2   Energieverlust durch Stoß   99
  6.3   Minimierung der spezifischen Transportkosten mit elastischen Kopplungen   101
  6.4   Einfluss der Topologie der elastischen Kopplungen   108
     6.4.1   Vergleich der korrespondierenden elementaren elastischen Kopplungen 108
     6.4.2   Vergleich der elementaren elastischen Kopplungen zwischen den Beinen 113
     6.4.3   Optimale elastische Kopplung   114
     6.4.4   Konstruktive Umsetzung der optimalen elastischen Kopplung   116
  6.5   Einfluss des Grads der BÉZIER-Polynome   117
  6.6   Einfluss der elastischen Kopplungen auf Stabilität und Robustheit   117

7   Zusammenfassung und Ausblick   **121**

A   Dreisegmentläufer   **125**
  A.1   Einfluss der Topologie der elastischen Kopplungen   125
     A.1.1   Einzelne elastische Kopplungen   125
     A.1.2   Kombination elastischer Kopplungen   127
  A.2   Einfluss des Koeffizienten der statischen Leistung   129
  A.3   Einfluss der Massenverteilung   130
  A.4   Einfluss der viskosen Gelenkreibung   131

B Fünfsegmentläufer   **133**
  B.1 Einfluss der Topologie der elastischen Kopplungen 133
      B.1.1 Elastische Kopplungen im Bein 133
      B.1.2 Elastische Kopplungen zwischen den Beinen 135
  B.2 Einfluss der viskosen Gelenkreibung 138

Symbolverzeichnis   **139**

Abbildungsverzeichnis   **145**

Tabellenverzeichnis   **151**

Literaturverzeichnis   **153**

1 Einleitung

1.1 Motivation der Arbeit

Es liegt in der Natur des Menschen nach scheinbar unerreichbaren Extremen zu streben und nach den Sternen zu greifen. So entschied der Präsident der Vereinigten Staaten von Amerika JOHN F. KENNEDY am 25. Mai 1961 folgerichtig den bemannten Mondflug zum dringenden nationalen Bedürfnis [Ken61]. Acht Jahre und 20 Milliarden Dollar [Eze88] später betrat NEIL ARMSTRONG mit den Worten „That's one small step for a man; one giant leap for mankind."[Arm13] als erster Mensch den Mond. Der Schritt von einer Leiter auf den Boden ist für einen gesunden Menschen in der Tat eine lösbare Aufgabe, für einen humanoiden Roboter, ein technisches System, welches dem Menschen nachempfunden ist, dagegen eine große Herausforderung. Die Tendenz zu Extremen lässt sich auch in den Naturwissenschaften erkennen – die Physik betrachtet Forschungsgebiete mit Effekten auf der Größenskala des Menschen als abgeschlossen und wendet sich der Teilchen- und Astrophysik zu. Dem gegenüber steht die Situation, dass fast alle Menschen auf zwei Beinen gehen können aber kein Mensch so recht weiß, was er genau dabei tut. Bislang kam die Menschheit mit diesem Paradoxon zurecht. Weshalb sollte sich die Forschung also mit der profanen Fragestellung des zweibeinigen Gangs beschäftigen? Als allererstes steht die Wissenschaft im Dienste des Menschen. Sie sollte sich deshalb bei der Suche nach Wahrheit und dem Mehren von Wissen und Erkenntnis an den Bedürfnissen des Menschen ausrichten. Die körperliche Unversehrtheit bzw. die Fähigkeit sich selbstständig fortzubewegen stellt dabei ein Grundbedürfnis eines jeden Menschen dar.

Gemäß einer Studie des National Institute on Disability and Rehabilitation Research aus dem Jahr 2000 [KKL00] sind 1,7 Millionen Amerikaner auf einen Rollstuhl angewiesen.[1] Diese Menschen leiden nicht nur physisch unter der Einschränkung der Mobilität und den Folgeerscheinungen durch ständiges Sitzen, sondern auch psychisch nicht zuletzt durch eine niedrigere Augenhöhe gegenüber ihren Gesprächspartnern. Ein Exoskelett könnte langfristig den Rollstuhl ersetzen (s. Abb. 1.1a) und so die Lebensqualität von schwerbehinderten oder altersschwachen Menschen erheblich verbessern. Aktuell gibt es noch kein marktreifes kommerzielles System, es befinden sich jedoch einzelne Vorreiter wie ReWalk™ von Argo Medical Technologies, Israel oder Ekso™ von Ekso Bionics, USA in der Prototypenphase. Eine Studie mit Querschnittsgelähmten bescheinigt erstgenanntem Exoskelett neben einer positiven Wahrnehmung bei den Probanden sowohl etwaige Vorteile in der funktionellen Mobilität, dem Zustand des Herz-Kreislaufsystems und der Atemwege, dem Knochenstoffwechsel sowie der Darm- und Blasenfunktion als auch eine Reduktion spastischer Lähmungen und Nervenschmerzen [ZWZ+12]. Eine Bewertung hinsichtlich des

---

[1]Für Deutschland gibt es keine validen Zahlen, da das statistische Bundesamt keine Daten zu Rollstuhlfahrern erhebt.

Energieverbrauchs wurde in dieser Studie explizit ausgenommen unter dem Hinweis, das Hauptproblem für den praktischen Gebrauch von Gehmaschinen für Querschnittsgelähmte sei deren Energieversorgung.

Neben der Unterstützung des Menschen mit körperlicher Einschränkung lassen sich humanoide Roboter zum Schutz von Menschen in Extremsituationen einsetzen. An vielen Stellen im Katastrophenschutz und bei Rettungseinsätzen bringen sich heute Menschen in Lebensgefahr. Im Sinne BERTOLT BRECHTs Galileo Galilei „Unglücklich das Land, das Helden nötig hat."[Bre98], könnten in Zukunft Roboter diese Einsätze übernehmen. In einem derartigen Szenario (siehe Abb. 1.1b) stellen Roboter derzeit bei der Robotics Challenge [Pra12b] der Defense Advanced Research Projects Agency (DARPA) des US-Militärs ihre Leistungsfähigkeit unter Beweis. Die Robotics Challenge ist ein Bestandteil der National Robotics Initiative, die US-Präsident BARACK OBAMA im 24. Juni 2011 startete [Oba11][1]. In weiteren Projekten werden spezifische Teilprobleme adressiert. So ist es das Ziel des Programms Maximum Mobility and Manipulation (M3), die Energieeffizienz des bei der Robotics Challenge einzusetzenden neu entwickelten Roboters ATLAS von Boston Dynamics, Inc. USA um den Faktor 20 zu verbessern. Laut Berechnungen kann der Roboter in der bisherigen Ausführung mit der Energie aus einer 23 kg schweren Lithium-Ionen-Batterie 10 bis 20 Minuten laufen [Pra12a]. Radgetriebene Systeme weisen zwar eine deutlich bessere Energieeffizienz auf, sind aber auf Grund etwaiger Hindernisse wie Trümmer, Treppen und Leitern zum Ersatz des Menschen im Katastrophenschutz nicht geeignet. Vier- und mehrbeinige Lösungen bringen für den gleichen Arbeitsraum der Manipulatoren ein größeres Gesamtgewicht mit sich und weisen damit einen höheren Energieverbrauch auf.

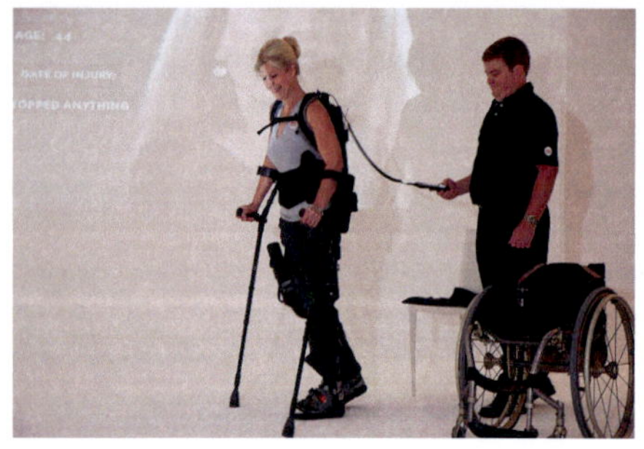

(a) Rollstuhlsubstitut [Mil12]   (b) Katastrophenschützer [Pra12b]

Abbildung 1.1: Anwendungsszenarien für zweibeinige Roboter.

In den in Abb. 1.1 dargestellten Szenarien, dem Exoskelett als Rollstuhlsubstitut und dem Roboter als Katastrophenschützer, gibt es zur Fortbewegung auf zwei Beinen keine Alternative. In beiden Fällen stellt der Energieverbrauch der aktuellen technischen Lösung ein limitierendes Element für die weitere Entwicklung und praktische Nutzung dar. Die

---

[1]In der Future and Emerging Technologies (FET) Flagship Initiative Robot Companions for Citizens [Dar12] wurde in der Europäischen Union ein ähnliches Programm angedacht, das nicht umgesetzt wird.

Entwicklung einer energieeffizienten zweibeinigen Laufmaschine wäre somit im Vergleich zur Mondlandung ein riesiger Sprung für die Menschheit.

1.2 Stand der Forschung

Die Fortbewegung auf Beinen ist eine interdisziplinäre Fragestellung, an der unter anderen Maschinenbauer, Elektrotechniker, Informatiker, Mathematiker, Sportwissenschaftler, Mediziner und Neurowissenschaftler arbeiten. So verschieden die Fachrichtungen der einzelnen Wissenschaftler sind, so verschieden sind die Forschungsschwerpunkte und so vielfältig die daraus entstandenen Publikationen. Im Folgenden sollen eingeschränkt auf die zweibeinige Fortbewegung bisherige Ansätze skizziert werden mit dem Ziel der Entwicklung einer energieeffizienten zweibeinigen Laufmaschine.

1.2.1 Biomechanik

Werden Leistungsfähigkeit und Energieeffizienz eines humanoiden Roboters mit der eines Menschen verglichen, drängt sich der Ansatz der Bionik[1] förmlich auf. Einige Biomechaniker sehen ihre Arbeiten folglich nicht nur als Beitrag zum Verständnis der Grundprinzipien der menschlichen Fortbewegung, sondern auch als Grundlage für die Konstruktion und Regelung technischer Systeme. Zur Verifizierung der Hypothesen zu den Prinzipien der menschlichen Fortbewegung bietet es sich an, diese in physikalischen und mathematischen Modellen zu formulieren und zu testen. Der Komplexität des menschlichen Systems begegneten die Biomechaniker bei der Modellierung auf konträre Art und Weise.

Ein Teil der Forscher bediente sich der pragmatischen Modellbildung und modellierte lediglich das in Messungen beobachtete Verhalten des Systems. Hierbei entstanden für die ebene Bewegung des Schwerpunkts des Menschen in der Sagittalebene[2] beim Gehen das Modell des *inversen Pendels* [Ale76] und beim Rennen das des *gefederten inversen Pendels*[3] [Bli89, MC90]. Beide Modelle konzentrieren die Trägheit des Gesamtsystems im Schwerpunkt, vernachlässigen die Schwungbeinbewegung und bilden die Wirkung des Stützbeins über einen masselosen Stab bzw. eine masselose Feder ab. Das gefederte inverse Pendel wurde ferner als grundlegendes Modell der zweibeinigen Fortbewegung auf das Gehen übertragen [GSB06] und wurde als Schablone[4] des Verhaltens des komplexen biologischen Systems angesehen [FK99]. Für das gefederte inverse Pendel liegen zahllose Untersuchungen [GAHK03, BHPS10] und Erweiterungen beispielsweise auf die dritte Dimension [SH05, BBS12] vor. Während das gefederte inverse Pendel die Dynamik des Gesamtsystems bestehend aus Schwerpunkttrajektorie und Bodenreaktionskräfte beim Rennen zu mittleren Geschwindigkeiten gut wiedergeben kann, liefert es beim Gehen nur in einem stark eingeschränkten Bereich mit Messungen übereinstimmende Ergebnisse [LGR+12]. Ungeachtet seiner Beliebtheit in der Biomechanik hat das Modell einige Nachteile, die eine

---

[1] Die Bionik lässt sich von der durch die Evolution über Jahrtausende optimierten Natur inspirieren und überträgt biologische Lösungen in die Technik.

[2] Die Sagittalebene wird von den Vektoren vom Becken zum Kopf und vom Rücken zum Bauch aufgespannt.

[3] englisch: spring loaded inverted pendulum (SLIP)

[4] englisch: template

direkte Übertragung des Konzepts auf einen Roboter verhindern. Das Modell ist völlig passiv, es enthält weder eine Energiesenke noch eine Energiequelle. Ein Mensch und auch ein Roboter verlieren dagegen bei jedem Schritt Energie durch den Stoß beim Aufprall des Fußes auf den Boden sowie durch Gelenkreibung und imperfekte Aktoren. Des Weiteren ist im Modell lediglich das momentan mit dem Boden in Kontakt befindliche Standbein und nicht das momentan in der Luft befindliche Schwungbein abgebildet. Das Schwungbein des realen Systems hat zu Beginn des Schritts aus Sicht des Schwerpunktbeobachters eine negative Geschwindigkeit. Es muss stark beschleunigt werden, um den Schwerpunkt zu überholen und vor diesem abgesetzt werden zu können. Black-Box-Modelle vom Format des gefederten inversen Pendels eignen sich folglich nicht, um den Energiehaushalt beim Laufen[1] zu analysieren oder gar zu optimieren.

Soll nicht allein das Verhalten für einen begrenzten Anwendungsbereich, sondern auch dessen Ursache wiedergegeben werden, so sind Pendel-Modelle ungeeignet und es ist die innere Struktur, bestehend aus starren über Gelenke verbundene und durch Muskeln aktuierte Skelettknochen, geeignet abzubilden. Zur Modellierung der Muskeln und deren Ansteuerung gibt es verschiedene Ansätze. Ein mechanistisches Modell, das die molekularen Abläufe im Muskel abbildet, ist für die makroskopische Fragestellung der Fortbewegung nicht geeignet [vGC98]. Vielmehr wurde ein in Messungen ermitteltes Kennfeld, das sogenannte HILL-*Type-Modell* [Hil38], verwendet, das in Abhängigkeit der kinematischen Größen der Muskelangriffspunkte und der momentanen Muskelaktivierung die Muskelkraft angibt. Die Modellierung des menschlichen Bewegungsapparats mit einzelnen Muskeln führte zu komplexen Muskelskelett-Modellen mit einer schier unüberschaubaren Anzahl an Freiheitsgraden und Parametern [DRC+06]. Mit solchen Modellen könnten menschliche Bewegungen genau erzeugt werden, vorausgesetzt die einzelnen Muskeln werden in geeigneter Art und Weise aktiviert und koordiniert. Die Aktivierung der Muskulatur wurde dabei meist aus einer zweistufigen inversen Rechnung gewonnen. Zunächst wurden aus einer zuvor im Motion Capturing aufgezeichneten Bewegung in einer klassischen inversen Dynamik mit dem Skelettmodell die erforderlichen Gelenkmomente errechnet. Anschließend wurde mit einem Optimierungsprinzip die zur Erzeugung der Gelenkmomente erforderliche Aktivierung der Muskulatur berechnet [HSD10]. Wird die invers ermittelte Aktivierung der Muskulatur in einer direkten Simulation periodisch fortgesetzt, addieren sich die Störungen über die Schritte und der Läufer fällt bereits nach wenigen Schritten um. Die Erkenntnisse aus der zweistufigen inversen Rechnung sind beispielsweise bei der Analyse eines pathologischen Gangs in der Medizin nutzbar aber nicht zum Betrieb einer zweibeinigen Maschine.

Der konsequente nächste Schritt ist das Abbilden des Mechanismus zur Erzeugung der Aktivierung beim Menschen. Die Neurowissenschaften schlagen hierfür im Rückenmark befindliche *zentrale Mustergeneratoren*[2] oder *lokale Reflexschleifen* vor. Bei Reflexen wirken die sensorischen Informationen wie lokale Muskellänge, -längenänderung oder -spannung über ein Totzeit- und ein Verzögerungsglied erster Ordnung auf die Aktivierung der jeweiligen Muskulatur. In einem detaillierten Neuro-Muskel-Skelett-Modell des Menschen konnte mit reflexbasierter Aktivierung eine stabile Laufbewegung mit menschlichen Aktivierungs-

---

[1]In dieser Arbeit wird das Laufen als Vereinigungsmenge der beiden Fortbewegungsarten Gehen und Rennen verwendet.

[2]englisch: Central Pattern Generator (CPG)

mustern gezeigt werden [GH10]. Beim zentralen Mustergenerator wird das menschliche Nervensystem als gekoppeltes System nichtlinearer Oszillatoren modelliert. Diese erzeugen aus einem einfachen niederdimensionalen Eingangssignal hochdimensionale periodische Ausgangssignale. Durch die Phasenkopplung zwischen dem mechanischen Modell und den neuronalen Oszillatoren über Gelenkmomente und sensorisches Feedback konnte ein stabiler Grenzzyklus geschaffen werden [TYS91]. Zentrale Mustergeneratoren wurden meist ohne explizite Berücksichtigung der Muskeldynamik implementiert, waren jedoch gemessenen menschlichen Bewegungen ähnlich [Tag95]. Sowohl für die Kontrolle der Fortbewegung durch zentrale Mustergeneratoren als auch durch Reflexe gibt es weder saubere Konstruktionsmethoden noch Stabilitätsbeweise [Ijs08]. Die vorgeschlagenen synthetischen Methoden über sogenannte *Dynamic Movement Primitives* aus dem Bereich des maschinellen Lernens befinden sich noch in der Entwicklung [INH+13]. Es wurde daher das Prinzip von Versuch und Irrtum mit einer sorgfältigen, teils manuellen Einstellung der Parameter eingesetzt.

Für weitere Arbeiten aus dem Bereich der Biomechanik zur Simulation des zweibeinigen Laufens sei auf das Übersichtspapier [XAAM10] und die darin enthaltenen Referenzen verwiesen. RICHARD FEYNMANs Worte „What I cannot create, I do not understand" [Fey89] führen zum Schluss, dass die Mechanismen des menschlichen Gangs noch nicht hinreichend tief verstanden sind. Die aktuellen Methoden lassen zwar eine Analyse der Fortbewegung des Menschen aber keine Synthese zu, das biologische System ist schlichtweg zu komplex. Daher kann sich die Robotik von der Biomechanik lediglich inspirieren lassen.

1.2.2 Robotik

Die Fortbewegung auf zwei Beinen wird wesentlich durch die Unilateralität des Kontakts zwischen Fuß und Boden geprägt. Im Kontakt zwischen Fuß und Boden, dem Gelenk des Systems zur Umgebung, können lediglich Druckkräfte und in beschränktem Maße Tangentialkräfte, aber keine Zugkräfte übertragen werden. Das Gelenk zur Umgebung kann folglich nicht explizit, sondern nur implizit über die Dynamik des Gesamtsystems beeinflusst werden. Ein trajektoriengeregelter Roboter kann beispielsweise nach einer Störung trotz perfekten Einregelns der Sollwerte für die internen Gelenkwinkel über eine Kante des Fußes kippen und so seine Balance verlieren. Wird die Bewegungsmöglichkeit des Roboters so stark eingeschränkt, dass der Fuß des Stützbeins stets vollständig auf dem Boden aufliegt, kann der Fuß-Boden-Kontakt als starre Verbindung ohne Freiheitsgrad angenommen werden. Da sich die verbleibenden Gelenke direkt durch Aktoren auf Lageebene regeln lassen, kann das System als vollaktuiert angesehen werden[1]. Demgegenüber stehen unteraktuierte Systeme wie beispielsweise der Mensch, der seinen Fuß auf dem Boden abrollt und somit ein nicht aktuierbares Gelenk zulässt. Welche Konsequenz hinsichtlich der Energieeffizienz die Betrachtung eines Roboters als vollaktuiert nach sich zieht, wird im Folgenden erläutert.

---

[1]In der realen Welt haben Kontakte eine endliche Steifigkeit. Somit ist ein starrer Kontakt und damit ein vollaktuierter zweibeiniger Roboter formal nicht möglich, lässt sich aber als solcher modellieren.

Vollaktuierte Roboter

Die ersten erfolgreichen Schritte eines technischen Systems auf zwei Beinen wurden im Jahr 1972 vom Roboter WL-5 an der japanischen Waseda Universität berichtet [KT72]. Mit 45 s/Schritt bewegte sich der Roboter sehr beschaulich und damit im statischen Gleichgewicht. Um als vollaktuiert zu gelten, kann sich ein System durchaus dynamisch fortbewegen, sofern der Fuß während der Standphase fest auf dem Boden aufliegt und sich nicht bewegt. Der Fuß bewegt sich genau dann nicht, wenn (i) Fuß und Boden als starr angenommen werden können, (ii) die Bodenreaktionskraft – die Ersatzkraft der Flächenlast unter dem Fuß – sich im Reibungskegel befindet und (iii) der Angriffspunkt der Bodenreaktionskraft im Inneren der Kontaktfläche liegt. Wird davon ausgegangen, dass das Moment um die Achse normal zur Kontaktfläche durch Haftreibung kompensiert wird, so verschwindet im Kraftangriffspunkt der Bodenreaktionskraft das resultierende Moment, es wird nach MIOMIR VUKOBRATOVIĆ vom *Zero-Moment-Point* (ZMP) gesprochen [VJ69, VBSS90, VBP06]. Wird eine der drei Bedingungen verletzt, so setzt sich der Fuß in Bewegung und das zweibeinige System kann nicht mehr mit für einen am Boden fixierten Manipulator entwickelten Verfahren behandelt werden. Befindet sich insbesondere der Angriffspunkt der Bodenreaktionskraft auf der Berandung der Kontaktfläche, so droht eine Rotation des Fußes über eben diese [Gos99]. Beim Zero-Moment-Point Konzept wird daher versucht Bedingung (iii) zu erfüllen, indem a priori die Position des Kraftangriffspunkts der Bodenreaktionskraft mit Sicherheitsreserve zur Kontaktberandung platziert und bei Störungen durch entsprechende Strategien von der Kontaktberandung ferngehalten wird. Bedingung (ii) kann durch an die Haftreibung angepasste Schrittlängen erfüllt werden und Bedingung (i) durch einen starren Fuß mit harter Sohle. Letzteres sorgt bei jedem Schritt beim Aufprall des Fußes für große Kräfte und bedingt damit eine hohe Materialbeanspruchung. Seit über 40 Jahren erfreut sich das Zero-Moment-Point Konzept einer hohen Beliebtheit als übergeordnetes Regelungskonzept [VB04]. Es regelt den Kraftangriffspunkt der Bodenreaktionskraft über die Bewegung des Oberkörpers. Zur Generierung der Trajektorien der weiteren Gelenke, des sogenannten Laufmusters, kamen weitestgehend zwei Konzepte zum Einsatz.

Im einfachsten Fall wurden Gelenkwinkelverläufe offline entweder aus Motion Capture Daten [DN99] oder einer Optimierung [HAF00] gewonnen und beim Gehen abgespielt. Dies bedingt einen enormen Aufwand für Messungen oder Berechnungen und eine riesige Datenbank zum Abspeichern der unzähligen verschiedenen Bewegungen.

Um das Laufmuster in Echtzeit zu generieren, kam hauptsächlich das *räumliche, lineare inverse Pendel*[1] zum Einsatz [KKK$^+$02, KKK$^+$03]. Es nimmt bis auf den Oberkörper mit konstanter Orientierung alle Körper als masselos an. Durch eine konstante Schwerpunkthöhe und damit eine Beschränkung der Schwerpunktbewegung auf eine horizontale Ebene ergeben sich entkoppelte lineare Differentialgleichungen für die Längs- und die Querbewegung. Die analytische Lösung ermöglicht die Regelung der Geschwindigkeit der Längs- und der Querbewegung durch Platzierung des Fußes. Die Gelenkwinkel werden über die inverse Kinematik errechnet. Das Konzept wurde für einen Roboter mit teleskopischen Beinen entwickelt [KMS01], beim Übergang auf einen Roboter mit einem Knie [KKK$^+$01] fällt sofort der unnatürliche, gehockte Gang auf. Bedingt durch die geometrische Beschränkung

---

[1]englisch: 3D Linear Inverted Pendulum Mode (3D-LIPM)

der vertikalen Hüftposition auf eine konstante Höhe und einen Sicherheitsabstand von der kinematischen Singularität des ausgestreckten Beins gehen die Roboter mit stark gebeugten Knien, was hohe Momente und damit eine schlechte Energieeffizienz bedeutet.

Zur Bewertung der Energieeffizienz der Fortbewegung eines Systems ist eine geeignete Kenngröße einzuführen. In der Vergangenheit bewährten sich die dimensionslosen spezifischen Transportkosten $c_T = \frac{E}{s_x mg}$, den auf die horizontal zurückgelegte Strecke des Schwerpunkts s_x und das Gesamtgewicht mg bezogenen Energieaufwand E. Bereits bei sehr langsamem Gehen ($\bar{v} = 0{,}4\,\mathrm{m/s}$) hat der Vorreiter unter den vollaktuierten Robotern Honda ASIMO ($c_T = 3{,}2$) die 16-fachen spezifischen Transportkosten eines Menschen ($c_T = 0{,}2$) [CRTW05]. Neben der Konstruktion von vollaktuierten Robotern als steife Systeme[1] führt vor allem die konservative Einschränkung der Bewegung zu einem hohen Energieverbrauch.

Unteraktuierte Roboter

Während die Regelung eines vollaktuierten Roboters gegen Schwer- und Trägheitskräfte ankämpft, befindet sich der Mensch beim Gehen ständig im Fallen [MM80]. Er unterdrückt damit nicht die natürliche Dynamik[2], sondern nutzt diese gezielt aus, während er im Grenzzyklus geht. Vor diesem Hintergrund stellt sich die Frage, was und wie geregelt werden muss, damit sich Regelung und Dynamik des zugrundeliegenden mechanischen Systems nicht im Wege stehen, sondern in einer symbiotischen Beziehung befinden.

Den Grundstein für unteraktuierte Laufmaschinen legte 1986 MARC H. RAIBERT in seinem Werk „Legged Robots That Balance" [Rai86]. Die Dynamik seiner Hüpfroboter mit teleskopierbaren, leichtgewichtigen Beinen, in der Hüfte liegendem Schwerpunkt und einer ausgedehnten Flugphase ist durch ein einfaches Modell, bestehend aus einem starren Körper mit im Schwerpunkt angreifender Beinkraft und Hüftmoment, abbildbar. Die simple Beschreibung der Dynamik ermöglichte das Ableiten einer einfachen, drei-komponentigen Regelung. Die Hüpfhöhe wurde über einen konstanten Kraftstoß pro Schritt in Beinlängsrichtung, die Vorwärtsgeschwindigkeit über die Platzierung des Fußes beim Aufsetzen relativ zur Hüfte und die Haltung des Oberkörpers über den Verlauf des Hüftwinkels in der Standphase geregelt. Der vorgeschlagene Regelungsalgorithmus wurde zunächst an einem einbeinigen, ebenen Roboter entwickelt und auf Systeme mit bis zu vier Beinen sowie in die dritte Dimension übertragen und bewährte sich sowohl in der virtuellen Simulation als auch im realen Experiment [RBC84, RBC+89].

Um für einen Gehroboter mit massebehafteten, ausgedehnten und über Drehgelenke verbundenen Segmenten ein entsprechendes Regelungskonzept zu entwickeln, mussten analog dem Vorgehen beim Rennen zunächst mit einfachen Modellen die funktionellen Zusammenhänge der Dynamik verstanden werden [Pra00]. Die so gewonnen Erkenntnisse ermöglichten eine Formulierung intuitiver Heuristiken zur Regelung eines Gehroboters [PDP97, PP98]. Hierbei wurde ein besonderes Augenmerk auf das Ausnutzen der natürlichen Dynamik des mechanischen Systems im Allgemeinen gelegt. Insbesondere wurden durch die Einführung

---

[1]Elektromotoren mit einer hohen Zahnradgetriebeübersetzung führen zu einer hohen reduzierten Trägheit und einer hohen lastabhängigen Reibung im Getriebe. Hierdurch wird ein elastischer Betrieb, bei dem der Aktor zurückgedreht wird, verhindert.

[2]Unter natürlicher Dynamik wird in dieser Arbeit die Dynamik eines Systems ohne Aktuierung verstanden. Bei einem linearen System entspricht die natürliche Dynamik der Eigendynamik.

einer Sprunggelenkfeder die Leistungsspitzen des Sprunggelenkaktors gesenkt und durch die Einführung einer Kniescheibe das zum Verhindern der Hyperextension[1] notwendige Bremsmoment ersetzt [PP99]. Damit Trägheit und Reibung der Getriebemotoren die Dynamik des Roboters nicht beeinträchtigen, wurden als Näherung einer idealen Drehmomentenquelle seriell-elastische Aktoren eingesetzt [PW95]. Das auf einfachen Heuristiken basierende Regelungskonzept ermöglichte das Gehen des ebenen Roboters Spring Flamingo mit einer Geschwindigkeit von bis zu 0,5 m/s. Sollten größere Geschwindigkeiten von bis zu 1,25 m/s erreicht werden, wurden anstelle eines frei schwingenden Schwungbeins die Schwungbeingelenkwinkel gemäß einer zuvor berechneten Trajektorie direkt geregelt. Ein zweibeiniger Gehroboter lässt sich folglich bei niedrigen Geschwindigkeiten mit einfachen Heuristiken bei Zulassung der natürlichen Dynamik regeln, ab mittleren Geschwindigkeiten muss die Regelung jedoch aktiv in die Bewegung eingreifen. Für die Regelung mittels Heuristiken gibt es weder einen strengen Stabilitätsbeweis noch eine durchgängige Entwurfsmethode, sie hat daher den Charakter von Versuch und Irrtum.

Ein radikaler Ansatz ohne jegliche Regelung wurde bereits im Jahr 1888 [Fal88] in einem Patent für ein Kinderspielzeug vorgeschlagen und hundert Jahre später von TAD MCGEER als *Passive Dynamic Walking* [McG90b] wieder aufgegriffen. Ein sogenannter Passive Dynamic Walker läuft ohne jegliche Regelung in einem stabilen Grenzzyklus eine schiefe Ebene hinab und bezieht die im Stoß dissipierte Energie allein aus der potentiellen Energie des Höhenunterschieds. Es gibt zahlreiche Untersuchungen zum Einfluss von Geometrie und Massenparametern [McG93, CG00, GCRC98, GCR00] und von Bifurkation und Stabilität der Lösungen [GTE+96, GEK96, TGE97, PDN01]. Weiterhin wurde das Konzept auf den räumlichen Fall übertragen [CR98, CGMR01, ADN01, PDN03], sowie um Knie [McG90c, CWR01], einen Oberkörper [WSv04] und einen elastisch angebundenen Fuß [WHR+06] erweitert. Versuche, das Konzept auf das Rennen zu übertragen, konnten nicht überzeugen [McG90a, OOI08, OKY+10]. Passive Dynamic Walker benötigen neben der Gravitation keine Energiequelle können aber lediglich mit einer festen, von den jeweils gewählten Parametern abhängigen Geschwindigkeit bergab gehen. Sie sind daher für den praktischen Einsatz nicht direkt geeignet, da ein zweibeiniger Roboter einen guten Kompromiss aus Wirtschaftlichkeit und Vielseitigkeit darstellen sollte [Kuo07].

Die beeindruckende Energieeffizienz und Stabilität in Abwesenheit einer Regelung machen den Passive Dynamic Walker zum idealen Ausgangspunkt der Entwicklung eines energieeffizienten Roboters [CRTW05]. In einem ersten Schritt wurde die Energiequelle Gravitation durch einen konstanten Energieeintrag durch aktives Abstoßen vom Boden im aktuierten Sprunggelenk [CR05] oder aktives Schwingen des Beins in der aktuierten Hüfte [WSvv05] substituiert. Hierbei wurde dem System ausschließlich positive mechanische Arbeit zum Ausgleich der Stoß- und Reibungsverluste zugeführt und gezeigt, dass das dem Passive Dynamic Walking zugrunde liegende Prinzip eines unteraktuierten und stabilen Systems nicht auf die Energiequelle der Gravitation angewiesen ist. Für den dreidimensionalen Passive Dynamik Walker MIT Toddler mit aktuierten zweiachsigen Sprunggelenken [TZFS04] wurde mittels maschinellen Lernens eine Regelungsstrategie gewonnen, mit der sich der Roboter beim Gehen kontinuierlich an das Gelände anpassen kann [TZS04]. Die bislang eingeführten Systeme lassen die natürliche Dynamik der Passive Dynamik Walker zu, indem

---

[1]Unter Hyperextension wird das Strecken des Beins über die gestreckte Lage hinaus verstanden.

sie den hohen Grad der Unteraktuierung beibehalten und lediglich zusätzlich eingeführte Gelenke aktuieren. Dadurch erhalten sie zwar die Energieeffizienz der Passive Dynamik Walker, verbessern aber die Vielseitigkeit nur unwesentlich, da sie zwar ohne Gefälle, aber nach wie vor lediglich in einem engen Geschwindigkeitsbereich betrieben werden können. Der konsequente nächste Schritt ist deshalb die Aktuierung weiterer Gelenke bei Zulassung der natürlichen Dynamik. Hierzu werden bis auf das Gelenk zwischen Fuß und Untergrund alle Gelenkwinkel des Roboters mittels eines Positionsreglers aktuiert [CAF99, CA01]. Die Regelung der Gelenkwinkel entspricht dabei der Einführung virtueller, holonom skleronomer Zwangsbedingungen, welche die Phase der Gelenkwinkel nicht vorschreiben und gemeinsam mit dem Fallen des Gesamtsystems über den Stützbeinfuß die natürliche Dynamik des Systems zulassen [GPA99, GAP99, GAP01]. Die Gelenkwinkelverläufe werden mit dem Ziel des minimalen Energieeinsatzes optimiert, mit dem Resultat, dass die Regelung lediglich eingreift um das mechanisches System in die richtige Bahn zu lenken. Die Methode wurde bereits an mehreren ebenen Robotern für Gehen [CAA$^+$03, WBG04a, WBG04b] und Rennen [MWC$^+$06] getestet, unter anderem an dem mit 3,06 m/s aktuell schnellsten zweibeinigen Roboter MABEL [SPPG13]. Die Vorgehensweise ist robust gegenüber Störungen in Form von externen am Roboter angreifenden Kräften und Modellfehlern wie diskreter Höhenänderung und Nachgiebigkeit der Lauffläche [PGWA03]. Weiterhin wurde das Konzept auf Gehen mit Füßen und damit vollaktuierten und unteraktuierten Phasen [CG05], für Gehen im Dreidimensionalen [CAS09] und für den Einsatz von seriell-elastischen Aktoren [MG06] erweitert. Der systematische, modellbasierte Reglerentwurf, die bewiesene Stabilität und das Zulassen einer natürlichen Dynamik bieten ideale Voraussetzungen für die Entwicklung energieeffizienter Roboter. Folgerichtig wurde dieses Regelungskonzept für die vorliegende Arbeit ausgewählt und wird in Abschn. 3.3 detailliert erläutert.

Ein alternativer, systematischer Ansatz für energieeffiziente Systeme stellt die in der Biomechanik beliebte Methode der optimalen Steuerung [CJ71, SVS06, Av10] dar, sie lieferte jedoch nur in wenigen Ausnahmefällen [MLBS05, Mom09] stabile Lösungen für die Bewegung und ist deshalb nicht direkt geeignet. In einem für unteraktuierte Systeme vielversprechenden, jedoch aktuell noch in den Kinderschuhen befindlichen Ansatz wurden lokale linear-quadratische Regler so kombiniert, dass sie eine hinreichend große Umgebung um den stabilen Grenzzyklus als Einzugsbereich schaffen [Ted09, TMTR10].

Der vorliegende Abschnitt zur Literatur zweibeiniger Roboter stellt für diese Arbeit einen Auszug relevanter Ansätze aus der beinahe unüberschaubaren Schwemme an Veröffentlichungen dar. Zur weiterführenden Studie zu Modellierung, Stabilität und Regelung von zweibeinigen Robotern sei auf das Übersichtspapier [HGB04] verwiesen.

1.2.3 Elastische Kopplungen

Nachdem ein die natürliche Dynamik zulassendes Regelungskonzept ausgewählt wurde, geht es anschließend darum, diese so zu gestalten, dass sie eine gewünschte Bewegung bewirkt. Die Energieeffizienz biologischer Systeme bei der Fortbewegung wird großteils der elastischen Eigenschaft des Muskel-Sehnen-Komplexes zugeschrieben [Ale91, BSG$^+$07]. Im Bewegungsapparat übernehmen elastische Strukturen prinzipiell drei verschiedene Funktionen [Ale90]. Eine elastische Randschicht (i) dämpft den Aufprall beim Aufsetzen des Fußes.

Eine Feder parallel des virtuellen Beins[1] (ii) nimmt die Gewichtskraft statisch auf und kehrt die Vertikalbewegung des Gesamtschwerpunkts um. Eine Feder orthogonal zum virtuellen Bein (iii) speichert die kinetische Energie bei der rotatorischen Bewegungsrichtungsumkehr des schwingenden Beins zwischen. Durch die einzelnen Federn gemäß (ii) und (iii) wird die natürliche Dynamik so gestaltet, dass das System in Resonanz und daher mit geringem Energieaufwand betrieben wird [AB02, KP11]. Dieser Ansatz sollte im Sinne der Bionik auf das technische System eines zweibeinigen Roboters übertragen werden.

Eine weitere Verbesserung des biologischen Systems durch Einsatz zusätzlicher elastischer Kopplung der Sprunggelenke des Menschen zur Steigerung der Geschwindigkeit beim Laufen, wie im Jahr 1965 in einem Patentantrag [Lio65] vorgeschlagen, konnten sich jedoch offensichtlich in der Praxis nicht durchsetzen.

Regelungstechnische Ansätze mit simulierten Elastizitäten, wie beispielsweise der Ansatz *Virtual Model Control* [PCT$^+$01], bei dem sich der Roboter über eine virtuelle Feder vertikal an einem Rollator abstützt, oder dem Ansatz der zustandsabhängigen Gelenkmomente [BG09], bei dem die Aktuation des Roboters allein aus virtuellen raum- und körperfest aufgehängten Federn bestimmt wird, lassen zwar die natürliche Dynamik zu, stellen aber keine energiespeichernde Funktion zur Verfügung und damit keine Möglichkeit, die natürliche Dynamik zu gestalten.

Beginnend mit der grundlegenden Arbeit von MARC H. RAIBERT [Rai86] wurden bei hüpfenden und rennenden Robotern gezielt reale Federn entlang des virtuellen Beins (s. (ii)) eingesetzt und deren Einfluss auf die Dynamik später im Modell des gefederten inversen Pendels [FK99] ausführlich analysiert.

Reale Federn zum Beschleunigen und Abbremsen der Drehschwingung des Beins (iii) wurden dagegen zunächst lediglich beim Passive Dynamic Running eingesetzt [McG90a, TR90, AB95]. Erst später wurde bei einem dreidimensionalen Passive Dynamic Walker eine Hüftfeder eingesetzt, um die Frequenz des Schwungbeins passend zur Querdynamik einzustellen und damit eine stabile Bewegung zu ermöglichen [Kuo99].

Durch Hinzufügen einer Hüftfeder zum einfachsten Gehmodell bestehend aus inversem Pendel mit angehängtem mathematischen Pendel ließ sich die vom Menschen bevorzugte Geschwindigkeits-Schrittlängen Beziehung vorhersagen [Kuo01]. Weiterhin konnte anhand des gleichen Modells gezeigt werden, dass sich mit einer Hüftfeder bei fester Geschwindigkeit die Schrittlänge und damit die Stoßverluste beim Aufsetzen des Fußes vermindern lassen [DKK02]. Der 65 km mit einer Batterieladung von 1,77 MJ gehende ebene Roboter Cornell Ranger nutzte eben diesen Effekt [BCR12]. Neben der Einstellung von Schrittlänge und Schrittfrequenz an numerischen Modellen [WSv04] wurden am realen Passive Dynamic Walker Max Hüftfedern eingesetzt, um die Schwungphase zu verkürzen, den Fuß rechtzeitig nach vorne zu bekommen und somit einem Vornüberfallen vorzubeugen [WSvv05].

An einem ebenen passiven Dreisegmentläufer, einem Modell bestehend aus zwei starren Beinen, die über jeweils eine Drehfeder mit einem starren Oberkörper verbunden sind, konnte ein stoßfreier und damit energieneutraler Gang in der Horizontalen gefunden werden [GR11]. Allerdings führte der Oberkörper dabei eine nicht stabile Schwingung mit der

---

[1]Das virtuelle Bein ist die Verbindungslinie zwischen Gesamtschwerpunkt und Angriffspunkt der Bodenreaktionskraft

vierfachen Doppelschrittfrequenz[1] bei einer Schwingweite von 180° durch. Auf der schiefen Ebene zeigte das Modell jedoch ohne Regelung einen bedeutend stabileren und schnelleren Gang als ein vergleichbares Modell ohne Oberkörper [CLP11].

Eine Untersuchung an einem ebenen passiven Fünfsegmentläufer, einem Modell bestehend aus zwei gelenkigen Beinen mit Ober- und Unterschenkel, die über jeweils eine Drehfeder mit einem starren Oberkörper verbunden sind, ergab, dass eine aufrechte Haltung des Oberkörpers ohne Drehfeder in den Hüftgelenken nicht möglich ist [BH04]. Weiterhin konnte gezeigt werden, dass die Funktion der Störungsrückweisung durch starre kurvenförmige Füße wie sie in Passive Dynamic Walkern beliebt sind, durch einen flachen Fuß mit einer Drehfeder im Sprunggelenk ersetzt werden kann [WHR+06]. An einem Fünfsegmentläufer mit degeneriertem Oberkörper wurde nachgewiesen, dass elastische Kopplungen über mehrere Gelenke bei konstantem Energieeintrag einen schnelleren Gang ermöglichen [DK09].

Untersuchungen an Dreisegmentbeinen zeigten, dass zum Erzeugen eines dem menschlichen Gang ähnlichen Laufmusters bei Aufhängung des Beins in der Hüfte die Aktuierung des Hüftgelenks ausreicht, wenn bei gedämpftem Kniegelenk das Hüft-, das Knie- und das Sprungelenk direkt elastisch gekoppelt [SIT+09] oder abhängig vom Zustand zugeschaltet werden [EPH06].

In dem der Gestalt des Straußes nachempfunden Roboter FastRunner kam ein Netzwerk an nichtlinearen Federn zum Einsatz, das dynamisch unterschiedliches Verhalten für die Schwung- und die Stützphase des Beins bereithielt und so eine Aktuierung des sechssegmentigen Beins über einen Hüftmotor ermöglichte [COB+12]. Mit dem Ziel, dem Menschen in seinen Fähigkeiten der Fortbewegung näherzukommen, wurde der Roboter BioBiped analog dem biologischen Vorbild mit mono- und biartikulären[2] elastischen Sehnen ausgestattet [RMM+11]. Die elastischen Kopplungen wurden jedoch lediglich für eine eindimensionale Hüpfbewegung bei unverändertem Verlauf des Motormoments ohne jegliche Optimierung untersucht [RLv12].

An einem in der Horizontalen gehenden Dreisegmentläufer wurden Steifigkeiten und Ruhewinkel linearer Drehfedern in der Hüfte simultan mit der Aktuierung optimiert und dabei für zwei ausgewählte Geschwindigkeiten eine erhebliche Reduzierung des Integrals über die Quadrate der Gelenkmomente nachgewiesen [DS05, NTY11].

Für einen Roboter bestehend aus zwei aktuierten Drei-Segment-Beinen mit in den Gelenken angeordneten, elastischen Kopplungen wurden Steifigkeiten und Aktuierung gemeinsam optimiert. Dabei ergab sich lediglich für die elastische Kopplung zwischen den Oberschenkeln eine relevante Steifigkeit, die den Energieverbrauch senkte [CCA95].

Zusammenfassend lässt sich festhalten, dass es in der Literatur bereits Arbeiten zum Einsatz von Elastizitäten in zweibeinigen Robotern gibt, jedoch bislang keine systematischen Untersuchungen zum Mechanismus der Steigerung der Energieeffizienz durch elastische Kopplungen durchgeführt wurden.

---

[1]Unter einem Doppelschritt wird im Folgenden die Kombination aus einem Schritt mit dem rechten und einem Schritt mit dem linken Bein verstanden.

[2]mono- bzw biartikulär: ein bzw. zwei Gelenke betreffend

1.3 Ziel der Arbeit

Aktuell besteht eine Diskrepanz zwischen Bedarf und erreichtem Zustand in der Energieeffizienz humanoider Roboter (s. Abschn. 1.1). Der Ansatz, den Menschen direkt zu kopieren, ist dabei nicht zielführend, da die Mechanismen, die der Bewegung des Menschen zugrunde liegen, noch nicht verstanden sind (s. Abschn. 1.2.1). Nichtsdestotrotz bietet sich durch Analogiebildung eine Inspiration im Sinne der Bionik an. Sie führt auf die Beschäftigung mit unteraktuierten Robotern, die sich ähnlich wie der Mensch im Grenzzyklus bewegen und ihre natürliche Dynamik nutzen (s. Abschn. 1.2.2). Damit ein Roboter in einem bestimmten Geschwindigkeitsbereich energieeffizient gehen kann, gilt es die natürliche Dynamik geeignet zu gestalten. Werden Erdbeschleunigung sowie Geometrie- und Trägheitsparameter als festgelegt betrachtet, verbleiben zur Modellierung der natürlichen Dynamik elastische Kopplungen. In der Literatur wurde anhand einfacher Modelle exemplarisch das Energieeinsparungspotential gezeigt (s. Abschn. 1.2.3). Dabei wurden weder die Mechanismen der Energieeinsparung noch Einflüsse der Realisierung der elastischen Kopplungen analysiert. In dieser Arbeit soll deshalb systematisch der Einsatz von Elastizitäten zur Kopplung einzelner Segmente mit dem Ziel eines Konzeptvorschlags für die Konstruktion eines über einen weiten Geschwindigkeitsbereich energieeffizienten Roboters untersucht werden.

1.4 Aufbau der Arbeit

Nach der Motivation für die Auseinandersetzung mit der Energieeffizienz zweibeiniger Roboter und der Identifikation der Forschungslücke im Stand der Forschung in Kapitel 1 werden in Kapitel 2 die Grundlagen für die in dieser Arbeit verwendeten Methoden eingeführt. Die Gleichungen des Mehrkörpersystems zur Beschreibung der Bewegung des Roboters werden mit einem Verfahren der lineare Graphentheorie (s. Abschn. 2.1) abgeleitet, zur Regelung der Bewegung kommen Verfahren der nichtlinearen Regelung (s. Abschn. 2.2) zum Einsatz. Sowohl die Bewegung als auch die elastischen Kopplungen werden mit numerischen Optimierungsverfahren (s. Abschn. 2.3) bestimmt. In Kapitel 3 wird das in dieser Arbeit untersuchte Robotermodell vorgestellt. Es besteht aus den Teilmodellen der Mechanik (s. Abschn. 3.1), der Aktorik (s. Abschn. 3.2) und der Regelung (s. Abschn. 3.3). Der numerische Prozess zur Optimierung der Bewegung des Roboters und zur Bestimmung der optimalen elastischen Kopplungen wird in Kapitel 4 beschrieben. Die Ergebnisse der Untersuchung des Einflusses elastischer Kopplungen auf die Energieeffizienz zweibeiniger Roboter sind in zwei Kapitel aufgeteilt. Während in Kapitel 5 die grundlegende Untersuchung des Mechanismus der Energieeinsparung durch elastische Kopplungen anhand eines einfachen Roboters im Vordergrund steht, soll in Kapitel 6 die Praxisrelevanz des Effekts an einem komplexeren Roboter mit dem Ziel eines Konstruktionsvorschlags bewertet werden. In Kapitel 7 werden die Ergebnisse der Arbeit zusammengefasst und Schwerpunkte weiterführender Forschungsaktivitäten vorgeschlagen.

2 Methoden

Das vorliegende Kapitel dient als Einführung der in der Arbeit angewendeten Methoden in kompakter Form und soll lediglich einige grundlegenden Ideen vermitteln.

2.1 Mehrkörperdynamik

Ziel der Algorithmen der Mehrkörperdynamik ist eine automatisierte Ableitung der die Bewegung beschreibenden Gleichungen. Hierfür wird in dieser Arbeit das kommerzielle Programm MapleSim verwendet, das eine Weiterverarbeitung der Gleichungen im Computeralgebrasystem Maple mit symbolischer Manipulation und Export von optimiertem Code ermöglicht. Der MapleSim zugrunde liegende Algorithmus wurde in [Sch04] entwickelt und beruht auf einem graphentheoretischen Ansatz. Dieser ermöglicht durch die Trennung der konstitutiven Gleichungen, welche die physikalischen Eigenschaften der einzelnen Komponenten beschreiben, von den topologischen Gleichungen, welche die Verbindungen der Komponenten untereinander beschreiben, einen einheitlichen Formalismus für Systeme bestehend aus Komponenten unterschiedlicher physikalischer Gebiete. Ein zweiter wesentlicher Aspekt ist die effiziente Formulierung der Gleichungen in Hinblick auf deren numerische Lösung. Der Algorithmus wird im Folgenden angelehnt an [SM08], beschränkt auf ebene Mehrkörpersysteme, skizziert und am Beispiel eines Doppelpendels veranschaulicht.

2.1.1 Komponentenmodell

In der linearen Graphentheorie wird eine physikalische Komponente durch eine Kante mit Anfangs- und Endknoten beschrieben. Die Knoten stellen im mechanischen Fall Bezugssysteme dar, an denen zwei Komponenten starr verbunden werden können. In Tab. 2.1 sind die für diese Arbeit benötigten Komponenten der ebenen Mehrkörperdynamik, bestehend aus *starrem Körper* (m: engl. mass), *starrer Verbindung* (r: engl. rigid arm), *Drehgelenk* (h: engl. hinge) und *eingeprägtem Moment* (t: engl. torque), in einer Bibliothek zusammengefasst. Diese kann einfach um einzelne Elemente und sogar verschiedene physikalische Gebiete wie dreidimensionale Mehrkörperdynamik, Elektromechanik, Hydraulik etc. erweitert werden, sofern diese mit konzentrierten Parametern beschrieben werden. Die Ableitung der Gleichung mit der linearen Graphentheorie vereinfacht sich durch getrennte Graphen für Translation und Rotation. Jede Komponente besitzt daher eine Kante für Translation (_1) und eine für Rotation (_2). Aus Gründen der unabhängigen Formulierung besitzt die Komponente der starren Verbindung eine weitere Kante (r_3), welche deren Absolutrotation θ_{r_3} misst, und das Moment $\vec{T}_{r\_3}$ auf das Bezugssystem A, resultierend aus einer am Bezugssystem B angreifenden Kraft, abbildet.

Zur Beschreibung der physikalischen Beziehung zwischen Anfangs- und Endknoten werden jeder Kante (Index k) *Across-* ($\underline{\mathbf{x}}_k$) und *Through*-Variablen ($\underline{\mathbf{y}}_k$) zugeordnet. Die Across-

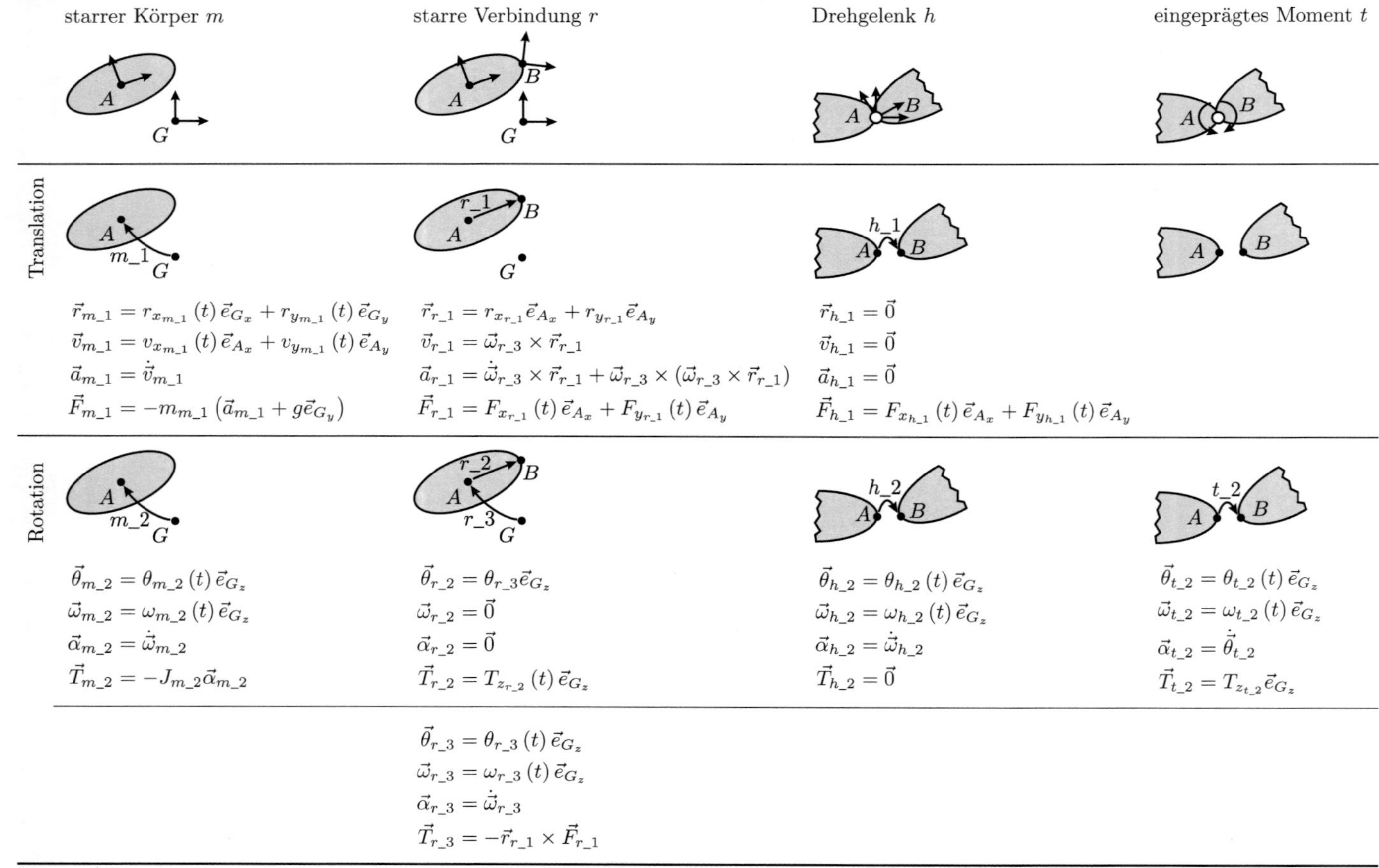

	starrer Körper m	starre Verbindung r	Drehgelenk h	eingeprägtes Moment t
Translation	$\vec{r}_{m\_1} = r_{x_{m\_1}}(t)\,\vec{e}_{G_x} + r_{y_{m\_1}}(t)\,\vec{e}_{G_y}$ $\vec{v}_{m\_1} = v_{x_{m\_1}}(t)\,\vec{e}_{A_x} + v_{y_{m\_1}}(t)\,\vec{e}_{A_y}$ $\vec{a}_{m\_1} = \dot{\vec{v}}_{m\_1}$ $\vec{F}_{m\_1} = -m_{m\_1}\left(\vec{a}_{m\_1} + g\vec{e}_{G_y}\right)$	$\vec{r}_{r\_1} = r_{x_{r\_1}}\vec{e}_{A_x} + r_{y_{r\_1}}\vec{e}_{A_y}$ $\vec{v}_{r\_1} = \vec{\omega}_{r\_3} \times \vec{r}_{r\_1}$ $\vec{a}_{r\_1} = \dot{\vec{\omega}}_{r\_3} \times \vec{r}_{r\_1} + \vec{\omega}_{r\_3} \times (\vec{\omega}_{r\_3} \times \vec{r}_{r\_1})$ $\vec{F}_{r\_1} = F_{x_{r\_1}}(t)\,\vec{e}_{A_x} + F_{y_{r\_1}}(t)\,\vec{e}_{A_y}$	$\vec{r}_{h\_1} = \vec{0}$ $\vec{v}_{h\_1} = \vec{0}$ $\vec{a}_{h\_1} = \vec{0}$ $\vec{F}_{h\_1} = F_{x_{h\_1}}(t)\,\vec{e}_{A_x} + F_{y_{h\_1}}(t)\,\vec{e}_{A_y}$	
Rotation	$\vec{\theta}_{m\_2} = \theta_{m\_2}(t)\,\vec{e}_{G_z}$ $\vec{\omega}_{m\_2} = \omega_{m\_2}(t)\,\vec{e}_{G_z}$ $\vec{\alpha}_{m\_2} = \dot{\vec{\omega}}_{m\_2}$ $\vec{T}_{m\_2} = -J_{m\_2}\vec{\alpha}_{m\_2}$	$\vec{\theta}_{r\_2} = \theta_{r\_3}\vec{e}_{G_z}$ $\vec{\omega}_{r\_2} = \vec{0}$ $\vec{\alpha}_{r\_2} = \vec{0}$ $\vec{T}_{r\_2} = T_{z_{r\_2}}(t)\,\vec{e}_{G_z}$	$\vec{\theta}_{h\_2} = \theta_{h\_2}(t)\,\vec{e}_{G_z}$ $\vec{\omega}_{h\_2} = \omega_{h\_2}(t)\,\vec{e}_{G_z}$ $\vec{\alpha}_{h\_2} = \dot{\vec{\omega}}_{h\_2}$ $\vec{T}_{h\_2} = \vec{0}$	$\vec{\theta}_{t\_2} = \theta_{t\_2}(t)\,\vec{e}_{G_z}$ $\vec{\omega}_{t\_2} = \omega_{t\_2}(t)\,\vec{e}_{G_z}$ $\vec{\alpha}_{t\_2} = \dot{\vec{\theta}}_{t\_2}$ $\vec{T}_{t\_2} = T_{z_{t\_2}}\vec{e}_{G_z}$

$$\vec{\theta}_{r\_3} = \theta_{r\_3}(t)\,\vec{e}_{G_z}$$
$$\vec{\omega}_{r\_3} = \omega_{r\_3}(t)\,\vec{e}_{G_z}$$
$$\vec{\alpha}_{r\_3} = \dot{\vec{\omega}}_{r\_3}$$
$$\vec{T}_{r\_3} = -\vec{r}_{r\_1} \times \vec{F}_{r\_1}$$

Tabelle 2.1: Komponenten der ebenen Mehrkörperdynamik für die lineare Graphentheorie.

Variable wird parallel zur Kante gemessen und gibt die Verschiebung $\vec{r}_k$ bzw. Drehung $\vec{\theta}_k$[1] der beiden Knoten zueinander über die Kante an. Die Through-Variable wird seriell zur Kante gemessen und gibt den Fluss der Kraft $\vec{F}_k$ bzw. des Moments $\vec{T}_k$ durch die Kante an. Die physikalischen Wechselwirkungen von Across- und Through-Variablen einer Komponenten werden über deren konstitutive Gleichungen beschrieben, die ebenfalls in Tab. 2.1 für Translation und Rotation angegeben sind.

Die *Modellierungsvariablen* der einzelnen Kanten sind dabei als explizit von der Zeit abhängig angegeben und stellen die unbekannten Größen in den Through- und Across-Variablen dar. Das eingeprägte Moment $T_{z_{t\_1}}$ ist als Eingangsgröße bekannt und stellt deshalb keine Modellierungsvariable dar. Um nichtholonome Zwangsbedingungen einführen zu können und das Erzeugen eines Systems erster Ordnung zu erleichtern, werden jeweils für die Lage- und die Geschwindigkeitsebene Modellierungsvariablen eingeführt. Die nicht abgeleiteten skalaren Across-Modellierungsvariablen einer Kante werden dabei als Koordinaten in der Spaltenmatrix $\mathbf{x}_k$ zusammengefasst und die Basis des Across-Raums, dargestellt durch die Einheitsvektoren entlang derer sich die Across-Modellierungsvariablen ändern, in der Spaltenmatrix $\underline{\mathbf{u}}_k$. Die Komponenten der Across-Variablen ergeben sich über $\underline{\mathbf{x}}_k = \mathbf{x}_k^T \underline{\mathbf{u}}_k$. Entsprechend werden die Koordinaten der Through-Variablen in $\mathbf{y}_k$ und die Basis des Through-Raums in $\underline{\mathbf{o}}_k$ zusammengefasst. Für das Drehgelenk (h) ergibt sich beispielsweise $\mathbf{x}_{h\_1} = []$, $\underline{\mathbf{u}}_{h\_1} = []$, $\mathbf{y}_{h\_1} = [F_{x_{h\_1}}(t), F_{y_{h\_1}}(t)]^T$, $\underline{\mathbf{o}}_{h\_1} = [\vec{e}_{A_{x\_h\_1}}, \vec{e}_{A_{y\_h\_1}}]^T$, $\mathbf{x}_{h\_2} = [\theta_{h\_2}(t)]$, $\underline{\mathbf{u}}_{h\_2} = [\vec{e}_{G_z}]$, $\mathbf{y}_{h\_2} = []$, $\underline{\mathbf{o}}_{h\_2} = []$, wobei $[]$ die leere Menge darstellt.

2.1.2 Topologiemodell

Die topologischen Gleichungen sind stets linearer Natur, unabhängig von Nichtlinearitäten in den konstitutiven Gleichungen, und können systematisch formuliert werden. Zum Aufbau des Modells werden die Kanten der einzelnen Komponenten über ihre Anfangs- und Endknoten verbunden. Durch die Wahl des *Baums*, einer Menge an Kanten die alle Knoten ohne jegliche Schleifen verbindet, wird festgelegt, ob die Systemgleichungen in Minimalkoordinaten oder in Absolutkoordinaten mit Zwangsbedingungen beschrieben werden. In Abb. 2.1 ist dies am Beispiel eines Doppelpendels dargestellt. Die zum Baum gehörigen Kanten werden als *Zweige* bezeichnet und sind fett hervorgehoben, die nicht zum

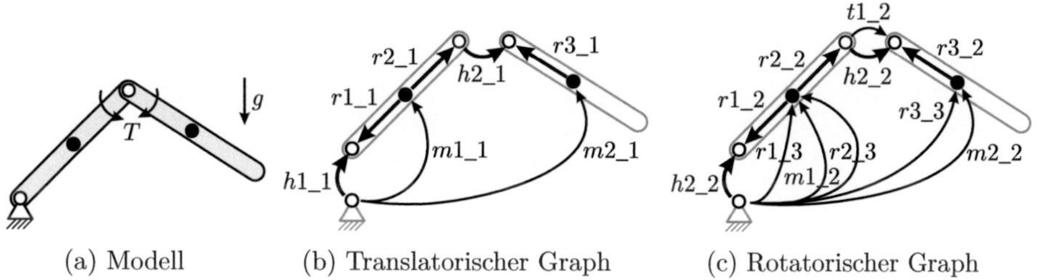

(a) Modell   (b) Translatorischer Graph   (c) Rotatorischer Graph

Abbildung 2.1: Doppelpendel als Anwendungsbeispiel der linearen Graphentheorie.

---

[1] Durch die Einschränkung der Festlegung der Drehachsen und -reihenfolge kann die Drehung auch beim Übergang zur räumlichen Mehrkörperdynamik als Vektor bezeichnet werden (s. [Sch04]).

Baum und damit zum *Kobaum* gehörigen Kanten werden als *Sehnen* bezeichnet. Mit der Wahl des Baums werden die Variablen in primäre Variablen, bestehend aus Zweig-Across-Variablen und Sehnen-Through-Variablen ($\underline{x}_Z$, $\underline{y}_S$), und sekundäre Variablen, bestehend aus Sehnen-Across-Variablen und Zweig-Through-Variablen ($\underline{x}_S$, $\underline{y}_Z$), aufgeteilt, wobei erstere in den resultierenden Gleichungen auftauchen werden. Der Baum des Doppelpendels hat ausschließlich starre Verbindungen und Drehgelenke als Zweige, folglich werden die Systemgleichungen in Gelenkkoordinaten formuliert. Zur Beschreibung der Topologie gibt es zwei verschiedene Mengen an Gleichungen, die fundamentalen Schnittmengengleichungen, welche der KIRCHHOFFschen Knotenregel entsprechen und die Through-Variablen (Kräfte und Momente) untereinander verknüpfen und die fundamentalen Maschengleichungen, welche der KIRCHHOFFschen Maschenregel entsprechen und die Across-Variablen (Verschiebungen und Drehungen) untereinander verknüpfen.

Als Schnittmenge wird dabei die Menge der Kanten bezeichnet, die notwendigerweise entfernt werden muss, um den Graph in zwei Teile aufzutrennen. Eine fundamentale Schnittmenge besteht aus einem Zweig und einer eindeutigen Menge an Sehnen. Wird beispielsweise in Abb. 2.1b der translatorische Graph des Doppelpendels am Zweig $r3\_1$ und der Sehne $m2\_1$ aufgetrennt, entspricht dies einem Freischnitt des rechten Pendels in der Form von D'ALEMBERT. Die Schnittmengengleichungen können aus Kräftegleichgewichten an den Knoten mit Ausnahme des Inertialknotens generiert und mit dem GAUSSschen Eliminationsalgorithmus in reduzierte Stufenform

$$[\mathbf{I} \quad \mathbf{A}_f] \begin{bmatrix} \underline{\mathbf{y}}_Z \\ \underline{\mathbf{y}}_S \end{bmatrix} = \underline{\mathbf{0}} \quad \Longrightarrow \quad \underline{\mathbf{y}}_Z = -\mathbf{A}_f \underline{\mathbf{y}}_S \tag{2.1}$$

gebracht werden, was eine Darstellung der sekundären Zweig-Through- über die primären Sehnen-Through-Variablen ermöglicht. In $\mathbf{A}_f$ wird Koeffizienten von Sehnen der Schnittmenge mit Orientierung des Zweigs die $+1$ und mit entgegengesetzter Orientierung die -1 zugeordnet. Koeffizienten von Sehnen, die nicht in der Schnittmenge enthalten sind, wird die 0 zugeordnet.

Eine Masche ist eine Menge an Kanten, die eine geschlossene Schleife bilden. Eine fundamentale Masche besteht dabei aus einer Sehne und einer eindeutigen Menge an Zweigen. In Abb. 2.1b stellt beispielsweise die Maschengleichung aus den Kanten $m1\_1$, $r1\_1$ und $h1\_1$ eine Vektor-Schleifen-Schließbedingung dar. Die fundamentalen Maschengleichungen lassen sich analog zu den fundamentalen Schnittmengengleichungen in reduzierter Stufenform

$$[\mathbf{B}_f \quad \mathbf{I}] \begin{bmatrix} \underline{\mathbf{x}}_Z \\ \underline{\mathbf{x}}_S \end{bmatrix} = \underline{\mathbf{0}} \quad \Longrightarrow \quad \underline{\mathbf{x}}_S = -\mathbf{B}_f \underline{\mathbf{x}}_Z \tag{2.2}$$

darstellen, was eine Darstellung der sekundären Sehnen-Across- über die primären Zweig-Across-Variablen ermöglicht. In $\mathbf{B}_f$ werden entsprechend dem Vorgehen bei $\mathbf{A}_f$ Koeffizienten der Zweige der jeweiligen Masche die Werte $+1$, -1 und 0 zugeordnet.

Aus dem Erfüllen der Across- und Through-Variablen von Schnittmengengleichungen (2.1) und Maschengleichungen (2.2), ergibt sich, dass sie dem *Prinzip der Orthogonalität* gehorchen. Dieses besagt, dass die Summe der Skalarprodukte von Across- und Through-Variablen der einzelnen Kanten verschwindet:

$$\sum_{i=1}^{n_k} \underline{\mathbf{x}}_i \cdot \underline{\mathbf{y}}_i = \sum_{i=1}^{n_k} \underline{\mathbf{y}}_i \cdot \underline{\mathbf{x}}_i = 0 \; . \tag{2.3}$$

Durch Variation ergibt sich das *Prinzip der virtuellen Arbeit*

$$\sum_{i=1}^{n_k} \delta \underline{\mathbf{x}}_i \cdot \underline{\mathbf{y}}_i = 0, \qquad \sum_{i=1}^{n_k} \delta \underline{\mathbf{y}}_i \cdot \underline{\mathbf{x}}_i = 0 \ . \tag{2.4}$$

Des Weiteren lässt sich der Zusammenhang

$$\mathbf{B}_f = -\mathbf{A}_f^T \tag{2.5}$$

von Maschen- und Schnittmengengleichungen ableiten. Somit ist durch Angabe der Koeffizientenmatrix $\mathbf{A}_f$ die Topologie des Systems bereits vollständig beschrieben.

2.1.3 Gleichungsgenerierung

Zunächst sind die Informationen über die Kanten und die Topologie des Systems zu sammeln und zu strukturieren. Die Informationen der Kanten bestehen aus deren Across- und Through-Variablen, die für jedes physikalische Gebiet, im vorliegenden Fall Translation und Rotation, getrennt gesammelt und in einer Menge $\{[], []\}$ zusammengefasst werden. Für das Beispiel des Doppelpendels ergibt sich damit

$$\{\underline{\mathbf{x}}\} = \left\{ \left[\vec{r}_{h1\_1}, \vec{r}_{h2\_1}, \vec{r}_{r1\_1}, \vec{r}_{r2\_1}, \vec{r}_{r3\_1}, \vec{r}_{m1\_1}, \vec{r}_{m2\_1} \right]^T , \left[\vec{\theta}_{h1\_2}, \vec{\theta}_{h2\_2}, \right.\right.$$
$$\left.\left. \vec{\theta}_{r1\_2}, \vec{\theta}_{r2\_2}, \vec{\theta}_{r3\_2}, \vec{\theta}_{m1\_2}, \vec{\theta}_{m2\_2}, \vec{\theta}_{r1\_3}, \vec{\theta}_{r2\_3}, \vec{\theta}_{r3\_3}, \vec{\theta}_{t1\_2} \right]^T \right\} \tag{2.6a}$$

$$\{\underline{\mathbf{y}}\} = \left\{ \left[\vec{F}_{h1\_1}, \vec{F}_{h2\_1}, \vec{F}_{r1\_1}, \vec{F}_{r2\_1}, \vec{F}_{r3\_1}, \vec{F}_{m1\_1}, \vec{F}_{m2\_1} \right]^T , \left[\vec{T}_{h1\_2}, \vec{T}_{h2\_2}, \right.\right.$$
$$\left.\left. \vec{T}_{r1\_2}, \vec{T}_{r2\_2}, \vec{T}_{r3\_2}, \vec{T}_{m1\_2}, \vec{T}_{m2\_2}, \vec{T}_{r1\_3}, \vec{T}_{r2\_3}, \vec{T}_{r3\_3}, \vec{T}_{t1\_2} \right]^T \right\} \ . \tag{2.6b}$$

In den Spaltenmatrizen (2.6a) und (2.6b) werden dabei die Zweig-Variablen vor den Sehnen-Variablen positioniert, konsistent zu Gln. (2.1) und (2.2). Somit ergibt sich für die Beschreibung der Topologie des Doppelpendels

$$\{\mathbf{A}_f\} = \left\{ \begin{bmatrix} 1 & 1 \\ 0 & 1 \\ -1 & -1 \\ 0 & 1 \\ 0 & -1 \end{bmatrix} , \begin{bmatrix} 1 & 1 & 1 & 1 & 1 & 0 \\ 0 & 0 & 0 & 0 & 1 & 1 \\ -1 & -1 & -1 & -1 & -1 & -1 \\ 0 & 1 & 0 & 0 & 1 & 0 \\ 0 & -1 & 0 & 0 & -1 & 0 \end{bmatrix} \right\} \ . \tag{2.7}$$

Die generalisierten Koordinaten des Systems bestehen aus den Across-Modellierungsvariablen der Zweige und den Through-Modellierungsvariablen der Sehnen und sind mit der Wahl des Baums festgelegt. Zur systematischen Gleichungsgenerierung werden die Koordinaten der Modellierungsvariablen in den Spaltenmatrizen $\mathbf{p}_Z$, $\mathbf{q}_Z$, $\mathbf{p}_S$ und $\mathbf{q}_S$ und deren Richtungen in den Spaltenmatrizen $\underline{\mathbf{u}}_p$, $\underline{\mathbf{u}}_q$, $\underline{\mathbf{o}}_p$ und $\underline{\mathbf{o}}_q$ gesammelt. Zunächst werden alle Zweige der Bäume durchgegangen. Falls ein Zweig eine Across-Modellierungsvariable enthält, werden die Koordinaten ihrer höchsten Zeitableitung der Spaltenmatrix $\mathbf{p}_Z$ sowie deren Basis der Spaltenmatrix $\underline{\mathbf{u}}_p$ hinzugefügt. Die Sehnen der Kobäume werden nach Through-Modellierungsvariabeln durchsucht und die Koordinaten ihrer höchsten Zeitableitung der

Spaltenmatrix $\mathbf{p}_S$ sowie deren Basis der Spaltenmatrix $\underline{\mathbf{o}}_p$ hinzugefügt. Die dazugehörigen Größen niedriger Zeitableitungen werden entsprechend in $\mathbf{q}_Z$, $\underline{\mathbf{u}}_q$, $\mathbf{q}_S$ und $\underline{\mathbf{o}}_q$ gesammelt. Für das Beispiel des Doppelpendels ergibt sich

$$\{\mathbf{p}_Z\} = \left\{[], [\omega_{h1\_2}(t), \omega_{h2\_2}(t)]^T\right\} , \quad \left\{\underline{\mathbf{u}}_p\right\} = \left\{[], [\vec{e}_{Gz}, \vec{e}_{Gz}]^T\right\} , \tag{2.8a}$$

$$\{\mathbf{q}_Z\} = \left\{[], [\theta_{h1\_2}(t), \theta_{h2\_2}(t)]^T\right\} , \quad \left\{\underline{\mathbf{u}}_q\right\} = \left\{[], [\vec{e}_{Gz}, \vec{e}_{Gz}]^T\right\} , \tag{2.8b}$$

$$\{\mathbf{p}_S\} = \{[], []\}, \{\mathbf{q}_S\} = \{[], []\} , \quad \left\{\underline{\mathbf{o}}_p\right\} = \{[], []\}, \left\{\underline{\mathbf{o}}_q\right\} = \{[], []\} . \tag{2.8c}$$

Zur Erzeugung der Bewegungs- und Zwangsreaktionsgleichungen werden alle Einträge in $\underline{\mathbf{x}}$ und $\underline{\mathbf{y}}$ mittels ihrer konstitutiven Gleichungen ersetzt. Anschließend werden in einem iterativen Vorgang die sekundären Variablen $\underline{\mathbf{x}}_S$ und $\underline{\mathbf{y}}_Z$ mittels der Transformationsgleichungen (2.1) und (2.2) sowie die primären Variablen $\underline{\mathbf{x}}_Z$ und $\underline{\mathbf{y}}_S$ mittels deren konstitutiven Gleichungen substituiert. Dies wird so oft wiederholt, bis die Across- und Through-Variablen des Systems allein als Funktionen der Zeit sowie der generalisierten Koordinaten $\mathbf{p}_Z$, $\mathbf{p}_S$, $\mathbf{q}_Z$ und $\mathbf{p}_S$ vorliegen und mit $\underline{\mathbf{x}}^*$ bzw. $\underline{\mathbf{y}}^*$ bezeichnet werden. Mithilfe von Gln. (2.1), (2.2) und (2.5) lässt sich das Prinzip der virtuellen Arbeit (2.3) in

$$\sum_{i=1}^{n_Z} \delta\underline{\mathbf{x}}_{Z_i} \cdot \left([\mathbf{I} \quad \mathbf{A}_f]\, \underline{\mathbf{y}}^*\right)_i = 0, \qquad \sum_{i=1}^{n_S} \delta\underline{\mathbf{y}}_{S_i} \cdot \left([\mathbf{B}_f \quad \mathbf{I}]\, \underline{\mathbf{x}}^*\right)_i = 0 \tag{2.9}$$

umformen. Zur Bestimmung der Bewegungs- und Zwangsreaktionsgleichungen ergeben sich je zwei große skalare Ausdrücke. Die virtuelle Arbeit des Gesamtsystems ist genau dann null ($\delta W = 0$) wenn die virtuellen Arbeiten aller unabhängigen virtuellen Verschiebungen (δr_i) verschwinden ($\delta W_i = 0$). Die einer Modellierungsvariablen zugeordnete dynamische Gleichung ergibt sich damit aus Gleichsetzen des Koeffizienten der virtuellen Verrückung der jeweiligen Modellierungsvariablen mit 0. Soll beispielsweise die dynamische Gleichung zur Modellierungsvariablen $\underline{\mathbf{x}}_{ij}$ der Kante i und dem Across-Raum j bestimmt werden, so ist der Koeffizient von $\delta x_{ij}(t)$ zu ermitteln. Anstatt zunächst die virtuelle Arbeit für das Gesamtsystem zu berechnen und anschließend die dynamischen Gleichungen aus einem großen symbolischen Ausdruck zu extrahieren, können die dynamischen Gleichungen einer Modellierungsvariablen auch direkt bestimmt werden, da die virtuelle Variable $\delta x_{ij}(t)$ lediglich in der virtuellen Across-Variablen der Kante i auftaucht:

$$\delta\underline{\mathbf{x}}_{Z_{ij}} = \delta\mathbf{x}_{ij}^T \underline{\mathbf{u}}_{ij} = \delta x_{ij}(t)\, \vec{u}_{ij} . \tag{2.10}$$

Der Koeffizient von $\delta x_{ij}(t)$ und damit die zu $\mathbf{p}_{Z_{ij}}$ gehörige dynamische Gleichung ergibt sich somit durch Projektion der zugehörigen Schnittmengengleichung $()_{ij}$ in Vektorform nach erfolgter Substitution in den Bewegungsraum $\vec{u}_{ij}$ der jeweiligen Across-Variablen:

$$\vec{u}_{ij} \cdot \left([\mathbf{I} \quad \mathbf{A}_f]\, \underline{\mathbf{y}}^*\right)_{ij} = 0 . \tag{2.11}$$

Der Koeffizient von $\delta y_{ij}(t)$ und damit die zu $\mathbf{p}_{S_{ij}}$ gehörige Zwangsreaktionsgleichung ergibt sich analog zur Bewegungsgleichung durch Projektion der zugehörigen Maschengleichung nach erfolgter Substitution in den Zwangsreaktions-Raum der jeweiligen Through-Variablen:

$$\vec{o}_{ij} \cdot \left([\mathbf{B}_f \quad \mathbf{I}]\, \underline{\mathbf{x}}^*\right)_{ij} = 0 . \tag{2.12}$$

Die dabei entstehenden Gleichungen werden korrespondierend zu den Modellierungsvariablen $\mathbf{p}_Z$ in der Spaltenmatrix $\mathbf{g}_Z$ und zugehörig zu den Modellierungsvariablen $\mathbf{p}_S$ in der Spaltenmatrix $\mathbf{g}_S$ abgelegt. Im nächsten Schritt werden die Modellierungsvariablen aus $\mathbf{p}_Z$ und $\mathbf{p}_S$ in dynamische Größen $\mathbf{p}$ und Zwangsgrößen $\mathbf{f}_{zwang}$ aufgeteilt, abhängig davon, ob sie in abgeleiteter Form auftreten und integriert werden müssen. Falls in einer Gleichung aus $\mathbf{g}_Z$ oder $\mathbf{g}_S$ eine Zeitableitung von $\mathbf{p}$ auftaucht, wird diese den Dynamikgleichungen des Systems $\mathbf{g}_{dyn}$, andernfalls den Zwangsgleichungen des Systems $\mathbf{g}_{zwang}$ zugeordnet. Die zu den Modellierungsvariablen in $\mathbf{p}$ gehörenden Modellierungsvariablen 0. Zeitableitung aus $\mathbf{q}_Z$ und $\mathbf{q}_S$ werden in $\mathbf{q}$ zusammengefasst. Die Verknüpfung zwischen der Zeitableitung von $\mathbf{q}$ und $\mathbf{p}$ wird in $\mathbf{g}_{kin}$ abgelegt. Im letzten Schritt werden die Gleichungen $\mathbf{g}_{dyn}$, $\mathbf{g}_{zwang}$ und $\mathbf{g}_{kin}$ in die gewohnte Form

$$\mathbf{M}\dot{\mathbf{p}} + \mathbf{C}^T \mathbf{f}_{zwang} = \mathbf{b}\left(\mathbf{p}, \mathbf{q}, t\right) \ , \tag{2.13a}$$

$$\mathbf{\Phi}\left(\mathbf{q}, t\right) = \mathbf{0} \ , \tag{2.13b}$$

$$\dot{\mathbf{q}} = \mathbf{k}\left(\mathbf{p}, \mathbf{q}, t\right) \ , \tag{2.13c}$$

gebracht, indem die Koeffizienten von $\dot{\mathbf{p}}$ in $\mathbf{M}$ und die von $\mathbf{f}_{zwang}$ in $\mathbf{C}^T$ gesammelt werden. Das Anwendungsbeispiel des Doppelpendels enthält, wie alle in dieser Arbeit behandelten Robotermodelle, keine geschlossene Schleife, seine Dynamik kann deshalb gemäß der Wahl des Baums über ein System gewöhnlicher Differentialgleichungen in den Gelenkwinkeln dargestellt werden. Somit entfallen sämtliche Zwangsbedingungen (2.13b) sowie der Term $\mathbf{C}^T \mathbf{f}_{zwang}$ in Gl. (2.13a). Weiterhin kann für durch Gelenkwinkel $\mathbf{q}$ beschriebene, ebene Mehrkörpersysteme Gl. (2.13c) direkt mit $\dot{\mathbf{q}} = \mathbf{p}$ angegeben werden. Für eine spätere Regelung sollen die Gelenkmomente explizit als Eingangsgrößen $\mathbf{u}$ aufgeführt werden, deshalb wird folgende Substitution eingeführt: $\mathbf{b}\left(\mathbf{p}, \mathbf{q}, t\right) = -\mathbf{Q}\left(\mathbf{q}, \dot{\mathbf{q}}\right) + \mathbf{B}\left(\mathbf{q}\right)\mathbf{u}$. Die Systemgleichungen (2.13) vereinfachen sich daher für den speziellen Fall eines ebenen Mehrkörpersystems in Baumstruktur beschrieben durch Gelenkwinkel auf

$$\mathbf{M}\left(\mathbf{q}\right)\ddot{\mathbf{q}} + \mathbf{Q}\left(\mathbf{q}, \dot{\mathbf{q}}\right) = \mathbf{B}\left(\mathbf{q}\right)\mathbf{u} \ , \tag{2.14}$$

bzw. in Zustandsformdarstellung mit der in der Regelungstechnik üblichen Struktur zu

$$\dot{\mathbf{x}} = \frac{\mathrm{d}}{\mathrm{d}t}\begin{bmatrix}\mathbf{q}\\\dot{\mathbf{q}}\end{bmatrix} = \begin{bmatrix}\dot{\mathbf{q}}\\-\mathbf{M}\left(\mathbf{q}\right)^{-1}\mathbf{Q}\left(\mathbf{q}, \dot{\mathbf{q}}\right)\end{bmatrix} + \begin{bmatrix}\mathbf{0}\\\mathbf{M}\left(\mathbf{q}\right)^{-1}\mathbf{B}\left(\mathbf{q}\right)\end{bmatrix}\mathbf{u} = \mathbf{f}\left(\mathbf{x}\right) + \mathbf{g}\left(\mathbf{x}\right)\mathbf{u} \ . \tag{2.15}$$

Für das Anwendungsbeispiel des Doppelpendels mit symmetrischen Stäben der Masse m, Länge l und dem Massenträgheitsmoment J bezüglich des Schwerpunkts ergeben sich nachfolgende Matrizen:

$$\mathbf{M}\left(\mathbf{q}\right) = \begin{bmatrix} 2J + \left(\frac{3}{2} + \cos\left(\theta_{h2}\right)\right)ml^2 & J + \frac{1}{2}\left(\frac{1}{2} + \cos\left(\theta_{h2}\right)\right)ml^2 \\ J + \frac{1}{2}\left(\frac{1}{2} + \cos\left(\theta_{h2}\right)\right)ml^2 & J + \frac{1}{4}ml^2 \end{bmatrix} \ , \quad \mathbf{q} = \begin{bmatrix}\theta_{h1}\\\theta_{h2}\end{bmatrix} \ ,$$

$$\mathbf{Q}\left(\mathbf{q}, \dot{\mathbf{q}}\right) = \begin{bmatrix} -\frac{1}{2}ml^2\left(\dot{\theta}_{h2}^2\sin\left(\theta_{h2}\right) + 2\dot{\theta}_{h1}\dot{\theta}_{h2}\sin\left(\theta_{h2}\right)\right) + \frac{1}{2}mgl\left(3\cos\left(\theta_{h1}\right) + \cos\left(\theta_{h1} + \theta_{h2}\right)\right) \\ \frac{1}{2}ml^2\dot{\theta}_{h1}^2\sin\left(\theta_{h2}\right) + \frac{1}{2}mgl\cos\left(\theta_{h1} + \theta_{h2}\right) \end{bmatrix} \ ,$$

$$\mathbf{B}\left(\mathbf{q}\right) = \begin{bmatrix}0\\1\end{bmatrix} \ , \quad \mathbf{u} = \begin{bmatrix}T_{z_{t1}}\end{bmatrix} \ .$$

Hierbei fällt auf, dass der Absolutwinkel θ_{h1} nicht in der Massenmatrix $\mathbf{M}$ vertreten ist, sondern eine zyklische Variable darstellt. Dieser Sachverhalt wird sich im weiteren Verlauf der Arbeit als vorteilhaft herausstellen.

2.2 Nichtlineare Regelung

Ziel der nichtlinearen Regelung ist es, Zustandsvariablen eines nichtlinearen Systems ein gewünschtes dynamisches Verhalten aufzuprägen. Mittels der Ein-Ausgangs-Linearisierung wird die Anwendung eines linearen Reglers ermöglicht, da eine lineare Abbildung vom Systemeingang auf den Systemausgang erzeugt wird. Die nichtlinearen Systemanteile werden dabei in die innere Dynamik des Systems verschoben und sind nicht beobachtbar. Im Folgenden wird die Theorie der Ein-Ausgangs-Linearisierung anhand eines Eingrößensystems

$$\dot{\mathbf{x}} = \mathbf{f}\left(\mathbf{x}\right) + \mathbf{g}\left(\mathbf{x}\right)u \; , \tag{2.16}$$

$$y = h\left(\mathbf{x}\right) \tag{2.17}$$

mit n Gelenken und damit einem $2n$-dimensionalen Zustandsvektor $\mathbf{x}$ sowie einem Eingang u und einem Ausgang y angelehnt an [WGC$^+$07] skizziert. Die Übertragung auf Mehrgrößensysteme wird nicht explizit durchgeführt, es wird jedoch auf Besonderheiten bei quadratischen[1] Mehrgrößensystemen hingewiesen.

2.2.1 Differenzordnung

Die *Differenzordnung d* gibt an, ab welchem Grad der Ableitung der Systemausgang direkt vom Systemeingang beeinflusst wird. Mittels der Kettenregel wird die zeitliche Ableitung des Ausgangs als Ableitung von h entlang der Trajektorien $\dot{\mathbf{x}}$ bestimmt:

$$\dot{y} = \frac{\partial h}{\partial \mathbf{x}}\dot{\mathbf{x}} = \frac{\partial h}{\partial \mathbf{x}}\left(\mathbf{f} + \mathbf{g}u\right) = \mathrm{L_f}h + \mathrm{L_g}h\,u \; . \tag{2.18}$$

Die Projektion des Gradients eines Skalarfelds h auf ein Vektorfeld $\mathbf{f}$ wird dabei nach dem norwegischen Mathematiker MARIUS SOPHUS LIE als LIE-*Ableitung* bezeichnet und mit dem Operator $\mathrm{L_f}h$ abgekürzt. Gilt $\mathrm{L_g}h = 0$, so hat der Eingang u keinen Einfluss auf die erste Zeitableitung des Ausgangs y, und es ist die nächst höhere Zeitableitung zu bilden:

$$\ddot{y} = \frac{\partial\,\mathrm{L_f}h}{\partial\mathbf{x}}\dot{\mathbf{x}} = \frac{\partial\,\mathrm{L_f}h}{\partial\mathbf{x}}\left(\mathbf{f} + \mathbf{g}u\right) = \mathrm{L_f^2}h + \mathrm{L_g L_f}h\,u \; . \tag{2.19}$$

Im Falle eines mechanischen Systems mit Formulierung des Systemausgangs y auf Lageebene ist $\mathrm{L_g L_f}h \neq 0$ und somit die Differenzordnung $d = 2$. Gilt $\mathrm{L_g L_f}h\,u = 0$, so sind entsprechend höhere Zeitableitungen

$$y^{(d)} = \mathrm{L_f^d}h + \mathrm{L_g}\,\mathrm{L_f^{d-1}}h\,u \tag{2.20}$$

zu bilden, bis $\mathrm{L_g}\,\mathrm{L_f^{d-1}}h \neq 0$ gilt und der Eingang u einen direkten Einfluss auf die d-te Zeitableitung des Systemausgangs y hat.

---

[1]Quadratische Mehrgrößensysteme besitzen eine gleiche Anzahl von Ein- und Ausgängen.

2.2.2 Ein-Ausgangs-Linearisierung

Hat das System die Differenzordnung d, so kann das Verhalten w der d-ten Zeitableitung des Systemausgangs mit einem Regler vorgegeben werden:

$$y^{(d)} = w \ . \tag{2.21}$$

Damit ist das System *Ein-Ausgangs linearisiert* und es ergibt sich eine explizite Berechnungsvorschrift für den Systemeingang:

$$u = \left(\mathrm{L_g L_f^{d-1}} h\right)^{-1} \left(- \mathrm{L_f^{d}} h + w\right) \ . \tag{2.22}$$

Im Falle eines quadratischen Mehrgrößensystems gibt es für jeden Eingang u_i und jeden Ausgang $y_j = h_j$ einen Eintrag $\mathrm{L_{g_i} L_f^{d-1}} h_j$ in der Entkopplungsmatrix $\mathrm{L_g L_f^{d-1}} \mathbf{h}$. Für die zu Gl. (2.22) im Mehrgrößenfall korrespondierende Gleichung ist somit zusätzlich die Regularität der Entkopplungsmatrix $\mathrm{L_g L_f^{d-1}} \mathbf{h}$ zu überprüfen. Wird der Reglerausgang w als Funktion der ersten $d - 1$ Zeitableitungen des Systemausgangs

$$w = -k_{d-1} \, \mathrm{L_g L_f^{d-1}} h - \cdots - k_1 \, \mathrm{L_f} h - k_0 h \tag{2.23}$$

implementiert, ergibt sich für die Dynamik des Ausgangs

$$y^{(d)} + k_{d-1} y^{(d-1)} + \cdots + k_0 y = 0 \ . \tag{2.24}$$

Durch entsprechende Wahl der Parameter $k_{d-1}, \cdots, k_0$ kann der Ruhelage des Ausgangs $y(t)$ ein asymptotisch stabiles Verhalten aufgeprägt werden.

2.2.3 Nulldynamik

Bei perfekter Regelung verschwindet der Systemausgang ($y = 0$) und durch Substitution von Gl. (2.23) in Gl. (2.22) ergibt sich der Eingang

$$u^0\left(\mathbf{x}\right) = - \left(\mathrm{L_g L_f^{d-1}} h\left(\mathbf{x}\right)\right)^{-1} \mathrm{L_f^{d}} h\left(\mathbf{x}\right) \ . \tag{2.25}$$

Eingesetzen in Gl. (2.16) liefert die verbleibende Dynamik

$$\dot{\mathbf{x}} = \mathbf{f}^0\left(\mathbf{x}\right) = \mathbf{f}\left(\mathbf{x}\right) - \mathbf{g}\left(\mathbf{x}\right) \left(\mathrm{L_g \, L_f^{d-1}} h\left(\mathbf{x}\right)\right)^{-1} \mathrm{L_f^{d}} h\left(\mathbf{x}\right) \ , \tag{2.26}$$

die als *Nulldynamik*[1] bezeichnet wird und am Systemausgang y nicht erfasst werden kann. Die Menge der möglichen Zustände für Gl. (2.26) werden in der *Mannigfaltigkeit der Nulldynamik* $\mathcal{Z}$ zusammengefasst:

$$\mathcal{Z} = \{\mathbf{x} | h\left(\mathbf{x}\right) = 0, \ldots, \mathrm{L_f^{d-1}} h\left(\mathbf{x}\right) = 0\} \ . \tag{2.27}$$

---

[1] Die Bezeichnung stammt aus dem Vergleich mit einem linearen System, bei dem die Eigenwerte der Nulldynamik den Abkopplungsnullstellen des Systems entsprechen.

2.2.4 Transformation

Zur besseren und einfacheren Untersuchung der Systemdynamik wird die Koordinatentransformation $\mathbf{z} = \boldsymbol{\phi}\left(\mathbf{x}\right)$ eingeführt, welche die beobacht- und steuerbaren Zustandsgrößen $\boldsymbol{\eta}$ von den inneren Zustandsgrößen der Nulldynamik $\boldsymbol{\xi}$ trennt:

$$\mathbf{z} = \boldsymbol{\phi}\left(\mathbf{x}\right) = \begin{bmatrix} \boldsymbol{\eta} \\ \boldsymbol{\xi} \end{bmatrix} = \begin{bmatrix} \eta_1 \\ \vdots \\ \eta_d \\ \xi_1 \\ \vdots \\ \xi_{n_{\mathbf{z}}-d} \end{bmatrix} = \begin{bmatrix} h\left(\mathbf{x}\right) \\ \vdots \\ \mathrm{L}_{\mathbf{f}}^{d-1} h\left(\mathbf{x}\right) \\ \phi_{d+1}\left(\mathbf{x}\right) \\ \vdots \\ \phi_{n_{\mathbf{z}}}\left(\mathbf{x}\right) \end{bmatrix} . \tag{2.28}$$

Die ersten d Zustandsvariablen $\boldsymbol{\eta}$ werden dabei als Zeitableitungen des Ausgangs $y = h\left(\mathbf{x}\right)$ dargestellt. Die verbleibenden $n_{\mathbf{z}} - d$ Zustandsvariablen $\boldsymbol{\xi}$ sind so zu bestimmen, dass die Gesamtheit $\mathbf{z}$ linear unabhängig ist

$$\mathrm{rang}\left(\frac{\partial \mathbf{z}}{\partial \mathbf{x}}\right) = \dim\left(\mathbf{x}\right) = n_{\mathbf{z}} \tag{2.29}$$

und der Systemeingang nicht auf die erste Zeitableitung der Zustandsvariablen $\boldsymbol{\xi}$ wirkt

$$\mathrm{L}_{\mathbf{g}}\,\phi_{d+i}\left(\mathbf{x}\right) = 0 \ . \tag{2.30}$$

Dynamik-Gl. (2.16) und Ausgangs-Gl. (2.17) des Systems lassen sich durch Anwenden der Transformation (2.28) als

$$\dot{\mathbf{z}} = \frac{\mathrm{d}}{\mathrm{d}t} \begin{bmatrix} \eta_1 \\ \vdots \\ \eta_{d-1} \\ \eta_d \\ \xi_1 \\ \vdots \\ \xi_{n_{\mathbf{z}}-d} \end{bmatrix} = \begin{bmatrix} \eta_2 \\ \vdots \\ \eta_d \\ \tilde{f}_d\left(\boldsymbol{\eta},\boldsymbol{\xi}\right) \\ \tilde{f}_{d+1}\left(\boldsymbol{\eta},\boldsymbol{\xi}\right) \\ \vdots \\ \tilde{f}_{n_{\mathbf{z}}}\left(\boldsymbol{\eta},\boldsymbol{\xi}\right) \end{bmatrix} + \begin{bmatrix} 0 \\ \vdots \\ 0 \\ \tilde{g}_d\left(\boldsymbol{\eta},\boldsymbol{\xi}\right) \\ 0 \\ \vdots \\ 0 \end{bmatrix} u \ , \tag{2.31}$$

$$y = \tilde{h}\left(\boldsymbol{\eta},\boldsymbol{\xi}\right) = \eta_1 \tag{2.32}$$

darstellen, wobei Funktionen mit Argumenten aus transformierten Zustandsgrößen $\left(\boldsymbol{\eta},\boldsymbol{\xi}\right)$ mit Tilde gekennzeichnet werden. Die Mannigfaltigkeit der Nulldynamik kann somit als

$$\mathcal{Z} = \left\{\left(\boldsymbol{\eta},\boldsymbol{\xi}\right) \mid \boldsymbol{\eta} = \mathbf{0}\right\} \tag{2.33}$$

und die Nulldynamik selbst als autonomes System

$$\dot{\boldsymbol{\xi}} = \begin{bmatrix} \tilde{f}_{d+1}\left(\mathbf{0},\boldsymbol{\xi}\right) \\ \vdots \\ \tilde{f}_{n_{\mathbf{z}}}\left(\mathbf{0},\boldsymbol{\xi}\right) \end{bmatrix} \tag{2.34}$$

seiner Variable $\boldsymbol{\xi}$ dargestellt werden. Eine Zusammenfassung der vorgestellten Methode mit Vergleich zu linearen Systemen ist in [Kha02] und eine formale mathematische Beschreibung in [Isi94, Isi99] angegeben.

2.3 Numerische Optimierung

Ziel der numerischen Optimierung ist es einen Parametersatz zu finden, der ein noch genauer zu definierendes Kriterium minimiert. Die Bedingungen für das Minimum können im allgemeinen Fall nicht geschlossen gelöst werden, weshalb numerische Methoden zum Einsatz kommen.

2.3.1 Optimierung unter Nebenbedingungen

Bei der Optimierung unter Nebenbedingungen soll ein Parametersatz $\boldsymbol{\alpha} \in \mathbb{R}^{n_\alpha}$ gefunden werden, der eine skalare Zielfunktion $f_{min}(\boldsymbol{\alpha})$ unter Einhaltung von Gleichungs- und Ungleichungsnebenbedingungen $c_i(\boldsymbol{\alpha})$ minimiert:

$$\min_{\boldsymbol{\alpha} \in \mathbb{R}^{n_\alpha}} f_{min}(\boldsymbol{\alpha}) : \begin{cases} c_i(\boldsymbol{\alpha}) = 0, & i \in \mathcal{G} \\ c_i(\boldsymbol{\alpha}) \leq 0, & i \in \mathcal{U} \end{cases} . \tag{2.35}$$

Die Gleichungs- und Ungleichungsnebenbedingungen mit $c_i(\boldsymbol{\alpha}) = 0$ eines zulässigen Punktes $\boldsymbol{\alpha}$ werden dabei als *aktiv* und ihre Vereinigung als *aktive Menge*[1] bezeichnet:

$$\mathcal{A}(\boldsymbol{\alpha}) = \mathcal{G} \cup \{i \in \mathcal{U} | c_i(\boldsymbol{\alpha}) = 0\} . \tag{2.36}$$

Für die Menge der Gradienten der aktiven Nebenbedingungen $\{\nabla_{\boldsymbol{\alpha}} c_i(\boldsymbol{\alpha}), i \in \mathcal{A}(\boldsymbol{\alpha})\}$ wird ferner lineare Unabhängigkeit gefordert.

Zur Lösung des Optimierungsproblems werden Zielfunktion, Gleichungs- und Ungleichungsnebenbedingungen (2.35) in der LAGRANGE-Funktion

$$\mathcal{L}(\boldsymbol{\alpha}, \boldsymbol{\lambda}) = f_{min}(\boldsymbol{\alpha}) - \sum_{i \in \mathcal{G} \cup \mathcal{U}} \lambda_i c_i(\boldsymbol{\alpha}) \tag{2.37}$$

zusammengefasst. Dies ermöglicht es analog zur eindimensionalen Optimierung ohne Nebenbedingungen notwendige und hinreichende Kriterien für ein Minimum zu formulieren. Die KARUSH-KUHN-TUCKER-Bedingungen (KKT), auch als Bedingungen der ersten Ordnung bezeichnet, müssen als notwendige Bedingungen von jeder lokalen Lösung $\boldsymbol{\alpha}^*$ von Gl. (2.35) mit dem Vektor der LAGRANGE-Multiplikatoren $\boldsymbol{\lambda}^*$ erfüllt werden:

$$\nabla_{\boldsymbol{\alpha}} \mathcal{L}(\boldsymbol{\alpha}^*, \boldsymbol{\lambda}^*) = 0 , \tag{2.38a}$$

$$c_i(\boldsymbol{\alpha}^*) = 0 , \quad i \in \mathcal{G} , \tag{2.38b}$$

$$c_i(\boldsymbol{\alpha}^*) \leq 0 , \quad i \in \mathcal{U} , \tag{2.38c}$$

$$\lambda_i^* \geq 0 , \quad i \in \mathcal{U} , \tag{2.38d}$$

$$\lambda_i^* c_i(\boldsymbol{\alpha}^*) = 0 , \quad i \in \mathcal{G} \cup \mathcal{U} . \tag{2.38e}$$

Die Gl. (2.38a) definiert das Minimum als gegenseitiges Aufheben der Gradienten von Zielfunktion und Nebenbedingungen. Die Gln. (2.38d) und (2.38e) bewirken, dass lediglich aktive Nebenbedingungen an der Auslöschung des Gradienten beteiligt sind. Die Beziehungen

---

[1] englisch: active set

(2.38b) und (2.38c) entsprechen den ursprünglichen Nebenbedingungen. Sind die KKT-Bedingungen erfüllt, so steigt bei einer Bewegung in eine beliebige Richtung $\mathbf{j}$ die erste Näherung der Zielfunktion an ($\mathbf{j}^T \nabla f_{min}(\boldsymbol{\alpha}^*) > 0$) oder bleibt konstant ($\mathbf{j}^T \nabla f_{min}(\boldsymbol{\alpha}^*) = 0$). Die Richtungen, entlang welcher nicht entschieden werden kann, ob ein Minimum vorliegt, werden dabei im sogenannten *kritischen Kegel* zusammengefasst:

$$\mathcal{C}(\boldsymbol{\alpha}^*, \boldsymbol{\lambda}^*) = \left\{ \mathbf{j} | \nabla c_i(\boldsymbol{\alpha}^*)^T \mathbf{j} = 0, i \in \mathcal{A}(\boldsymbol{\alpha}^*) \cap \mathcal{U}, \lambda_i^* > 0 \right\} . \tag{2.39}$$

Die hinreichenden Bedingungen zweiter Ordnung besagen, dass ein Punkt $\boldsymbol{\alpha}^*$, der die KKT-Bedingungen (2.38) erfüllt und für den

$$\forall \mathbf{j} \in \mathcal{C}(\boldsymbol{\alpha}^*, \boldsymbol{\lambda}^*), \mathbf{j} \neq 0 : \mathbf{j}^T \nabla_{\alpha\alpha}^2 \mathcal{L}(\boldsymbol{\alpha}^*, \boldsymbol{\lambda}^*) \mathbf{j} > 0 \tag{2.40}$$

gilt, eine lokale Lösung von Gl. (2.35) darstellt. In der verwendeten Matlab-Implementierung `fmincon` wird dies durch eine positiv definite Hessematrix $\nabla_{\alpha\alpha}^2 \mathcal{L}(\boldsymbol{\alpha}^*, \boldsymbol{\lambda}^*)$ gewährleistet.

Bei der Lösung des nichtlinearen Programmierungsproblems (2.35) ist auf einen Ausgleich zwischen eventuell auftretenden konträren Zielstellungen bestehend aus der Minimierung der Zielfunktion und dem Einhalten der Zwangsbedingungen zu achten. Dazu wird als weitere Forderung eingeführt, dass die Gütefunktion

$$\phi(\boldsymbol{\alpha}, \boldsymbol{\mu}) = f_{min}(\boldsymbol{\alpha}) + \sum_{i \in \mathcal{G}} \mu_i c_i(\boldsymbol{\alpha}) + \sum_{i \in \mathcal{U}} \mu_i \max(0, c_i(\boldsymbol{\alpha})) \tag{2.41}$$

in jedem Optimierungsschritt verringert werden muss. Der *Strafparameter* μ nimmt dabei eine Gewichtung zwischen Erfüllung der Nebenbedingungen und Minimierung der Zielfunktion vor. In der Matlab-Implementierung wird der Strafparameter iterativ bestimmt

$$(\mu_{j+1})_i = \max \left(\lambda_i, \tfrac{1}{2} \left((\mu_j)_i + \lambda_i \right) \right) . \tag{2.42}$$

Somit haben Nebenbedingungen, die momentan inaktiv sind aber kürzlich aktiv waren, weiterhin einen Einfluss.

2.3.2 Sequentielle Quadratische Programmierung

Die *sequentielle quadratische Programmierung (SQP)* stellt eine der effektivsten Methoden zur Optimierung unter nichtlinearen Nebenbedingungen dar [NW06]. Die Namensgebung lehnt an die iterative Gestaltung des Algorithmus an, der in aufeinanderfolgenden Schritten jeweils eine Lösung für die quadratische Approximation um den aktuellen Punkt $\boldsymbol{\alpha}_j$ des ursprünglichen Problems (2.35) mit linearisierten Nebenbedingungen berechnet:

$$\min_{\mathbf{d}} \left(f_{min_j} + \nabla f_{min_j}^T \mathbf{d} + \tfrac{1}{2}\mathbf{d}^T \nabla_{\alpha\alpha}^2 \mathcal{L}_j \mathbf{d} \right) : \begin{cases} \nabla c_i(\boldsymbol{\alpha}_j)^T \mathbf{d} + c_i(\boldsymbol{\alpha}_j) = 0, & i \in \mathcal{G} \\ \nabla c_i(\boldsymbol{\alpha}_j)^T \mathbf{d} + c_i(\boldsymbol{\alpha}_j) \leq 0, & i \in \mathcal{U} \end{cases} . \tag{2.43}$$

Das SQP-Verfahren kann als Anwendung des NEWTON-RAPHSON-Algorithmus auf die KKT-Bedingungen

$$\mathbf{N}(\boldsymbol{\alpha}, \boldsymbol{\lambda}) = \begin{bmatrix} \nabla f_{min}(\boldsymbol{\alpha}) - \nabla c(\boldsymbol{\alpha}) \boldsymbol{\lambda} \\ c(\boldsymbol{\alpha}) \end{bmatrix} = 0 \tag{2.44}$$

mit den Unbekannten $\boldsymbol{\alpha}$ und $\boldsymbol{\lambda}$ veranschaulicht werden. Hierzu wird Gl. (2.44) durch ihre Tangente an der Stelle $(\boldsymbol{\alpha}_j, \boldsymbol{\lambda}_j)$ mit dem Funktionswert

$$\mathbf{N}\left(\boldsymbol{\alpha}_j, \boldsymbol{\lambda}_j\right) = \begin{bmatrix} \nabla f_{min}\left(\boldsymbol{\alpha}_j\right) - \nabla \mathbf{c}\left(\boldsymbol{\alpha}_j, \boldsymbol{\lambda}_j\right)\boldsymbol{\lambda}_j \\ \mathbf{c}\left(\boldsymbol{\alpha}_j, \boldsymbol{\lambda}_j\right) \end{bmatrix} \tag{2.45}$$

und der Steigung

$$\mathbf{N}'\left(\boldsymbol{\alpha}_j, \boldsymbol{\lambda}_j\right) = \begin{bmatrix} \nabla^2_{\alpha\alpha}\mathcal{L}\left(\boldsymbol{\alpha}_j, \boldsymbol{\lambda}_j\right) & -\nabla \mathbf{c}\left(\boldsymbol{\alpha}_j, \boldsymbol{\lambda}_j\right) \\ \nabla \mathbf{c}\left(\boldsymbol{\alpha}_j, \boldsymbol{\lambda}_j\right)^T & 0 \end{bmatrix} \tag{2.46}$$

angenähert und deren Nullstelle $(\boldsymbol{\alpha}^*, \boldsymbol{\lambda}^*)$ iterativ durch Lösen von

$$\begin{bmatrix} \nabla^2_{\alpha\alpha}\mathcal{L}_j & -\nabla \mathbf{c}_j \\ \nabla \mathbf{c}_j^T & 0 \end{bmatrix} \begin{bmatrix} \boldsymbol{\alpha}_{k+1} - \boldsymbol{\alpha}_k \\ \boldsymbol{\lambda}_{k+1} - \boldsymbol{\lambda}_k \end{bmatrix} = - \begin{bmatrix} \nabla f_{min_j} - \nabla \mathbf{c}_k \boldsymbol{\lambda}_k \\ \mathbf{c}_k \end{bmatrix} \tag{2.47}$$

bestimmt. Aufgrund der linearen Unabhängigkeit der Gradienten der Nebenbedingungen $\nabla \mathbf{c}_j$ und der positiven Definitheit der Hessematrix $\nabla^2_{\alpha\alpha}\mathcal{L}_j$ ist die Koeffizientenmatrix stets regulär und somit der NEWTON-Schritt definiert. Für eine detailliertere Ausführung der Implementierung des SQP-Verfahrens sei auf die Matlab-Dokumentation [The13] sowie [NW06] verwiesen.

2.3.3 Direktes Suchverfahren

Das *direkte Suchverfahren* minimiert die Zielfunktion ohne Zuhilfenahme eines Gradienten und ist im Falle einer nichtglatten oder mit numerischem Rauschen behafteten Zielfunktion einem gradientenbasierten Verfahren vorzuziehen. Entsprechend seiner Verwendung in dieser Arbeit wird es in seiner mit *Patternsearch* bezeichneten Ausprägung und ausschließlich für die Optimierung ohne Nebenbedingungen, angelehnt an die Matlab-Dokumentation [The13] und [NW06], skizziert. Zur Lösung des Optimierungsproblems

$$\min_{\boldsymbol{\beta} \in \mathbb{R}^{n_\beta}} f_{min}\left(\boldsymbol{\beta}\right) \tag{2.48}$$

wird beim direkten Suchverfahren ein äquidistantes Gitter mit der Gitterlänge γ_j und der Gitterrichtung $\mathbf{d}_j$ um den Startwert $\boldsymbol{\beta}_j$ gelegt und die Zielfunktion f_{min} an den Gitterpunkten $\boldsymbol{\beta}_j + \gamma_j \mathbf{d}_j$ ausgewertet. Reduziert ein Gitterpunkt den bisherigen Minimalwert der Zielfunktion, so ist die Iteration erfolgreich und ebendieser Gitterpunkt wird als Ursprung des neuen Gitters verwendet: $\boldsymbol{\beta}_{i+1} = \boldsymbol{\beta}_j$. Anschließend wird die Gitterlänge γ_j vergrößert und es besteht die Möglichkeit die Suchrichtungen $\mathbf{d}_j$ zu modifizieren. In dieser Arbeit wird die Möglichkeit nicht wahrgenommen, sondern es werden stets dieselben Suchrichtungen $\mathbf{d}_j$, bestehend aus positiver und negativer Koordinatenbasis der Optimierungsparameter $\boldsymbol{\beta}$, gewählt. Reduziert kein Gitterpunkt den bisherigen Minimalwert der Zielfunktion, so ist die Iteration nicht erfolgreich, der Ursprung des Gitters bleibt gleich. Stattdessen wird die Gitterlänge γ_j verkleinert bei eventuell geänderten Suchrichtungen $\mathbf{d}_j$. Dieser Vorgang wird solange wiederholt, bis die Gitterlänge eine Toleranzschranke unterschreitet $(\gamma_j < \gamma_{tol})$. Der nun vorliegende Gitterursprung wird als optimaler Parametersatz $\boldsymbol{\beta}^*$

zum Minimum der Zielfunktion $f_{min}(\beta^*)$ erklärt. Für das direkte Suchverfahren kann globale Konvergenz gezeigt werden. Sein Nachteil besteht, verglichen zu gradientenbasierten Optimierungsverfahren, in einer hohen Anzahl an Auswertungen der Zielfunktion, die es aus Gesichtspunkten der Rechenzeit teuer machen.

3 Robotermodell

Ziel der Modellierung ist es ein Abbild des betrachteten Roboters zu erstellen, welches die wesentlichen Eigenschaften des realen Systems besitzt und einer Analyse unter Vernachlässigung vermeintlich unerheblicher Details zugänglich ist. Die Entscheidung, ob eine Eigenschaft einen wesentlichen oder unwesentlichen Charakter aufweist, wird jeweils als Modellannahme explizit aufgeführt. Die Modellannahmen orientieren sich an der Fragestellung der Entwicklung eines energieeffizienten zweibeinigen Roboters. Das Modell soll dabei insbesondere einen Roboter abbilden, der inspiriert vom Vorbild des Menschen während des Gangs seine natürliche Dynamik nutzt, indem er kontinuierlich über den Stützbeinfuß nach vorne fällt. Dies kann allein durch geeignete Abstimmung von Mechanik (s. Abschn. 3.1) und Regelung (s. Abschn. 3.3) aufeinander erreicht und durch geschickte Modifikation der Mechanik optimiert werden. Zur Quantifizierung des Energiehaushalts beim Gang wird ein Modell des Aktors eingeführt (s. Abschn. 3.2).

3.1 Mechanikmodell

Zur Beschreibung der Bewegung unter Wirkung von Kräften und Momenten bedarf es eines Mechanikmodells des Roboters. Die Bewegung des zweibeinigen Gehens besteht insbesondere aus zwei getrennten Phasen, in welchen der Roboter eine unterschiedliche Kontaktkonfiguration aufweist. Folglich sind zwei unterschiedliche Modelle erforderlich (s. Abschn. 3.1.1 und 3.1.2). Ein Zustandsautomat bildet dabei den Übergang zwischen den einzelnen Phasen ab und schaltet zwischen den beiden Modellen (s. Abschn. 3.1.3) um. Die Modellierung ist dabei an [WGC+07] angelehnt. Mangels eines realen Roboters wird das Starrkörpersystem gemäß dem Vorbild des Menschen parametriert (s. Abschn. 3.1.4). Des Weiteren wird die Gesamtheit aller möglichen elastischen Kopplungen in einer zur numerischen Optimierung geeigneten Form abgebildet (s. Abschn. 3.1.5).

3.1.1 Einzelstützphase

Während der *Einzelstützphase* hat das erste Bein Bodenkontakt, trägt das Gesamtgewicht und befindet sich in der *Stützphase*, wohingegen das zweite Bein durch die Luft nach vorn schwingt und sich damit in der *Schwungphase* befindet. Zur weiteren Beschreibung der Einzelstützphase werden im Folgenden Modellannahmen eingeführt, bevor die beschreibenden Gleichungen abgeleitet werden können.

Modellannahmen

Als grundlegende Modellannahme wird davon ausgegangen, dass sich die wesentliche Dynamik des Roboters hinsichtlich der Energieeffizienz in der Sagittalebene abspielt. Der

Bewegungsapparat des Roboters kann folglich als ebenes Mehrkörpersystem beschrieben werden und besteht aus n starren Körpern, die über $n-1$ ideale Drehgelenke miteinander verbunden sind. Die zu den $n-1$ Drehgelenken gehörigen Gelenkwinkel können dabei unabhängig voneinander über $n-1$ Gelenkmomente, erzeugt durch in den Gelenken verbaute Aktoren, geregelt werden. Damit der Roboter keine Möglichkeit hat gegen das Fallen und damit seine natürliche Dynamik anzukämpfen, wird bewusst auf ein Moment im Gelenk zur Umgebung verzichtet. Der Winkel des Gelenks zur Umgebung kann folglich nicht geregelt werden und es liegt ein unteraktuiertes System vor. Die einfachste Umsetzung eines solchen Gelenks zur Umgebung besteht aus der Modellvorstellung des punktförmigen Fußes, vergleichbar mit einem in der Stützphase unbewegten Fuß ohne Aktuierung im Sprunggelenk und horizontaler Orientierung in der Schwungphase. Der punktförmige Fuß wird in der Stützphase durch ein gelenkiges Festlager modelliert, unter der Annahme der Einhaltung der einseitigen Kontaktbedingung und der Haftbedingung, die später über geeignete Nebenbedingungen gefordert werden wird. Der Oberkörper wird als starrer Körper modelliert, da er einen Einfluss auf das Fallen hat, wohingegen der Einfluss der einzelnen oberen Gliedmaßen auf die Dynamik beim Gehen als vernachlässigbar eingeschätzt wird [CAK09]. Zur Beschreibung der Konfiguration des Starrkörpersystems wird neben den $n-1$ relativen Gelenkwinkeln q_i die Absolutorientierung des Oberkörpers q_n verwendet. Weiterhin werden ausschließlich symmetrische Gangarten untersucht, so dass zur Beschreibung ein einzelner Schritt ausreicht, bei dem sich zu Beginn der Schwungbeinfuß 2 aus dem Bodenkontakt hinter dem Stützbeinfuß 1 löst und am Ende vor dem Stützbeinfuß 1 aufsetzt.

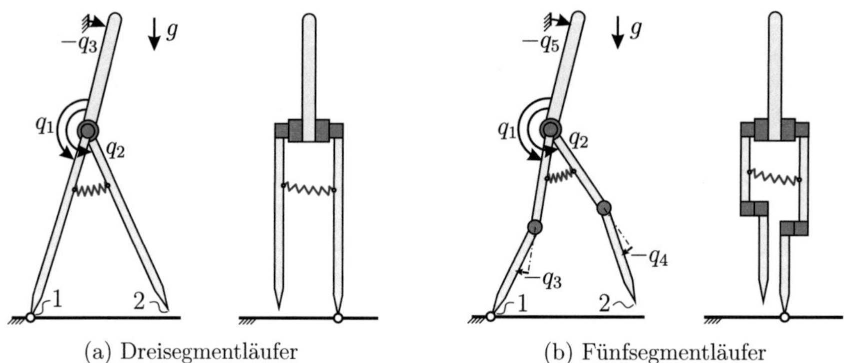

(a) Dreisegmentläufer   (b) Fünfsegmentläufer

Abbildung 3.1: Seitenansicht und Rückansicht der im Rahmen dieser Arbeit untersuchten Robotermodellkategorien Dreisegmentläufer und Fünfsegmentläufer.

Im Rahmen dieser Arbeit werden zwei verschiedene Kategorien von Robotermodellen untersucht, die abhängig von der Anzahl an starren Körpern als *Dreisegmentläufer* bzw. *Fünfsegmentläufer* bezeichnet werden und in Abb. 3.1 dargestellt sind. Hierbei wird in den Abbn. 3.1a und 3.1b exemplarisch jeweils eine elastische Kopplung in Form einer Drehfeder zwischen den Oberschenkeln eingeführt, für weitere Topologien sei auf Abschn. 3.1.5 verwiesen. Die Starrkörpermodelle des Drei- und des Fünfsegmentläufers sind durch die direkte Verbindung des Oberkörpers mit dem jeweiligen Bein über ein separates, aktuiertes Hüftgelenk symmetrisch[1] aufgebaut. Sie unterscheiden sich dabei lediglich in der Unterteilung des Beins in Ober- und Unterschenkel durch das Kniegelenk. Für dieses wird eine Hyperextension[2] ausgeschlossen, so dass die Gelenkwinkel q_3 und q_4 des Fünfsegmentläufers stets im negativen Bereich verbleiben, wie in Abbn. 3.1b dargestellt. Das Kniegelenk ermöglicht neben einer Verkürzung und Verlängerung des Beins auf kinematischer Ebene ein Abstoßen vom Untergrund und Abfedern des Stoßes auf kinetischer Ebene. Als direkte Konsequenz ist es dem Dreisegmentläufer während der Einzelstützphase gestattet, mit dem Schwungbeinfuß 2 durch den Boden zu schwingen, während der Schwungbeinfuß 2 des Fünfsegmentläufers sich stets oberhalb des Bodens befinden muss. In der weiteren Darstellung werden die Gleichungen allgemein abgeleitet und am Beispiel des Dreisegmentläufers veranschaulicht. Eventuelle Unterschiede beim Übergang zum Fünfsegmentläufer werden dabei explizit hervorgehoben.

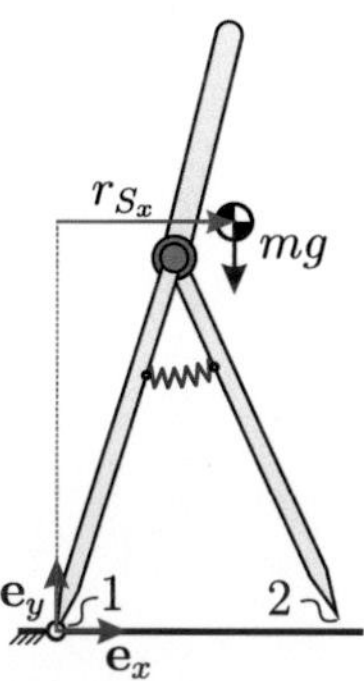

Abbildung 3.2: Einzelstützphase modelliert als Fallen des Gesamtsystems über den Stützbeinfuß 1 angetrieben durch die Gewichtskraft mg.

Die eingeführten Modellannahmen führen im Wesentlichen zu einem Roboter, der in der Einzelstützphase wie in Abb. 3.2 dargestellt als Ganzes über den Stützbeinfuß 1 fällt, angetrieben durch seine Gewichtskraft mg. Im Folgenden werden Gleichungen zur Beschreibung dieser Bewegung abgeleitet im Hinblick auf eine spätere Regelung der Gelenkwinkel. Diese kann als Einführung holonomer Zwangsbedingungen interpretiert werden, welche als verbleibenden Freiheitsgrad lediglich die Rotation des Gesamtsystems um Fuß 1 zulassen.

Gemischte Feedback-Teil-Linearisierungs-Normalform

Wie in Abschn. 2.1 dargestellt, werden die Gleichungen zur Beschreibung der Bewegung des ebenen Mehrkörpersystems mit Baumstruktur in automatisierter Form erzeugt und haben die Struktur

$$\mathbf{M}(\mathbf{q})\,\ddot{\mathbf{q}} + \mathbf{Q}(\mathbf{q},\dot{\mathbf{q}}) = \mathbf{B}(\mathbf{q})\,\mathbf{u}\,, \tag{3.1}$$

---

[1]Die Variante der direkten Verbindung beider Beine über ein gemeinsames, aktuiertes Hüftgelenk bedingt durch lediglich eine Verbindung zum Oberkörper eine Asymmetrie und wird daher nicht betrachtet.

[2]Unter Hyperextension wird die Streckung eines Gelenks über die gestreckte Lage hinaus verstanden.

bzw. als System erster Ordnung

$$\dot{\mathbf{x}} = \frac{\mathrm{d}}{\mathrm{d}t} \begin{bmatrix} \mathbf{q} \\ \dot{\mathbf{q}} \end{bmatrix} = \begin{bmatrix} \dot{\mathbf{q}} \\ -\mathbf{M}(\mathbf{q})^{-1}\,\mathbf{Q}(\mathbf{q},\dot{\mathbf{q}}) \end{bmatrix} + \begin{bmatrix} \mathbf{0} \\ \mathbf{M}(\mathbf{q})^{-1}\,\mathbf{B}(\mathbf{q}) \end{bmatrix} \mathbf{u} = \mathbf{f}(\mathbf{x}) + \mathbf{g}(\mathbf{x})\,\mathbf{u}\ . \tag{3.2}$$

Die generalisierten Koordinaten $\mathbf{q}$ bestehen dabei aus $n-1$ Gelenkwinkeln $\mathbf{q}_G$ und einem Absolutwinkel q_A. Der Absolutwinkel stellt eine zyklische Variable dar, die Massenmatrix $\mathbf{M}$ hängt also nur von $\mathbf{q}_G$ ab. Zur Veranschaulichung der resultierenden Struktur wird das System der Bewegungsgleichungen in $n-1$ Gleichungen für die aktuierten Gelenkwinkel $\mathbf{q}_G$ und eine Gleichung für den nicht aktuierten Absolutwinkel q_A zerlegt:

$$\begin{bmatrix} \mathbf{M}_{GG}(\mathbf{q}_G) & \mathbf{M}_{GA}(\mathbf{q}_G) \\ \mathbf{M}_{AG}(\mathbf{q}_G) & M_{AA}(\mathbf{q}_G) \end{bmatrix} \begin{bmatrix} \ddot{\mathbf{q}}_G \\ \ddot{q}_A \end{bmatrix} + \begin{bmatrix} \mathbf{Q}_G(\mathbf{q},\dot{\mathbf{q}}) \\ Q_A(\mathbf{q},\dot{\mathbf{q}}) \end{bmatrix} = \begin{bmatrix} \mathbf{B}_G(\mathbf{q}_G) \\ 0 \end{bmatrix} \mathbf{u}\ . \tag{3.3}$$

Aus der Aktuierung der $n-1$ Gelenkwinkel $\mathbf{q}_G$ mit $n-1$ Gelenkmomenten $\mathbf{u}$ resultiert eine quadratische, invertierbare Eingangsmatrix $\mathbf{B}_G(\mathbf{q}_G)$. Die Gleichungen lassen sich für die Regelung in eine vorteilhafte Form bringen, indem mithilfe der letzten Zeile aus Gl. (3.3) die Absolutwinkelbeschleunigung $\ddot{q}_A$ aus den ersten $n-1$ eliminiert wird. Durch Einführen der Substitutionen

$$\overline{\mathbf{M}} = \mathbf{M}_{GG} - \mathbf{M}_{GA}M_{AA}^{-1}\mathbf{M}_{AG}\ , \qquad \overline{\mathbf{Q}} = \mathbf{Q}_G - \mathbf{M}_{GA}M_{AA}^{-1}\mathbf{Q}_A\ , \tag{3.4a}$$

$$\overline{\mathbf{M}}_{AG} = M_{AA}^{-1}\mathbf{M}_{AG}\ , \qquad\qquad \overline{Q}_A = -M_{AA}^{-1}Q_A \tag{3.4b}$$

wird darüber hinaus eine kompakte Darstellung ermöglicht. Es sei dabei besonders darauf hingewiesen, dass die Größe M_{AA} einen Skalar darstellt und folglich in Gln. (3.4) keine Matrizeninversion auftritt. Soll den Gelenkwinkeln eine Soll-Beschleunigung $\ddot{\mathbf{q}}_G = \mathbf{v}$ aufgeprägt werden, so überführt der Zustandsregler

$$\mathbf{u} = \mathbf{B}_G(\mathbf{q}_G)^{-1}\left(\overline{\mathbf{M}}(\mathbf{q}_G)\,\mathbf{v} + \overline{\mathbf{Q}}(\mathbf{q},\dot{\mathbf{q}})\right) \tag{3.5}$$

das System (3.3) in die *Feedback-Teil-Linearisierungs-Normalform*

$$\ddot{\mathbf{q}}_G = \mathbf{v}\ , \tag{3.6a}$$

$$\ddot{q}_A = \overline{Q}_A(\mathbf{q},\dot{\mathbf{q}}) - \overline{\mathbf{M}}_{AG}(\mathbf{q}_G)\,\mathbf{v} \tag{3.6b}$$

mit der neuen Eingangsgröße $\mathbf{v}$. Hierbei tritt in der Gleichung der verbleibenden Dynamik (3.6b) explizit der Eingang $\mathbf{v}$ auf, was eine spätere Analyse erschwert. Dem wird mit dem Übergang von der Winkelgeschwindigkeit des Absolutwinkels $\dot{q}_A$ auf den zum Absolutwinkel q_A kanonisch konjugierten Drehimpuls $L^{(1)}$ des Gesamtsystems bezüglich des Stützbeinfußes 1 begegnet. Dieser ist als generalisierter Impuls bezüglich des Ursprungs des Bezugssystems für mechanische Systeme über die partielle Ableitung der kinetischen Energie T nach der Winkelgeschwindigkeit des Absolutwinkels q_A

$$L^{(1)} = \frac{\partial T}{\partial \dot{q}_A} = \frac{\partial \dot{\mathbf{q}}^T \mathbf{M}\dot{\mathbf{q}}}{\partial \dot{q}_A} \tag{3.7}$$

definiert und kann mit den bereits bekannten Einträgen der Massenmatrix $\mathbf{M}_{AG}$ und M_{AA} als Linearkombination der Winkelgeschwindigkeiten $\dot{\mathbf{q}}_G$ und $\dot{q}_A$ angegeben werden:

$$L^{(1)} = [\mathbf{M}_{AG}\left(\mathbf{q}_G\right)\ M_{AA}\left(\mathbf{q}_G\right)] \begin{bmatrix} \dot{\mathbf{q}}_G \\ \dot{q}_A \end{bmatrix} . \tag{3.8}$$

Die Variablentransformation der Winkelgeschwindigkeiten $\dot{q}_A$, ausgedrückt über den Gesamtdrehimpuls $L^{(1)}$ und die Gelenkwinkelgeschwindigkeiten $\dot{\mathbf{q}}_G$, ergibt sich zu

$$\dot{q}_A = M_{AA}^{-1}\left(\mathbf{q}_G\right)L^{(1)} - \overline{\mathbf{M}}_{AG}\dot{\mathbf{q}}_G . \tag{3.9}$$

Die zeitliche Änderung des Gesamtdrehimpulses $L^{(1)}$ kann über das äußere Moment aus der Gewichtskraft mg mit dem Hebelarm r_{S_x} unter Berücksichtigung der positiven Winkeldefinition entgegen des Uhrzeigersinns gemäß Abb. 3.2 zu

$$\dot{L}^{(1)} = -r_{S_x}\left(\mathbf{q}_G, q_A\right)mg \tag{3.10}$$

angegeben werden. Die Zustandsformdarstellung der Systemdynamik in den neuen Zustandsvariablen ergibt sich somit zu

$$\dot{\mathbf{x}} = \frac{\mathrm{d}}{\mathrm{d}t} \begin{bmatrix} \mathbf{q}_G \\ q_A \\ \dot{\mathbf{q}}_G \\ L^{(1)} \end{bmatrix} = \begin{bmatrix} \dot{\mathbf{q}}_G \\ M_{AA}^{-1}\left(\mathbf{q}_G\right)L^{(1)} - \overline{\mathbf{M}}_{AG}\left(\mathbf{q}_G\right)\dot{\mathbf{q}}_G \\ \mathbf{v} \\ -r_{S_x}\left(\mathbf{q}_G, q_A\right)mg \end{bmatrix} = \tilde{\mathbf{f}}\left(\tilde{\mathbf{x}}\right) + \tilde{\mathbf{g}}\left(\tilde{\mathbf{x}}\right)\mathbf{v} . \tag{3.11}$$

In dieser Darstellung treten Geschwindigkeits- und Impuls-Größen gemischt auf, was einer Mischung der Formalismen nach LAGRANGE und HAMILTON entspricht. Folglich wird Gl. (3.11) im Vergleich zu Gl. (3.6b) als *gemischte Feedback-Teil-Linearisungs-Normalform* bezeichnet. Gleichung (3.11) entspricht dabei Gleichung (3.52) aus [WGC$^+$07] für den konkreten Fall eines gehenden Drei- bzw. Fünfsegmentläufers.

In Abschn. 3.3 wird $\mathbf{q}_G$ und damit $\dot{\mathbf{q}}_G$ und $\ddot{\mathbf{q}}_G = \mathbf{v}$ fest über einen Regler vorgegeben, womit q_A und $L^{(1)}$ als der Dynamik unterliegende Variablen verbleiben. Da deren zeitliches Verhalten über Gleichungen beschrieben ist, in welchen die Eingangsgröße $\mathbf{v}$ nicht explizit auftritt, kann zur Bestimmung der Bewegung des Systems ein deutlich einfacheres autonomes Differentialgleichungssystem 1. Ordnung, bestehend aus zwei Gleichungen, benutzt werden. Mittels Gl. (3.5) können schließlich die für die Bewegung erforderlichen Gelenkmomente berechnet werden.

Um sicherzustellen, dass das beschriebene Modell physikalisch sinnvolle Ergebnisse liefert, muss die einseitige Kontakt- und Haftbedingung im Stützbeinfuß 1

$$F_{1_y} \leq 0 , \tag{3.12}$$

$$\left| \frac{F_{1_x}}{F_{1_y}} \right| \leq \mu_0 \tag{3.13}$$

mit der Tangentialkraft F_{1_x}, der Normalkraft F_{1_y} und dem Haftreibungskoeffizienten μ_0 überprüft werden.

3.1.2 Doppelstützphase

Während der *Doppelstützphase* haben kurzzeitig beide Beine Bodenkontakt. Es findet eine Übergabe der Last tragenden Rolle von einem Bein auf das andere statt. Wie bereits im Fall der Einzelstützphase werden Modellannahmen und beschreibende Gleichungen im Folgenden getrennt voneinander eingeführt.

Modellannahmen

Konsistent zur Einzelstützphase wird davon ausgegangen, dass die wesentliche Dynamik des Roboters hinsichtlich der Energieeffizienz in der Sagittalebene stattfindet und der Roboter als ebenes Mehrkörpersystem betrachtet werden kann. Als zentrale Modellannahme wird davon ausgegangen, dass die Dauer der Doppel- gegenüber der Einzelstützphase vernachlässigt werden kann. Durch die Modellierung der Doppelstützphase als infinitesimal kurz kann sie als instantaner Stoß abgebildet werden. Da der Dreisegmentläufer ohnehin nur eine infinitesimale Doppelstützphase abbilden kann, wird so eine analoge Modellierung von Drei- und Fünfsegmentläufer ermöglicht. Weiterhin wird ein plastischer Stoß angenommen, bei dem Fuß 2 des vormaligen Schwungbeins nicht zurückfedert und nicht horizontal gleitet, während sich Fuß 1 des vormaligen Stützbeins instantan ohne Wechselwirkungen vom Boden löst. Dies vereinfacht die Darstellung signifikant, da somit kein Mehrkörpersystem mit geschlossener Schleife untersucht werden muss. Die gewählte Modellierung der Doppelstützphase entspricht einem Stoß mit Tausch der Rollen von Schwung- und Stützbein. Beim Stoß wird der Fuß des vormaligen Schwungbeins und neuen Stützbeins über ein gelenkiges Festlager, unter der Annahme der Einhaltung von unilateraler Kontakt- und Haftbedingung, und der Fuß des vormaligen Stützbeins und neue Schwungbeins als freies Ende, das den Kontakt öffnet, modelliert.

Im Folgenden werden die Gleichungen für den Stoß des Gesamtsystems, der Tausch der Rollen von Stützbein und Schwungbein, sowie die Auswirkung des Stoßes auf den Gesamtdrehimpuls $L^{(1)}$ mit dem Ziel einer linearen Abbildung der Zustandsvariablen über den Stoß hinweg aufgestellt.

Stoßabbildung der generalisierten Koordinaten

Beim Stoß öffnet sich der Kontakt im Stützbeinfuß 1 ohne Wechselwirkung, folglich werden die Bindungen des gelenkigen Festlagers im in Abschn. 3.1.1 eingeführten Modell der Einzelstützphase entfernt und zwei weitere Freiheitsgrade bestehend aus der Translation des Stützbeinfußes 1 hinzugefügt. Gemäß Abb. 3.3 wird die Konfiguration des Modells, bestehend aus n starren Segmenten, damit über einen *erweiterten* Satz mit $n + 2$ generalisierten Koordinaten $\mathbf{q}_e = [\mathbf{q}^T, x_1, y_1]^T$ beschrieben. In den Bewegungsgleichungen treten im Vergleich zu Gl. (3.1) entsprechend erweiterte Matrizen sowie zusätzlich der Term der generalisierten äußeren Kräften $\mathbf{F}_e$ in Richtung der generalisierten Koordinaten, bewirkt durch die im Schwungbeinfuß 2 angreifende Kraft $\mathbf{F}_2$, auf:

$$\mathbf{M}_e\left(\mathbf{q}_e\right)\ddot{\mathbf{q}}_e + \mathbf{Q}_e\left(\mathbf{q}_e, \dot{\mathbf{q}}_e\right) = \mathbf{B}_e\left(\mathbf{q}_e\right)\mathbf{u} + \mathbf{F}_e \,. \tag{3.14}$$

Im Folgenden werden Größen zum Zeitpunkt kurz vor dem Stoß mit dem Superskript $^-$ und Größen zum Zeitpunkt kurz nach dem Stoß mit dem Superskript $^+$ bezeichnet.

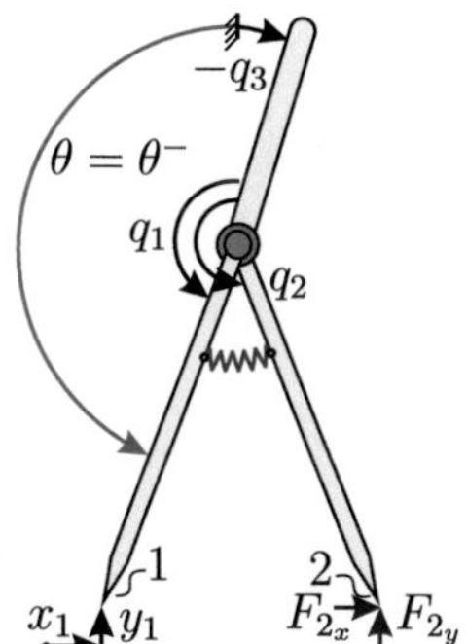

Abbildung 3.3: Doppelstützphase modelliert als instantaner Stoß definiert über die absolute Orientierung $\theta = \theta^-$ des (virtuellen) Standbeins 1.

Gemäß der Annahme einer infinitesimal kurzen Stoßdauer ändert sich die Konfiguration des Roboters über den Stoß nicht:

$$\mathbf{q}_e^+ = \mathbf{q}_e^- \ . \tag{3.15}$$

Wird Gl. (3.14) über die Stoßdauer Δt_S integriert und der Grenzübergang $\Delta t_S \to 0$ durchgeführt, so entfallen die nicht stoßrelevanten, da endlichen Komponenten und es verbleibt der Impulssatz in integraler Form

$$\mathbf{M}_e \left(\mathbf{q}_e^- \right) \dot{\mathbf{q}}_e^+ - \mathbf{M}_e \left(\mathbf{q}_e^- \right) \dot{\mathbf{q}}_e^- = \hat{\mathbf{F}}_e = \lim_{\Delta t_S \to 0} \int_0^{\Delta t_S} \mathbf{F}_e \left(t \right) \mathrm{d}t \tag{3.16}$$

mit dem Kraftstoß $\hat{\mathbf{F}}_e$. Die erweiterten Zustandsgrößen zum Zeitpunkt kurz vor dem Stoß können dabei direkt aus dem Modell der Einzelstützphase abgeleitet werden. Da der Stützbeinfuß 1 kurz vor dem Stoß im Ursprung des zur Beschreibung gewählten Koordinatensystems ruht, vereinfacht sich die Beschreibung zu

$$\mathbf{q}_e^- = \begin{bmatrix} \mathbf{q}^- \\ 0 \\ 0 \end{bmatrix} = \begin{bmatrix} \mathbf{I} \\ \mathbf{0} \end{bmatrix} \mathbf{q}^- \quad \text{und} \quad \dot{\mathbf{q}}_e^- = \begin{bmatrix} \dot{\mathbf{q}}^- \\ 0 \\ 0 \end{bmatrix} = \begin{bmatrix} \mathbf{I} \\ \mathbf{0} \end{bmatrix} \dot{\mathbf{q}}^- \ . \tag{3.17}$$

Die am Schwungbeinfuß 2 mit dem Ortsvektor $\mathbf{r}_2 \left(\mathbf{q}_e \right)$ angreifende Zwangskraft $\mathbf{F}_2$ wird dabei durch Anwendung des Prinzips der virtuellen Arbeit in Richtung der generalisierten Koordinaten projiziert:

$$\delta W = \mathbf{F}_2^T \delta \mathbf{r}_2 = \mathbf{F}_2^T \frac{\partial \mathbf{r}_2 \left(\mathbf{q}_e^- \right)}{\partial \mathbf{q}_e} \delta \mathbf{q}_e = \mathbf{F}_e^T \delta \mathbf{q}_e \ . \tag{3.18}$$

Für die Projektion des Kraftstoßes am Schwungbeinfuß 2 auf den generalisierten Kraftstoß in Richtung der generalisierten Koordinaten ergibt sich

$$\hat{\mathbf{F}}_e = \mathbf{E}_2^T \left(\mathbf{q}_e^- \right) \hat{\mathbf{F}}_2 \quad \text{mit} \quad \mathbf{E}_2 \left(\mathbf{q}_e^- \right) = \frac{\partial \mathbf{r}_2 \left(\mathbf{q}_e^- \right)}{\partial \mathbf{q}_e} \ . \tag{3.19}$$

Zur Lösung der $n + 4$ Unbekannten $\mathbf{q}_e^+$ und $\mathbf{F}_2$ werden neben den $n + 2$ Bedingungen aus Gl. (3.14) zwei Bedingungen benötigt, die den plastischen Stoß von Schwungbeinfuß 2 in normaler und tangentialer Richtung abbilden:

$$\dot{\mathbf{r}}_2\left(\mathbf{q}_e^+\right) = \frac{\partial \mathbf{r}_2\left(\mathbf{q}_e^-\right)}{\partial \mathbf{q}_e}\dot{\mathbf{q}}_e^+ = \mathbf{E}_2\left(\mathbf{q}_e^-\right)\dot{\mathbf{q}}_e^+ = \mathbf{0} \ . \tag{3.20}$$

Gleichungen (3.16) und (3.20) lassen sich als inhomogenes lineares Gleichungssystem

$$\begin{bmatrix} \mathbf{M}_e\left(\mathbf{q}_e^-\right) & -\mathbf{E}_2\left(\mathbf{q}_e^-\right)^T \\ \mathbf{E}_2\left(\mathbf{q}_e^-\right) & \mathbf{0} \end{bmatrix}\begin{bmatrix} \dot{\mathbf{q}}_e^+ \\ \hat{\mathbf{F}}_2 \end{bmatrix} = \begin{bmatrix} \mathbf{M}_e\left(\mathbf{q}_e^-\right)\dot{\mathbf{q}}_e^- \\ \mathbf{0} \end{bmatrix} \overset{(3.17)}{=} \begin{bmatrix} \mathbf{M}_e\left(\mathbf{q}_e^-\right)\begin{bmatrix}\mathbf{I}\\\mathbf{0}\end{bmatrix} \\ \mathbf{0} \end{bmatrix}\dot{\mathbf{q}}^- \tag{3.21}$$

in $\dot{\mathbf{q}}_e^+$ und $\hat{\mathbf{F}}_2$ zusammenfassen. Die Lösung von Gl. (3.21) kann als lineare Abbildung der generalisierten Geschwindigkeiten vor dem Stoß auf die erweiterten generalisierten Geschwindigkeiten und die Stoßkräfte im Schwungbeinfuß 2 dargestellt werden:

$$\begin{bmatrix} \dot{\mathbf{q}}_e^+ \\ \hat{\mathbf{F}}_2 \end{bmatrix} = \begin{bmatrix} \boldsymbol{\Delta}_{\dot{\mathbf{q}}_e}\left(\mathbf{q}^-\right) \\ \boldsymbol{\Delta}_{\hat{\mathbf{F}}_2}\left(\mathbf{q}^-\right) \end{bmatrix}\dot{\mathbf{q}}^- \ . \tag{3.22}$$

Um die lineare Struktur zu verdeutlichen, sind die Koeffizienten in den Matrizen

$$\boldsymbol{\Delta}_{\hat{\mathbf{F}}_2} = -\left(\mathbf{E}_2\mathbf{M}_e^{-1}\mathbf{E}_2^T\right)^{-1}\mathbf{E}_2\begin{bmatrix}\mathbf{I}\\\mathbf{0}\end{bmatrix} \ , \tag{3.23}$$

$$\boldsymbol{\Delta}_{\dot{\mathbf{q}}_e} = \mathbf{M}_e^{-1}\mathbf{E}_2^T\boldsymbol{\Delta}_{\hat{\mathbf{F}}_2} + \begin{bmatrix}\mathbf{I}\\\mathbf{0}\end{bmatrix} \tag{3.24}$$

zusammengefasst. Mittels Gln. (3.15) und (3.22) kann der Zustand in den generalisierten Koordinaten bestehend aus $\mathbf{q}^+$ und $\dot{\mathbf{q}}^+$ und damit die Anfangsbedingung für den nächsten Schritt bestimmt werden.

Rollentausch Stützbein – Schwungbein

Ziel der Doppelstützphase ist die Übergabe der Last tragenden Rolle vom ersten Bein auf das zweite. In der vorliegende Modellierung erfolgt dies instantan durch einen Stoß. Da lediglich ein symmetrischer Gang untersucht werden soll, muss nicht zwischen rechtem und linkem Bein unterschieden werden. Folglich kann das zweibeinige Gehen mit einem Modell für die Einzelstützphase behandelt werden, sofern die Werte der Zustände über den Schritt hinaus folgerichtig vertauscht werden, was über eine Multiplikation mit der Vertauschungsmatrix $\mathbf{R}$ bewerkstelligt wird.

Die Abbildung des Zustandsvektors vor dem Stoß auf den nach dem Stoß mit vertauschten Rollen ergibt sich damit durch

$$\mathbf{x}^+ = \boldsymbol{\Delta}\left(\mathbf{x}^-\right) = \begin{bmatrix} \boldsymbol{\Delta}_{\mathbf{q}}\mathbf{q}^- \\ \boldsymbol{\Delta}_{\dot{\mathbf{q}}}\left(\mathbf{q}^-\right)\dot{\mathbf{q}}^- \end{bmatrix} \tag{3.25}$$

mit den Abkürzungen

$$\boldsymbol{\Delta}_{\mathbf{q}} = \mathbf{R} , \tag{3.26}$$

$$\boldsymbol{\Delta}_{\dot{\mathbf{q}}}\left(\mathbf{q}^-\right) = [\mathbf{R}\,\mathbf{0}]\,\boldsymbol{\Delta}_{\dot{\mathbf{q}}_e}\left(\mathbf{q}^-\right) \tag{3.27}$$

und entspricht Gleichung (3.26) aus [WGC$^+$07].

Um sicherzustellen, dass das beschriebene Modell physikalisch sinnvolle Ergebnisse im Hinblick auf den Kontakt liefert, muss zum Stoßzeitpunkt neben der einseitigen Kontakt- und Haftbedingung im vormaligen Schwungbeinfuß 2

$$\hat{F}_{2_y} \leq 0 , \tag{3.28}$$

$$\left|\frac{\hat{F}_{2_x}}{\hat{F}_{2_y}}\right| \leq \mu_0 \tag{3.29}$$

mit dem Tangentialkraftstoß $\hat{F}_{2_x}$, dem Normalkraftstoß $\hat{F}_{2_y}$ und dem Haftreibungskoeffizienten $\mu_0{}^1$ das Öffnen des Kontakts im vormaligen Stützbeinfuß ohne Wechselwirkung mit dem Boden überprüft werden:

$$\dot{r}_{1_y}\left(\mathbf{q}^+, \dot{\mathbf{q}}^+\right) \geq 0 . \tag{3.30}$$

Stoßabbildung des Gesamtdrehimpulses

Wird das System in der gemischten Feedback-Teil-Linearisierungs-Normalform gemäß (3.11) beschrieben, wird eine Abbildung des Gesamtdrehimpulses über den Stoß benötigt. Da die Zwangskraft im vormaligen Schwungbeinfuß $\mathbf{F}_2$ die einzige stoßrelevante äußere Kraft des Systems ist, ändert sich der Gesamtdrehimpuls bezüglich Fuß 2 über den Stoß nicht:

$$L^{(2)^+} = L^{(2)^-} . \tag{3.31}$$

Durch den Rollentausch von Schwung und Stützbein wird aus dem vormaligen Schwungbeinfuß 2 der neue Stützbeinfuß 1:

$$L^{(1)^+} = L^{(2)^-} . \tag{3.32}$$

Der Übergang des Bezugspunkts zur Formulierung des Drehimpulses vom alten Stützbeinfuß 1 zum vormaligen Schwungbeinfuß 2 kann über eine Beschreibung

$$\vec{L}^{(2)} = \vec{L}^{(1)} - \vec{r}_{12} \times m\dot{\vec{r}}_S \tag{3.33}$$

bezüglich des Schwerpunkts S bestimmt werden, mit dem Vektor $\vec{r}_{12}$ vom Bezugspunkt 1 zum Bezugspunkt 2 und der Geschwindigkeit $\dot{\vec{r}}_S$ des Schwerpunkts. Bei Auswertung im Bezugssystem (1) des Stützbeinfußes zum Stoßzeitpunkt entspricht $\vec{r}_{12}$ dem horizontal verlaufenden Ortsvektor $\vec{r}_2 = r_{2_x}^- \vec{e}_x$ des Schwungbeinfußes 2 und in das Kreuzprodukt fließt

---

^{1}Bei der Modellierung des Haftkontakts wird für die kontinuierliche und die stoßartige Bewegung der selbe Haftreibungskoeffizient μ_0 verwendet. Es wurde beobachtet, dass der Haftreibungskoeffizient μ_0 beim Stoß variiert [CKC$^+$99], was hier vernachlässigt wird.

lediglich die dazu senkrechte Komponente $\dot{r}_{S_y}^-$ von $\dot{\vec{r}}_S$ ein. Die Abbildung des Gesamtdrehimpulses über den Stoß ergibt sich damit zu

$$L^{(1)^+} = L^{(1)^-} - r_{2_x}^- m \dot{r}_{S_y}^- \tag{3.34}$$

und entspricht Gleichung (3.36) aus [WGC$^+$07].

3.1.3 Hybrides Modell – Zustandsautomat

Um den Gang eines zweibeinigen Roboters zu beschreiben, werden die in Abschn. 3.1.1 und 3.1.2 eingeführte Einzel- und Doppelstützphase in einem hybriden Modell kombiniert. Dieses verfügt über zwei verschiedene Modi, zwischen denen umgeschaltet werden kann. Es wird als hybrid bezeichnet, da es neben den kontinuierlichen Zuständen auch über einen diskreten Zustand verfügt, der die jeweils aktive Phase angibt. Der diskrete Zustand, der Zustandsübergang und damit verknüpfte Aktionen sind dabei in einem Zustandsautomaten hinterlegt. Die Bedingung für den Zustandsübergang von der Doppelstütz- zur Einzelstützphase ist verhältnismäßig einfach und besteht aus dem erfolgten Stoß. Die Bedingung des Zustandsübergangs von der Einzel- zur Doppelstützphase ist über verschiedene Ereignisse definierbar. Die offensichtliche Bedingung besteht aus der Kontaktinitiierung von Schwungbeinfuß 2 mit dem Untergrund, beschrieben durch $r_{2_y} = 0$. Sie hat jedoch den Nachteil, dass bei der Bestimmungen der optimalen Bewegung viele Versuche durch ungewollte, vorzeitige Interaktion mit dem Boden durch Stolpern scheitern werden. Bei Definition des Zustandsübergangs über eine Linearkombination der Zustandsvariablen auf Lageebene, kombiniert mit der Nebenbedingung $r_{2_y}^- = 0$, darf in Zwischeniterationen die Nebenbedingung verletzt werden, das Endergebnis ist aber physikalisch korrekt und der Prozess numerisch robust. In dieser Arbeit wird der Übergang zur Doppelstützphase durch den Absolutwinkel θ des virtuellen Stützbeins, der direkten Verbindung von Stützbeinfuß 1 und Hüfte, wie in Abb. 3.3 dargestellt, definiert. Der Absolutwinkel θ des virtuellen Stützbeins berechnet sich für den Dreisegmentläufer als

$$\theta = q_1 + q_3 = \begin{bmatrix} 1 & 0 & 1 \end{bmatrix} \begin{bmatrix} q_1 \\ q_2 \\ q_3 \end{bmatrix} = \mathbf{c}_\theta \mathbf{q} \tag{3.35}$$

und den Fünfsegmentläufer mit identischer Ober- und Unterschenkellänge als

$$\theta = q_1 + \tfrac{1}{2} q_3 + q_5 = \begin{bmatrix} 1 & 0 & \tfrac{1}{2} & 0 & 1 \end{bmatrix} \begin{bmatrix} q_1 \\ q_2 \\ q_3 \\ q_4 \\ q_5 \end{bmatrix} = \mathbf{c}_\theta \mathbf{q} \,. \tag{3.36}$$

Die Schaltbedingung $\mathcal{S}$ ergibt sich somit über einen spezifischen Wert

$$\mathcal{S} : \theta = \theta^- \tag{3.37}$$

der Orientierung des virtuellen Beins. Die konkrete Formulierung des hybriden Gesamtmodells auf Gleichungsebene beinhaltet die Regelung der Gelenkwinkel und kann deshalb erst in Abschn. 3.3.5 angegeben werden.

Zusammenfassend lässt sich festhalten, dass die Übergangsbedingung zur Doppelstützphase aus dem Absolutwinkel des virtuellen Stützbeins und die zur Einzelstützphase aus dem erfolgten Stoß besteht. Beim Übergang zur Doppelstützphase wird die Anwendung der Stoßabbildung auf die Zustände aus der Einzelstützphase ausgelöst, beim Übergang zur Einzelstützphase werden die Zustände der Doppelstützphase als Anfangswert zur numerischen Integration verwendet.

3.1.4 Parameter des Starrkörpersystems

Um die Ergebnisse möglichst allgemein zu halten und sich nicht auf die konkrete Gestaltung eines bestimmten Roboters zu beschränken, werden die Parameter des Starrkörpersystems vom biologischen Vorbild Mensch abgeleitet. Dabei wird eine Gesamtmasse von $m = 80\,\text{kg}$ bei einer Gesamtlänge von $l = 1{,}80\,\text{m}$ gewählt, was den Daten eines durchschnittlichen Mannes in Deutschland zwischen 18 und 30 Jahren entspricht [Sta06].

Die Verteilung der Geometrie und Massenträgheit betreffenden Größen auf die einzelnen Segmente wird dabei im Wesentlichen durch lineare Skalierung eines in der Biomechanik anerkannten Referenzdatensatzes [DL96] durchgeführt. Dieser enthält für einen Mann der Größe $l_{0\_DL} = 1{,}735\,\text{m}$ und der Körpermasse $m_{0\_DL} = 73\,\text{kg}$ absolute Segmentlängen l_{Seg_DL}, zur Körpermasse m_{0_DL} relative Segmentmassen m_{Seg_DL}, vom proximalen Segmentende[1] gemessene, relativ zur Segmentlänge angegebene Schwerpunktpositionen r_{Seg_DL}, sowie relativ zur Segmentlänge angegebene Trägheitsradien i_{Seg_DL}. Länge, Masse, Schwerpunktposition und Trägheitsmoment bezüglich des jeweiligen Schwerpunkts der Segmente werden damit wie folgt ermittelt:

$$l_{Seg} = l_{Seg\_DL}\left(l/l_{0\_DL}\right) , \tag{3.38}$$

$$m_{Seg} = m_{Seg\_DL}m , \tag{3.39}$$

$$r_{Seg} = r_{Seg\_DL}l_{Seg} , \tag{3.40}$$

$$J_{Seg} = m_{Seg}\left(l_{Seg}i_{Seg\_DL}\right)^2 . \tag{3.41}$$

Um eine einfache Berechnungsvorschrift für die Orientierung des virtuellen Beins zu erhalten, wird den Segmentlängen der starren Körper Ober- und Unterschenkel jeweils der gemeinsame Mittelwert zugewiesen, bevor die weiteren Größen abgeleitet werden. Der Punktfuß und damit das Gelenk zur Umgebung wird im Sprunggelenk angenommen. In [DL96] ist lediglich die horizontale Schwerpunktlage des Fußes relativ zur Ferse angegeben. Zur Umrechnung der horizontalen Lage des Schwerpunkts relativ zum Sprunggelenk wird der horizontale Abstand Ferse-Sprunggelenk mit dem Abstand Achillessehne-Sprunggelenk aus [BNv⁺12] angenähert. Zur Bestimmung der vertikalen Schwerpunktposition wird eine dreieckige Massenverteilung des Fußes angenommen mit der Fußsohle als Grundseite und dem Abstand Boden-Sprunggelenk aus [Win09] als Höhe. Da der Fuß nicht als eigener starrer Körper modelliert ist, wird seine Masse und sein Trägheitsmoment dem des Unterschenkels

---

[1]Unter dem proximalen Segmentende wird das zum Körper hin liegende verstanden.

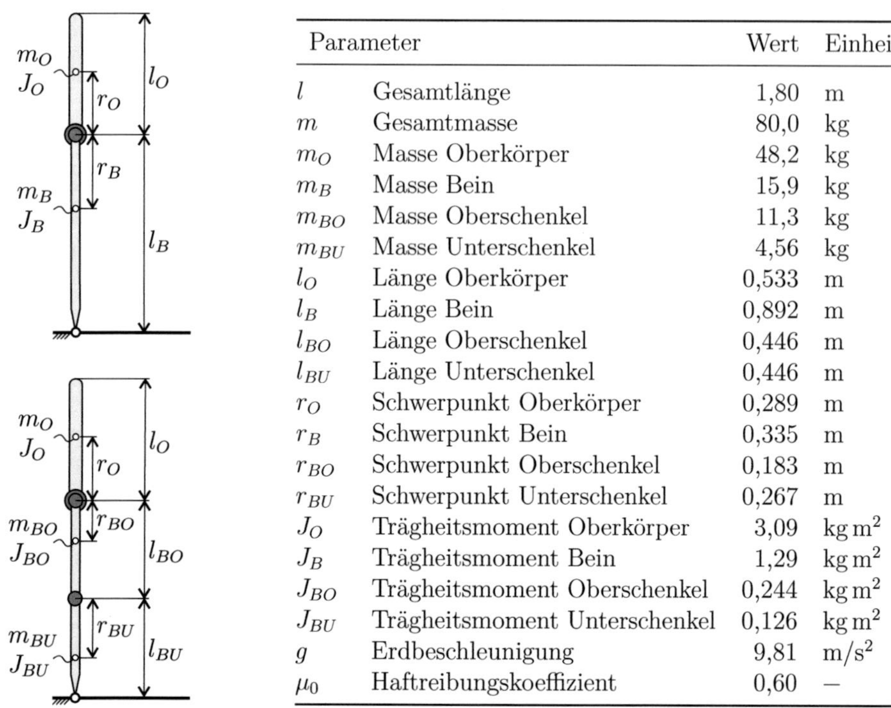

Parameter		Wert	Einheit
l	Gesamtlänge	1,80	m
m	Gesamtmasse	80,0	kg
m_O	Masse Oberkörper	48,2	kg
m_B	Masse Bein	15,9	kg
m_{BO}	Masse Oberschenkel	11,3	kg
m_{BU}	Masse Unterschenkel	4,56	kg
l_O	Länge Oberkörper	0,533	m
l_B	Länge Bein	0,892	m
l_{BO}	Länge Oberschenkel	0,446	m
l_{BU}	Länge Unterschenkel	0,446	m
r_O	Schwerpunkt Oberkörper	0,289	m
r_B	Schwerpunkt Bein	0,335	m
r_{BO}	Schwerpunkt Oberschenkel	0,183	m
r_{BU}	Schwerpunkt Unterschenkel	0,267	m
J_O	Trägheitsmoment Oberkörper	3,09	$\mathrm{kg\,m^2}$
J_B	Trägheitsmoment Bein	1,29	$\mathrm{kg\,m^2}$
J_{BO}	Trägheitsmoment Oberschenkel	0,244	$\mathrm{kg\,m^2}$
J_{BU}	Trägheitsmoment Unterschenkel	0,126	$\mathrm{kg\,m^2}$
g	Erdbeschleunigung	9,81	$\mathrm{m/s^2}$
μ_0	Haftreibungskoeffizient	0,60	–

Abbildung 3.4 & Tabelle 3.1: Definition und Wertzuweisung der Parameter der Starrkörpersysteme Dreisegmentläufer und Fünfsegmentläufer.

zugeordnet. Der starre Oberkörper fasst den Rumpf sowie alle Gliedmaßen oberhalb der Hüfte zusammen. Seine Segmentlänge wird lediglich zu Darstellungszwecken verwendet und entspricht dem Abstand der Mitte der Schultergelenke zur Mitte der Hüftgelenke. Beim Übergang vom Fünf- zum Dreisegmentläufer werden zusätzlich Oberschenkel und Unterschenkel in einen starren Körper zusammengefasst.

Für die Bestimmung der Haftreibung wird zwischen Fuß/Schuh und Untergrund die Kontaktpaarung Gummi-Asphalt angenommen. Der Haftreibungskoeffizient ist dabei gegenüber dem Wert bei optimalen Bedingung von 1,5 [Lin05] konservativ mit 0,6 abgeschätzt. Für die Erdbeschleunigung wird der Standardwert von $9{,}81\,\mathrm{m/s^2}$ gewählt.

In Abb. 3.4 werden die einzelnen Parameter der Geometrie und Massenträgheit des Fünf- bzw. Dreisegmentläufers eingeführt. In Tab. 3.1 werden deren Formelzeichen, Bezeichnung, Wert und Einheiten in kompakter Form aufgelistet. Sofern nicht anders angegeben, werden im weiteren Verlauf diese Parameterwerte verwendet.

3.1.5 Elastische Kopplungen

Ziel dieser Arbeit ist es, systematisch den Einsatz von Elastizitäten zur Kopplung einzelner Segmente zu untersuchen, mit dem Ziel eines Konzeptvorschlags für die Konstruktion eines über einen weiten Geschwindigkeitsbereich energieeffizienten Roboters. Bereits beim Dreisegmentläufer gibt es eine unüberschaubare Anzahl unterschiedlicher Topologien an elastischen Kopplungen. In diesem Kapitel soll eine Systematik zur Beschreibung der verschiedenen Topologien über Parameter eingeführt werden. Hierdurch wird die Suche nach der optimalen Topologie auf die Suche eines optimalen Parametersatzes zurückgeführt.

Modellannahmen

Unabhängig von der jeweiligen Gestaltung der elastischen Kopplungen, sei es durch Zug-, Druck-, Schub-, Biege- oder Torsionsfedern mit den verschiedensten Anlenkkinematiken, wird deren Funktion mittels Gelenkmomenten in Gl. (3.1) abgebildet. Das bedeutet, die Funktion jeder Topologie elastischer Kopplungen kann allein durch die spezifischen Verläufe der Gelenkmomente beschrieben werden. Dies ermöglicht somit eine Trennung von Gestaltung und Funktion der elastischen Kopplungen bei der weiteren Vorgehensweise. Um einen vollständigen Satz elementarer elastischer Kopplungen zur Beschreibung sämtlicher Topologien zu erreichen, werden im Folgenden allgemeine Gelenkmomente in Abhängigkeit der Gelenkwinkel definiert.

Bei einer direkten elastischen Kopplung von mehr als zwei Körpern, beispielsweise realisiert durch eine elastische Schlaufe, die über an den Körpern befestigte Umlenkrollen aufgespannt wird, kann das elastische Element nicht an jedem der an der Kopplung beteiligten Körper fixiert werden (s. Abb. 3.5a). Durch die Annahme, dass eine elementare elastische Kopplung genau zwei Körper miteinander verbindet, werden derartige Varianten ausgeschlossen. In Abschn. 5.4 wird sich jedoch zeigen, dass diese Einschränkung für praktisch relevante Kopplungen keine Auswirkung hat.

Im nächsten Abschnitt wird eine allgemeine Formulierung der Momentenkennlinie der elastischen Kopplungen eingeführt und deren Ausprägungen abhängig von den jeweiligen Parameterwerten erläutert. Aus Gründen der Symmetrie und der Ergebnisse der Optimierung der elastischen Kopplungen des Dreisegmentläufers (s. Abschn. 5.4) und des Fünfsegmentläufers (s. Abschn. 6.4) werden nicht alle dargestellten Varianten untersucht.

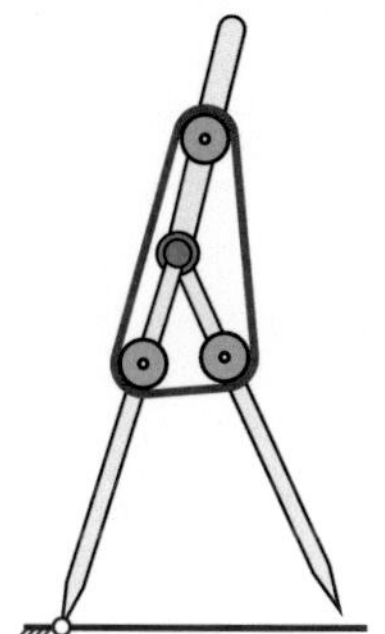

(a) Elastische Kopplung mit Schlaufe

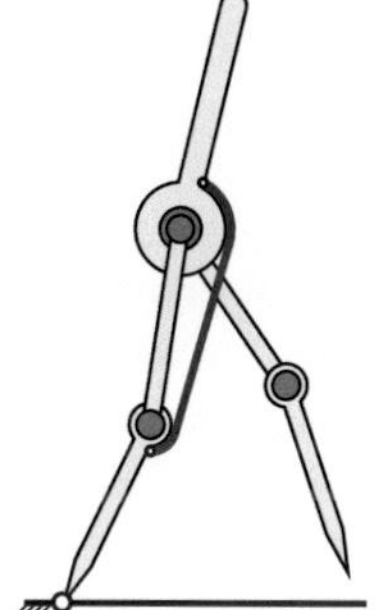

(b) Elastische Kopplung mit Übersetzung

Abbildung 3.5: Verschiedene Charakteristiken elastischer Kopplungen.

Formulierung der Kennlinie

Die Funktion einer elementaren elastischen Kopplung zwischen zwei Körpern $K1$ und $K2$ mit dem Relativwinkel φ_{K1_K2} wird durch den Vektor der Gelenkmomente $\mathbf{T}_{K1\_K2}(\varphi_{K1\_K2})$ auf die Koordinaten $\mathbf{q}$ vollständig beschrieben. Über den Zusammenhang:

$$\mathbf{T}_{K1\_K2}(\varphi_{K1\_K2}) = T_{K1\_K2}(\varphi_{K1\_K2})\,\nabla_{\mathbf{q}}\varphi_{K1\_K2} \tag{3.42}$$

lässt sich die Beschreibung der elementaren elastischen Kopplung auf die Beschreibung der Momentenkennlinie $T_{K1\_K2}(\varphi_{K1\_K2})$ zurückführen. Der Gradient des Relativwinkels $\nabla_{\mathbf{q}}\varphi_{K1\_K2}$ gibt dabei an, bezüglich welcher Gelenkwinkel mit welchem Vorzeichen das gegebenenfalls übersetzte Moment jeweils wirkt. Bei der Darstellung der Momentenkennlinie über Parameter sollen keine Einschränkungen hinsichtlich der Eigenschaften der elastischen Kopplung gemacht werden. Gleichzeitig soll sie sich gutmütig hinsichtlich der numerischen Optimierung verhalten. Die Kennlinie wird daher als glatte Funktion des Arguments φ_{K1_K2} eingeführt, wobei in der zur entspannten Feder gehörigen Stelle $\varphi_{K1\_K2} = \varphi_{0\_K1\_K2}$ ein Knick im Verlauf toleriert wird. Diese Stelle befindet sich stets im Integrationsintervall der Zielfunktion (s. Gl. (4.2)), somit hat der Knick keine Auswirkung. Die Momentenkennlinie T_{K1_K2} wird daher als abschnittsweise nichtlineare, stückweise stetig differenzierbare Funktion definiert:

$$T_{K1\_K2}(\varphi_{K1\_K2}) = \begin{cases} -k^{+}_{K1\_K2}\left(\varphi_{K1\_K2} - \varphi_{0\_K1\_K2}\right)^{\nu^{+}_{K1\_K2}} &,\quad \varphi_{K1\_K2} - \varphi_{0\_K1\_K2} \geq 0 \\ k^{-}_{K1\_K2}\left(\varphi_{0\_K1\_K2} - \varphi_{K1\_K2}\right)^{\nu^{-}_{K1\_K2}} &,\quad \varphi_{K1\_K2} - \varphi_{0\_K1\_K2} < 0 \end{cases}.$$

$$\tag{3.43}$$

Sie enthält mit zwei abschnittsweisen Steifigkeiten ($k^{+}_{K1\_K2}$, $k^{-}_{K1\_K2}$), zwei abschnittsweisen Exponenten ($\nu^{+}_{K1\_K2}$, $\nu^{-}_{K1\_K2}$) sowie dem Winkel der entspannten Feder ($\varphi_{0\_K1\_K2}$) fünf freie Parameter zur Optimierung. Nachfolgend soll ein Überblick über die mit Gl. (3.43) realisierbaren und in Abb. 3.6 dargestellten Momentenkennlinien gegeben werden. Ausgangspunkt ist dabei der triviale Fall einer Feder mit linearer Kennlinie (s. Abb. 3.6a). Diese ergibt sich durch die Einschränkungen $k^{-}_{K1\_K2} = k^{+}_{K1\_K2}$ und $\nu^{+}_{K1\_K2} = \nu^{-}_{K1\_K2} = 1$. Als freier Parameter zur Optimierung verbleibt damit die Steifigkeit $k^{+}_{K1\_K2}$ und der Winkel der entspannten Feder $\varphi_{0\_K1\_K2}$. Darüber hinaus kann mit diesen Bedingungen eine Feder mit negativer Steifigkeit (s. Abb. 3.6b) dargestellt werden. Wird die zweite Einschränkung zu $\nu^{-}_{K1\_K2} = \nu^{+}_{K1\_K2}$ modifiziert, so ergibt sich mit dem Exponent $\nu^{+}_{K1\_K2}$ ein weiterer Optimierungsparameter. Die symmetrische, nichtlineare Kennlinie erlaubt degressive wie progressive Steifigkeiten (s. Abb. 3.6c). Wiederum ausgehend von der linearen Kennlinie kann durch Entfernen der Symmetriebedingung $k^{-}_{K1\_K2} = k^{+}_{K1\_K2}$ eine stückweise lineare Feder mit abschnittsweiser Steifigkeit (s. Abb. 3.6d) dargestellt werden. Durch Kombination der Eigenschaften positive/negative, degressive/progressive und abschnittsweise Steifigkeit lässt sich eine allgemeine Kennlinie darstellen (s. Abb. 3.6e). Diese kann beispielsweise dazu genutzt werden einen nicht glatten Verlauf anzunähern. Ein beidseitiger Anschlag mit Totgang ist durch seine beiden Knicke numerisch schlecht handhabbar, er kann jedoch, wie aus Abb. 3.6f ersichtlich, durch die allgemeine Formulierung (3.43) angenähert werden. Weiterhin kann durch Kombination von positiver und negativer Steifigkeit $k^{+}_{K1\_K2} > 0$, $k^{-}_{K1\_K2} < 0$ eine Schnappfeder (s. Abb. 3.6g) und mit dem Exponenten $\nu^{-}_{K1\_K2} = \nu^{+}_{K1\_K2} = 0$ ein konstantes Moment abgebildet werden.

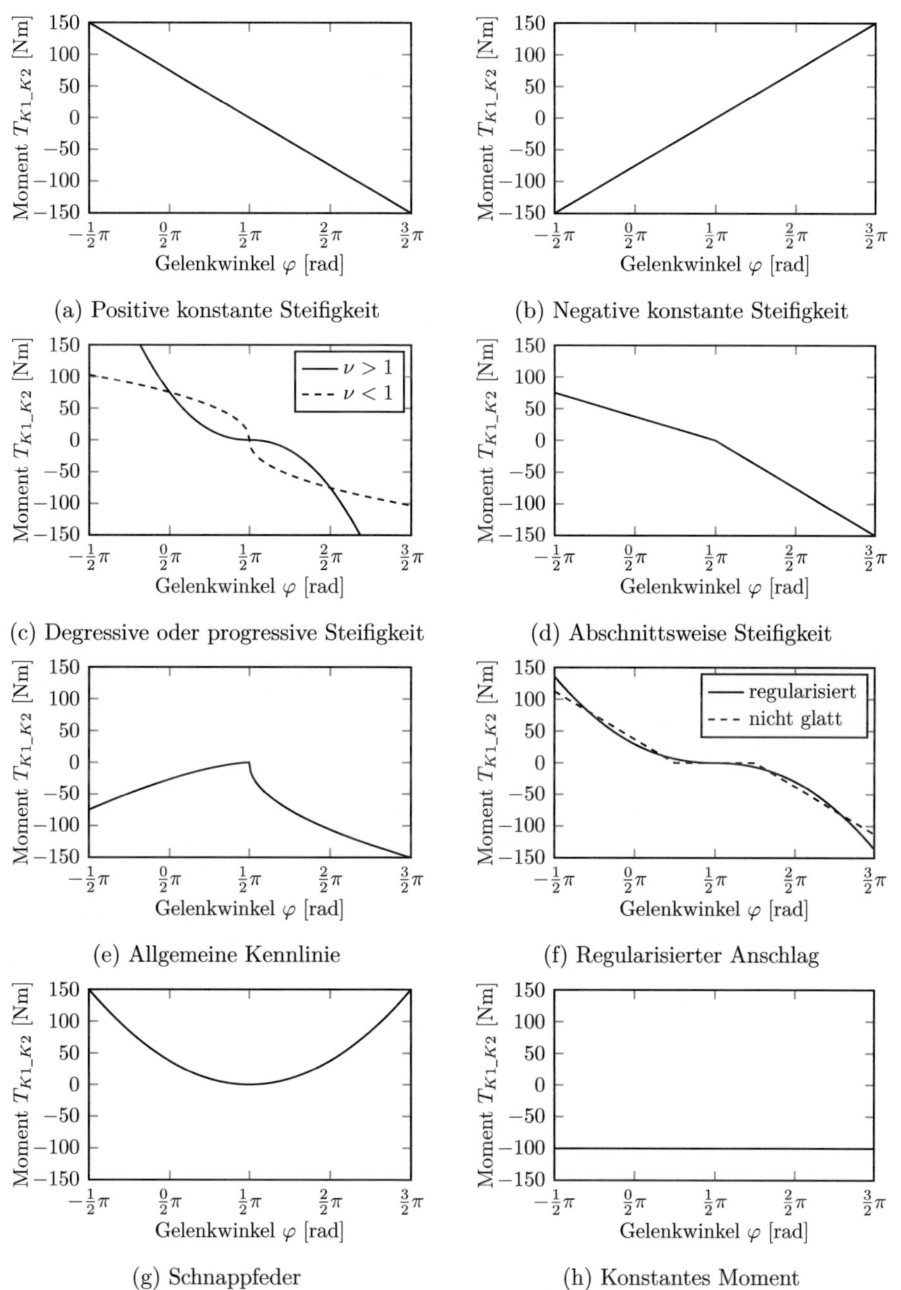

Abbildung 3.6: Übersicht der durch Gl. (3.43) darstellbaren Momentenkennlinien, konservativ realisierbar durch Kombination entsprechender Kinematiken und linearer Elastizitäten, beim Winkel $\varphi_0 = \frac{1}{2}\pi$ der entspannten Feder.

Alle in Abb. 3.6 abgedruckten Momentenkennlinien lassen sich durch Kombination entsprechender Kinematiken und linearer Elastizitäten realisieren, die dazugehörigen elastischen Kopplungen stellen damit konservative Komponenten dar. Es sei nochmals explizit darauf hingewiesen, dass es nicht Ziel dieser Arbeit ist alle in Abb. 3.6 dargestellten Momentenkennlinien hinsichtlich ihres Einflusses auf die Energieeffizienz zu untersuchen. Vielmehr wird es einem numerischen Optimierer überlassen, die für die Energieeffizienz beste Momentenkennlinie zu generieren. Hierzu werden in einem konsekutiven Prozess dem Modell der elementaren elastischen Kopplung ausgehend von der Ausführung mit konstanter Steifigkeit nacheinander Einschränkungen entfernt und damit die zugehörigen Parameter zur Optimierung freigegeben.

Des Weiteren besteht bei polyartikulären elastischen Kopplungen die Möglichkeit der Gewichtung der einzelnen Gelenkwinkel durch Einführung einer Übersetzung mit Übersetzungsverhältnis i_{K1_K2} (s. Abb. 3.5b). Entsprechend der Gewichtung der Gelenkwinkel wirkt das mit dem Verhältnis i_{K1_K2} übersetzte Moment T_{K1_K2} mit dem jeweiligen Vorzeichen im Relativwinkel φ_{K1_K2} als Gelenkmoment bezüglich der Gelenkwinkel (s. Gl. (3.42)). Das Übersetzungsverhältnis stellt einen weiteren freien Parameter dar, so dass eine elementare elastische Kopplung der Körper $K1$ und $K2$ im allgemeinen Fall über sechs Parameter beschrieben wird, die sich zu den Optimierungsparametern

$$\beta_{K1\_K2} = \left[\varphi_{0\_K1\_K2},\ k_{K1\_K2}^{+},\ k_{K1\_K2}^{-},\ \nu_{K1\_K2}^{+},\ \nu_{K1\_K2}^{-}, i_{K1\_K2}\right]^{T} \tag{3.44}$$

zusammenfassen lassen. Durch die Kombination der verschiedenen Parametersätze

$$\beta = [\beta_{K1\_K2}, \ldots, \beta_{Kn\_Km}]^{T} \tag{3.45}$$

kann eine Vielzahl an Topologien möglicher elastischer Kopplungen dargestellt werden. In einem Optimierungsprozess werden die optimalen numerischen Parameter und damit die optimale Topologie der elastischen Kopplungen hinsichtlich der Energieeffizienz gewählt. Falls sich bei der Optimierung ein Trend in Richtung einer Grenze der durch die Formulierung (3.43) abbildbaren Funktion ergibt, ist die Formulierung entsprechend zu detaillieren.

Da die Momentenkennlinien der elastischen Kopplungen lediglich deren Funktion darstellen, verbleibt in einem weiteren Schritt der Übergang auf die Gestaltung (s. Abschn. 6.4.4). In den nachfolgenden Abschnitten werden die konkreten elementaren elastischen Kopplungen für den Drei- und den Fünfsegmentläufer eingeführt.

Dreisegmentläufer

Für den Dreisegmentläufer ergeben sich zwei unterschiedliche elementare elastische Kopplungen, deren Topologie in Abb. 3.7 mit Kreisbögen dargestellt ist.

Die monoartikuläre elastische Kopplung von Oberkörper (O) und Beinen (B) (s. Abb. 3.7a) besteht aus zwei identischen Federn, welche das jeweilige Hüftgelenk überspannen. Sie bewirkt zwei Momente zwischen Oberkörper und Stützbein (T_{O_B1}) sowie zwischen Oberkörper und Schwungbein (T_{O_B2}) mit den jeweiligen Relativwinkeln ($\varphi_{O\_B1} = q_1$, $\varphi_{O\_B2} = q_2$) als Argument. Ihre Beschreibung erfolgt über fünf Parameter:

$$\beta_{O\_B} = \left[\varphi_{0\_O\_B},\ k_{O\_B}^{+},\ k_{O\_B}^{-},\ \nu_{O\_B}^{+},\ \nu_{O\_B}^{-}\right]\ . \tag{3.46}$$

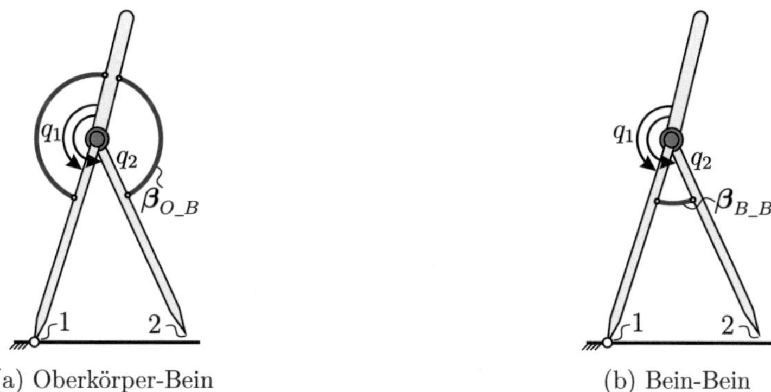

Abbildung 3.7: Übersicht elementarer elastischer Kopplungen des Dreisegmentläufers.

Die biartikuläre elastische Kopplung von Stütz- ($B1$) und Schwungbein ($B2$) (s. Abb. 3.7b) besteht aus einer einzelnen Feder mit aus Symmetriegründen nicht abschnittsweiser Kennlinie und verschwindendem Ruhewinkel ($\varphi_{0\_B\_B} = 0$), welche beide Hüftgelenke überspannt. Sie bewirkt ein Moment (T_{B1_B2}) mit dem Relativwinkel ($\varphi_{B1\_B2} = q_2 - q_1$) als Argument. Ihre Beschreibung beinhaltet zwei Parameter:

$$\boldsymbol{\beta}_{B\_B} = [k_{B\_B}, \nu_{B\_B}] \ . \tag{3.47}$$

Fünfsegmentläufer

Für den Fünfsegmentläufer ergeben sich, wie in Abb. 3.8 dargestellt, sechs unterschiedliche elementare elastische Kopplungen. Diese lassen sich in elastische Kopplungen innerhalb eines Beins (s. Abbn. 3.8a, 3.8b und 3.8c) und zwischen beiden Beinen (s. Abbn. 3.8d, 3.8e und 3.8f) unterteilen. Die elastischen Kopplungen innerhalb eines Beins bestehen aus Symmetriegründen stets aus zwei identischen Federn. Die Anordnung der elastischen Kopplung innerhalb des Beins entspricht dabei der Anordnung von Elastizitäten in biologischen Systemen in Form von Sehnen. Zu jeder elastischen Kopplung innerhalb eines Beins gibt es eine entsprechende elastische Kopplung zwischen beiden Beinen. Für die elastischen Kopplungen zwischen den Beinen gelten weitere Symmetriebedingungen, so dass die Anzahl der Optimierungsparameter geringer ist.
Die monoartikuläre elastische Kopplung zwischen Oberkörper (O) und Oberschenkel (BO) (s. Abb. 3.8a) besteht aus zwei identischen Federn, welche das jeweilige Hüftgelenk überspannen. Sie bewirkt zwei Momente zwischen Oberkörper und Stützbeinoberschenkel (T_{O_BO1}) sowie zwischen Oberkörper und Schwungbeinoberschenkel (T_{O_BO2}) mit den jeweiligen Relativwinkeln ($\varphi_{O\_BO1} = q_1$, $\varphi_{O\_BO2} = q_2$) als Argument. Ihre Beschreibung erfolgt über fünf Parameter:

$$\boldsymbol{\beta}_{O\_BO} = \left[\varphi_{0\_O\_BO}, k^+_{O\_BO}, k^-_{O\_BO}, \nu^+_{O\_BO}, \nu^-_{O\_BO}\right] \ . \tag{3.48}$$

Die biartikuläre elastische Kopplung zwischen Oberkörper (O) und Unterschenkel (BU) (s. Abb. 3.8b) besteht aus zwei identischen Federn, welche die jeweiligen Hüft- und Knie-

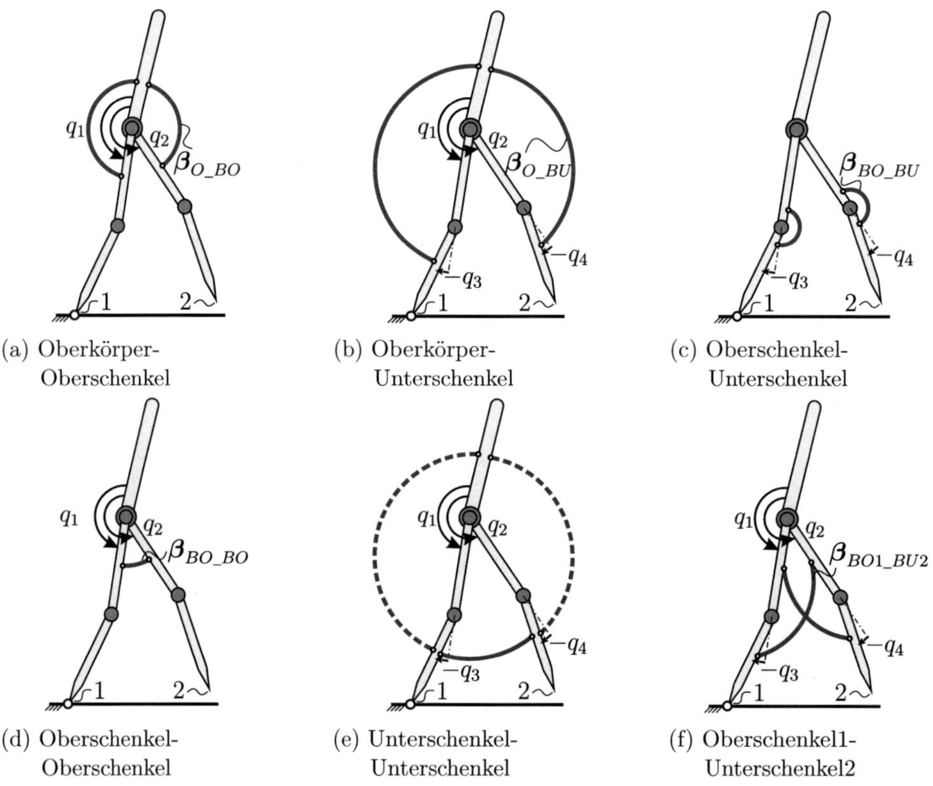

(a) Oberkörper-
Oberschenkel

(b) Oberkörper-
Unterschenkel

(c) Oberschenkel-
Unterschenkel

(d) Oberschenkel-
Oberschenkel

(e) Unterschenkel-
Unterschenkel

(f) Oberschenkel1-
Unterschenkel2

Abbildung 3.8: Übersicht elementarer elastischer Kopplungen des Fünfsegmentläufers.

gelenke überspannen. Sie bewirkt zwei Momente zwischen Oberkörper und Stützbeinunterschenkel (T_{O_BU1}) sowie zwischen Oberkörper und Schwungbeinunterschenkel (T_{O_BU2}) mit den jeweiligen Relativwinkeln ($\varphi_{O\_BU1} = q_1 + i_{O\_BU}q_3$, $\varphi_{O\_BU2} = q_2 + i_{O\_BU}q_4$) als Argument. Gelenkwinkel und -momente des Kniegelenks werden mit dem Verhältnis i_{O_BU} übersetzt. Ihre Beschreibung umfasst sechs Parameter:

$$\boldsymbol{\beta}_{O\_BU} = \left[\varphi_{0\_O\_BU},\, k^+_{O\_BU},\, k^-_{O\_BU},\, \nu^+_{O\_BU},\, \nu^-_{O\_BU},\, i_{O\_BU}\right] . \tag{3.49}$$

Die monoartikuläre elastische Kopplung zwischen Ober- (*BO*) und Unterschenkel (*BU*) (s. Abb. 3.8c) besteht aus zwei identischen Federn, welche das jeweilige Kniegelenk überspannen. Sie bewirkt zwei Momente zwischen Stützbeinober- und -unterschenkel (T_{BO1_BU1}) sowie zwischen Schwungbeinober- und -unterschenkel (T_{BO2_BU2}) mit den jeweiligen Relativwinkeln ($\varphi_{BO1\_BU1} = q_3$, $\varphi_{BO2\_BU2} = q_4$) als Argument. Der zugehörige Parametersatz enthält also fünf Parameter:

$$\boldsymbol{\beta}_{BO\_BU} = \left[\varphi_{0\_BO\_BU},\, k^+_{BO\_BU},\, k^-_{BO\_BU},\, \nu^+_{BO\_BU},\, \nu^-_{BO\_BU}\right] . \tag{3.50}$$

Die biartikuläre elastische Kopplung zwischen Stütz- (*BO1*) und Schwungbeinoberschenkel (*BO2*) (s. Abb. 3.8d) besteht aus einer einzelnen Feder mit aus Symmetriegründen nicht abschnittsweiser Kennlinie und verschwindendem Ruhewinkel ($\varphi_{0\_BO\_BO} = 0$), welche beide Hüftgelenke überspannt. Sie bewirkt ein Moment (T_{BO1_BO2}) mit dem Relativwinkel ($\varphi_{BO1\_BO2} = q_2 - q_1$) als Argument. Ihre Beschreibung erfolgt über zwei Parameter:

$$\boldsymbol{\beta}_{BO\_BO} = [k_{BO\_BO}, \nu_{BO\_BO}] \ . \tag{3.51}$$

Die tetraartikuläre elastische Kopplung zwischen Stütz- ($BU1$) und Schwungbeinunterschenkel ($BU2$) (s. Abb. 3.8e) besteht aus einer einzelnen Feder mit aus Symmetriegründen nicht abschnittsweiser Kennlinie und verschwindendem Ruhewinkel ($\varphi_{0\_BU1\_BU2} = 0$), welche beide Hüft- und Kniegelenke überspannt. Sie bewirkt ein Moment (T_{BU1_BU2}) mit dem Relativwinkel ($\varphi_{BU1\_BU2} = q_2 + i_{BU\_BU}q_4 - (q_1 + i_{BU\_BU}q_3)$) als Argument. Gelenkwinkel und -momente des Kniegelenks werden mit dem Verhältnis i_{BU_BU} übersetzt. Ihre Beschreibung umfasst drei Parameter:

$$\boldsymbol{\beta}_{BU\_BU} = [k_{BU\_BU}, \nu_{BU\_BU}, i_{BU\_BU}] \ . \tag{3.52}$$

Die triartikuläre elastische Kopplung zwischen Ober- ($BO1$) und Unterschenkel ($BU2$) des gegenüberliegenden Beins (s. Abb. 3.8f) besteht aus zwei identischen Federn, welche beide Hüft- und jeweils ein Kniegelenk überspannen. Sie bewirkt zwei Momente (T_{BO1_BU2}, T_{BO2_BU1}) mit den Relativwinkeln ($\varphi_{BO1\_BU2} = q_2 + i_{BO1\_BU2}q_4 - q_1$, $\varphi_{BO2\_BU1} = q_1 + i_{BO1\_BU2}q_3 - q_2$) als Argument. Gelenkwinkel und -momente des Kniegelenks werden mit dem Verhältnis i_{BO1_BU2} übersetzt. Der zugehörige Parametersatz enthält sechs Parameter:

$$\boldsymbol{\beta}_{BO1\_BU2} = \left[\varphi_{0\_BO1\_BU2}, k^+_{BO1\_BU2}, k^-_{BO1\_BU2}, \nu^+_{BO1\_BU2}, \nu^-_{BO1\_BU2}, i_{BO1\_BU2}\right] \ . \tag{3.53}$$

3.2 Aktormodell

Dem Aktor wird als Energiewandler eine wichtige Bedeutung bei der Bewertung der Energieeffizienz eines Systems zuteil. Am Beispiel des Menschen, der ein Gewicht am horizontal ausgestreckten Arm stationär hält, wird klar, dass die mechanische Arbeit kein geeignetes Maß für den Energieaufwand darstellt. Ohne dass mechanische Arbeit verrichtet wird, muss zum Aufbringen der Haltekraft in den Muskeln chemische Energie aufgewendet werden. Des Weiteren hat die dem Aktor eigene Charakteristik im Allgemeinen einen großen Einfluss auf die Dynamik und damit die Auswahl der Bewegung hinsichtlich der Energieeffizienz. So wird ein Fahrzeug mit Dieselmotor in anderen Drehzahlbereichen mit anderem Schaltverhalten und damit unterschiedlich im Vergleich zu einem Fahrzeug mit Ottomotor bewegt. Im Folgenden wird daher ein Modell des Aktors zur Bewertung der Energieeffizienz eingeführt.

Modellannahmen

Aufgrund der guten Regelbarkeit und des emissionsfreien Betriebs bieten sich geeignet übersetzte Elektromotoren als Aktoren für einen Laufroboter an. Die Entwicklung alternativer Aktoren wird momentan vorangetrieben [Pra12b], diese befinden sich jedoch noch nicht in einem einsetzbaren Zustand. Damit sich die natürliche Dynamik des Starrkörpersystems ausbilden kann, müssen die Aktoren einen Rückdrehbetrieb zulassen, bei dem die Abtriebsseite angetrieben wird. Der Einsatz von Zahnradgetrieben mit hoher Übersetzung führt zu einer hohen reduzierten Trägheit des Aktors bei einer hohen trockenen und damit lastabhängigen Reibung. Dadurch wird ein Rückdrehbetrieb und das Ausnutzen elastischer Kopplungen sowie der natürlichen Dynamik verhindert. Im Elastizitäten verwendenden zweibeinigen Laufroboter Mabel kommen daher als Aktoren über Seilzuggetriebe mit geringer Reibung vergleichsweise niedrig übersetzte Gleichstrommotoren zum Einsatz [GHM⁺09]. Mangels eines eigenen physikalischen Laufroboters wurden zur Untersuchung des Drei- und des Fünfsegmentläufers die Aktoren dieses Systems entlehnt. Das Seilzuggetriebe, bestehend aus mehreren Übersetzungsstufen, wird als starr ohne innere Freiheitsgrade angenommen. Trägheit und Reibungsverluste des Triebstrangs inklusive der Wirbelstromverluste des Motors werden daher nicht detailliert modelliert, sondern auf die Gelenkbewegung des zugehörigen Segments reduziert. Das für die optimierten Bewegungen des Drei- und des Fünfsegmentläufers benötigte maximale Gelenkmoment (T_G) liegt im Bereich des vom Aktor bestehend aus Elektromotor und Übersetzung zur Verfügung gestellten maximalen Moments im Dauerbetrieb ($T_{G_{cont}} = 241\,\mathrm{Nm}$) und damit weit unter dem kurzzeitigen Spitzenmoment ($T_{G_{peak}} = 1780\,\mathrm{Nm}$). Das Gelenkmoment kann daher als unbeschränkt modelliert werden. Aufgrund der im Vergleich zur mechanischen um Größenordnungen schnelleren elektrischen Dynamik haben die elektrischen Eigenschaften des Motors keinen direkten Einfluss auf die Dynamik des Gesamtsystems. Sie dienen jedoch zur Aufteilung der Wirkleistung in Verlust- und Nutzleistung und haben über die Energiebilanz einen Einfluss auf die entstehende Bewegung. Da die Strecke zwischen Aktor und Energiequelle nicht modelliert wird und so deren Energieverluste nicht berücksichtigt werden können, wird die konservative Annahme getroffen, dass im Generatorbetrieb keine Energie rekuperiert werden kann. Im Folgenden werden die Gleichungen für den Energieaufwand anhand des permanent erregten Gleichstrommotors abgeleitet.

Energieaufnahme Gleichstrommotor

Die Ankerspannung eines permanent erregten Gleichstrommotors fällt als ohmsche Spannung mit dem Widerstand der Ankerwicklung R_A, als in der Spule induzierte Spannung mit der Selbstinduktivität der Ankerwicklung L_A und als induzierte Spannung u_I aufgrund der Bewegung des Leiters im Magnetfeld mit der Drehmomentenkonstante k_T und der Winkelgeschwindigkeit des Ankers ω_A (s. Abb. 3.9) ab.

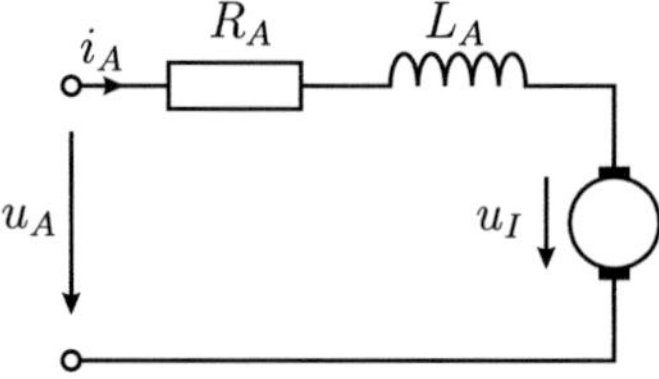

Abbildung 3.9: Ersatzschaltbild der Ankerwicklung eines permanent erregten Gleichstrommotors.

Mit der KIRCHHOFFschen Maschenregel berechnet sich damit die Ankerspannung zu

$$u_A = R_A i_A + L_A \frac{\mathrm{d}i_A}{\mathrm{d}t} + k_T \omega_A \ . \tag{3.54}$$

Durch Multiplikation mit dem Ankerstrom i_A ergibt sich die vom Anker aufgenommene elektrische Leistung

$$p_A = u_A i_A = R_A i_A^2 + L_A i_A \frac{\mathrm{d}i_A}{\mathrm{d}t} + k_T i_A \omega_A \ . \tag{3.55}$$

Diese Relation lässt sich mit der Beziehung zwischen Ankerstrom i_A und aus der LO-RENZkraft resultierendem Drehmoment des Elektromotors am Anker $T_A = k_T i_A$ vereinfachen. Die Energiebilanz des Elektromotors im Zeitintervall $[0,\ t]$ ergibt sich schließlich durch Integration der elektrischen Leistung im Anker:

$$W_A = \int_0^t p_A \mathrm{d}t' = \int_0^t R_A i_A^2 \mathrm{d}t' + \int_0^t L_A i_A \frac{\mathrm{d}i_A}{\mathrm{d}t} \mathrm{d}t' + \int_0^t T_A \omega_A \mathrm{d}t' \ . \tag{3.56}$$

Der erste Term entspricht dabei der elektrischen Energie, die im Widerstand in thermische Energie umgewandelt wird und somit nicht direkt nutzbar ist. Sie wird beispielsweise beim statischen Halten eines Moments benötigt, vergleichbar mit dem Halten eines Gewichts am ausgestreckten Arm ohne Verrichten mechanischer Arbeit. Diese Energie entspricht der Wärmebeanspruchung des Elektromotors, welche die Stromstärke und damit das Motordrehmoment beschränkt. Der zweite Term in Gl. (3.56) kann in der Form

$$\int_0^t L_A i_A \frac{\mathrm{d}i_A}{\mathrm{d}t} \mathrm{d}t' = \tfrac{1}{2} L_A \left(i_A^2\left(t \right) - i_A^2\left(0 \right) \right) \tag{3.57}$$

integriert werden und verschwindet für periodische Verläufe mit $i_A\left(t \right) = i_A\left(0 \right)$. Für den betrachteten Elektromotor und Betriebsbereich liegt der erste Term zwei Größenordnungen über dem zweiten, somit kann der zweite Term in der Energiebilanz generell vernachlässigt werden. Er entspricht dem transienten Anteil, folglich werden zur Beschreibung des elektrischen Systems lediglich dessen stationäre Gleichungen verwendet. Dies entspricht der Annahme, dass die Dynamik des elektrischen um Größenordnungen schneller als die des mechanischen Systems ist und somit vernachlässigt werden kann. Der dritte Term in Gl. (3.56) stellt die vom Elektromotor verrichtete mechanische Arbeit dar.

Da gemäß der Modellannahme im Generatorbetrieb keine Energie rekuperiert werden kann, bringt lediglich die Energieaufnahme im Motorbetrieb einen Beitrag zur Energiebilanz des Elektromotors und ergibt sich aus dem Integral der positiven elektrischen Leistung

$$W_A^+ = \int_0^t p_A^+ \mathrm{d}t' = \int_0^t \max\left(p_A, 0 \right) \mathrm{d}t' = \int_0^t \max\left(R_A i_A^2 + T_A \omega_A, 0 \right) \mathrm{d}t' \ . \tag{3.58}$$

Wird der Ankerstrom i_A durch das Moment T_A ausgedrückt sowie über das Übersetzungsverhältnis i_G des Seilzugtriebes auf die abtriebsseitigen Größen $T_G = i_G T_A$ und $\omega_G = \frac{\omega_A}{i_G}$ übergegangen[1] so kann die Energieaufnahme der permanent erregten Gleichstrommaschine

$$W_A^+ = \int_0^t \max\left(c_{stat} T_G^2 + T_G \omega_G, 0 \right) \mathrm{d}t' \quad \text{mit} \quad c_{stat} = \frac{R_A}{\left(k_T i_G \right)^2} \tag{3.59}$$

---

[1]Hier wird ein optimaler Leistungsfluss angenommen, da die Verluste des Seilzugtriebs bereits im Mehrkörpermodell berücksichtigt werden (s. folgender Abschn.).

ausschließlich in Abhängigkeit des Gelenkmoments T_G sowie der Gelenkwinkelgeschwindigkeit ω_G des Starrkörpersystems angegeben werden.

Die Verlustleistung $c_{stat}T_G^2$ wird dabei zur Abgrenzung von der Nutzleistung $T_G\omega_G$ als *statische Leistung*[1] und c_{stat} als *Koeffizient der statischen Leistung* bezeichnet.

Zur Bestimmung des numerischen Werts von c_{stat} muss im letzten Schritt auf die elektronisch kommutierte Gleichstrommaschine übergegangen werden. Diese besteht aus drei Spulen in Sternschaltung von denen je zwei gleichzeitig vom Strom durchflossen werden. Somit ist in Gl. (3.59) der Ankerwiderstands R_A durch den doppelten Spulenwiderstand, der dem Klemmenwiderstand R_K entspricht, zu ersetzen. Wird eine Erhitzung der Spulen im Betrieb berücksichtigt[2], ergibt sich der Koeffizient der statischen Leistung schließlich zu

$$c_{stat} = \frac{R_K\left(\vartheta_0\right)\left(1 + \alpha_{\vartheta_0}\left(\vartheta - \vartheta_0\right)\right)}{\left(k_T i_G\right)^2} \; . \tag{3.60}$$

Die verwendeten Zahlenwerte sind der Spezifikation [Emo13] der im Laufroboter Mabel [GHM+09] eingesetzten permanent erregten und elektronisch kommutierten Gleichstrommaschine Quantum QB05601A von Emoteq Corporation, USA entnommen und in Tab. 3.2 mit den Parametern des noch einzuführenden Seilzugtriebs zusammengefasst.

Mechanik Triebstrang

Die Übersetzung der Motorbewegung erfolgt aus Gründen der Reibungsreduzierung über einen dreistufigen Seilzugtrieb mit Übersetzungsverhältnis $i_G = 30{:}1$ gemäß Abb. 3.10. Ein weiterer Vorteil dieser Umsetzung besteht in einer Verlagerung der translatorischen Masse in Richtung des Oberkörpers und damit entfernt vom Ort des Stoßes, ähnlich wie beim menschlichen Bewegungsapparat. Sowohl die Trägheit als auch die viskose Reibung des kompletten Triebstrangs bestehend aus Elektromotor und Seilzugtrieb werden auf die Gelenkbewegung des entsprechenden Segments reduziert. Zur Bestimmung der Pa-

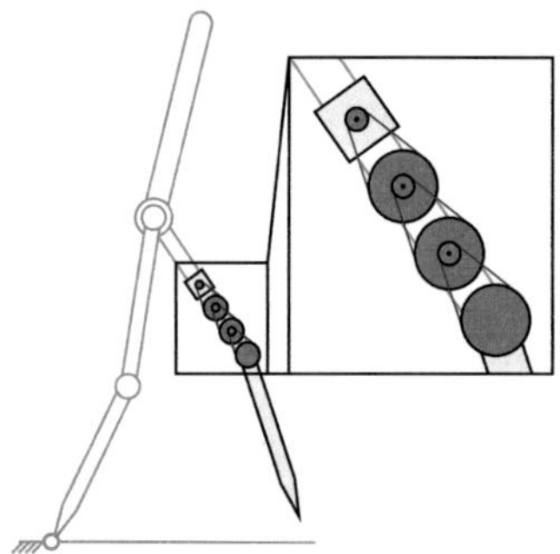

Abbildung 3.10: Übersetzung der Motorbewegung über einen Seilzugtrieb.

---

[1]Unter der statischen Leistung wird im Folgenden die elektrische Leistung zum statischen Aufbringen eines mechanischen Moments verstanden.

[2]Mangels valider Daten wird lediglich die Temperaturabhängigkeit des Klemmenwiderstands der Gleichstrommaschine modelliert und die der Drehmomentenkonstanten vernachlässigt.

Parameter		Wert	Einheit
k_T	Drehmomentenkonstante	0,145	Nm/A
$R_K(\vartheta_0)$	Klemmenwiderstand bei ϑ_0	27	mΩ
ϑ	Betriebstemperatur	90,0	°C
ϑ_0	Bezugstemperatur	20,0	°C
α_{ϑ_0}	Temperaturkoeffizienten bei ϑ_0	$3,9 \cdot 10^{-3}$	1/K
L_K	Klemmeninduktivität	0,146	mH
i_G	Seilzugtriebübersetzung	30:1	–
d_G	Dämpfungskonstante des Triebstrangs	8,00	Nm s/rad
c_{stat}	Koeffizient der statischen Leistung	$1,81 \cdot 10^{-3}$	W/(Nm)^2

Tabelle 3.2: Parameter der Aktoren.

rameter werden die Zahlenwerte aus der Identifikation des *LegShape*-Triebstrangs des Laufroboters Mabel [PSHG11] verwendet. Dieser besteht aus dem für diese Arbeit angenommenen Elektromotor und einem Seilzugtrieb mit einer geringfügig höheren Übersetzung $i_{G_{Mabel}} = 31{,}4{:}1$ verglichen zu $i_G = 30{:}1$. Seine Parameter wurden jedoch auf die Motor- und nicht die Gelenkbewegung reduziert. Die Mittlung der Werte der Triebstränge des rechten und linken Beins und Reduzierung auf die Gelenkbewegung ergibt ein Massenträgheitsmoment des Triebstrangs von $J_{G_{Mabel}} = 1{,}14\,\mathrm{kg\,m^2}$ und eine Dämpfungskonstante von $d_{G_{Mabel}} = 7{,}66\,\mathrm{Nm\,s/rad}$. Das Massenträgheitsmoment wird dem jeweils aktuierten Segment zugewiesen und ist in den Parametern in Tab. 3.1 bereits enthalten. Die Dämpfungskonstante des Triebstrangs wird konservativ mit $d_G = 8{,}00\,\mathrm{Nm\,s/rad}$ abgeschätzt. Für die Untersuchung des Mechanismus der Energieeinsparung durch elastische Kopplungen wird im Weiteren die Gelenkreibung zunächst nicht beachtet. Zur abschließenden Bewertung der Energieeinsparung durch elastische Kopplungen an einem realen System wird der ermittelte Wert schließlich verwendet.

3.3 Regelungsmodell

Ziel der Regelung ist es, dem Roboter ein gewünschtes dynamisches Verhalten aufzuprägen. Er soll sich mit einer gegebenen mittleren Geschwindigkeit stabil fortbewegen und eventuelle Störungen kompensieren. Die Regelung soll dabei die natürliche Dynamik nicht unterdrücken, sondern deren Entfaltung zulassen. Durch die Modellierung des Roboters als unteraktuiertes System ist gewährleistet, dass das Gesamtsystem frei über den Stützbeinfuß fallen kann. Als direkt regelbare Größen verbleiben damit die Gelenkwinkel, zu deren Einstellung in geeigneter Weise Gelenkmomente zu bestimmen sind. Zunächst wird ein geeignetes Regelungskonzept für die Einzelstützphase am Modell des Roboters eingeführt. Durch eine geschickte Definition der Solltrajektorien der Gelenkwinkel kann das Modell auf die verbleibende Dynamik reduziert und die Regelung über die Doppelstützphase in Form von Kompatibilitätsbedingungen abgebildet werden. Als Resultat wird der Gang des Roboters in formelmäßig kompakter Form beschrieben, die eine numerische Optimierung vereinfacht. Die vorgestellte Methode wird dabei nicht im Rahmen dieser Arbeit entwickelt, sondern ist [WGC$^+$07] entnommen.

3.3.1 Regelung Einzelstützphase – Ein-Ausgangs-Linearisierung

Der Roboter stellt mit $n-1$ Gelenkwinkeln $\mathbf{q}_G$ als Regelgrößen und $n-1$ Gelenkmomenten $\mathbf{T}_G = \mathbf{u}$ als Eingängen ein quadratisches Mehrgrößensystem dar. Es können die Standardverfahren der Ein-Ausgangs-Linearisierung angewandt werden. Für jede Geschwindigkeit $\bar{v}$ liegen noch einzuführende geeignete Sollverläufe der Gelenkwinkel $\mathbf{h}_{soll}(\mathbf{q})$ vor, die als Funktion der Zustandsgrößen auf Lageebene $\mathbf{q}$ definiert werden. In der Nomenklatur der Ein-Ausgangs-Linearisierung wird damit die Regeldifferenz

$$\mathbf{y} = \mathbf{h}(\mathbf{q}) = \mathbf{h}_{soll}(\mathbf{q}) - \mathbf{h}_{ist}(\mathbf{q}) = \mathbf{h}_{soll}(\mathbf{q}) - \mathbf{q}_G \tag{3.61}$$

als Ausgang bezeichnet. Da der Regler die Regeldifferenz zu null regelt, kann Gl. (3.61) auch als virtuelle holonome Zwangsbedingung aufgefasst werden. Zunächst gilt es, die Differenzordnung d zu ermitteln, den Grad der kleinsten Zeitableitung des Ausgangs $\mathbf{y}$ der explizit vom Eingang $\mathbf{u}$ abhängt. Hierzu wird der Ausgang bezüglich der Zeit abgeleitet

$$\begin{aligned}
\frac{\mathrm{d}\mathbf{y}}{\mathrm{d}t} &= \frac{\partial \mathbf{h}}{\partial \mathbf{x}}\dot{\mathbf{x}} \\
&= \underbrace{\begin{bmatrix} \dfrac{\partial \mathbf{h}}{\partial \mathbf{q}} & \mathbf{0} \end{bmatrix} \begin{bmatrix} \dot{\mathbf{q}} \\ \mathbf{M}^{-1}(-\mathbf{Q}) \end{bmatrix}}_{\mathrm{L_f h}} + \underbrace{\begin{bmatrix} \dfrac{\partial \mathbf{h}}{\partial \mathbf{q}} & \mathbf{0} \end{bmatrix} \begin{bmatrix} \mathbf{0} \\ \mathbf{M}^{-1}\mathbf{B} \end{bmatrix} \mathbf{u}}_{\mathrm{L_g h}}, \\
&= \frac{\partial \mathbf{h}}{\partial \mathbf{q}}\dot{\mathbf{q}} = \mathrm{L_f h}
\end{aligned} \tag{3.62}$$

mit den in Abschn. 2.2.1 eingeführten Lie-Ableitungen $\mathrm{L_f h}$ und $\mathrm{L_g h}$. Aufgrund der Struktur der System-Gl. (3.2) und der Definition des Ausgangs $\mathbf{h}$ auf Winkelebene verschwindet die Lie-Ableitung von $\mathbf{h}$ nach $\mathbf{g}$ ($\mathrm{L_g h} = \mathbf{0}$), und es ist die zweite Zeitableitung des Ausgangs

$$\begin{aligned}
\frac{\mathrm{d}^2\mathbf{y}}{\mathrm{d}t^2} &= \frac{\partial \mathrm{L_f h}}{\partial \mathbf{x}}\dot{\mathbf{x}} \\
&= \underbrace{\begin{bmatrix} \dfrac{\partial}{\partial \mathbf{q}}\left(\dfrac{\partial \mathbf{h}}{\partial \mathbf{q}}\dot{\mathbf{q}}\right) & \dfrac{\partial \mathbf{h}}{\partial \mathbf{q}} \end{bmatrix} \begin{bmatrix} \dot{\mathbf{q}} \\ \mathbf{M}^{-1}(-\mathbf{Q}) \end{bmatrix}}_{\mathrm{L_f^2 h}} + \underbrace{\frac{\partial \mathbf{h}}{\partial \mathbf{q}}\mathbf{M}^{-1}\mathbf{B}\,\mathbf{u}}_{\mathrm{L_g L_f h}} \\
&= \mathrm{L_f^2 h} + \mathrm{L_g L_f h}\,\mathbf{u}
\end{aligned} \tag{3.63}$$

zu bilden. Die Lie-Ableitung von $\mathrm{L_f h}$ nach $\mathbf{g}$ verschwindet nicht und wird als Entkopplungsmatrix ($\mathrm{L_g L_f h} \neq \mathbf{0}$) bezeichnet, folglich ist die Differenzordnung mit $d = 2$ gegeben und der Eingang $\mathbf{u}$ hat einen Einfluss auf die zweite Zeitableitung $\ddot{\mathbf{y}}$ des Ausgangs. Aus Gl. (3.63) lässt sich das Regelungsgesetz

$$\mathbf{u}(\mathbf{x}) = \mathrm{L_g L_f h}(\mathbf{x})^{-1}\left(\frac{\mathrm{d}^2\mathbf{y}}{\mathrm{d}t^2} - \mathrm{L_f^2 h}(\mathbf{x})\right) \tag{3.64}$$

ableiten, das eine lineare Abbildung des Ausgangs $\mathbf{y}$ auf den Eingang $\mathbf{u}$ darstellt. Das gewünschte Verhalten der zweiten Ableitung des Ausgangs $\mathbf{w} = \ddot{\mathbf{y}}$ wird mittels eines linearen PD-Regler vorgeben:

$$\ddot{\mathbf{y}} \equiv \mathbf{w} = -\mathbf{K}_D\dot{\mathbf{y}} - \mathbf{K}_P\mathbf{y} = -\mathbf{K}_D\,\mathrm{L_f}\mathbf{h} - \mathbf{K}_P\mathbf{h} \ . \tag{3.65}$$

Durch geeignete Wahl der Matrizen $\mathbf{K}_P$ und $\mathbf{K}_D$ wird ein asymptotisch stabiles Verhalten des Ausgangs $\mathbf{y}$ erreicht.

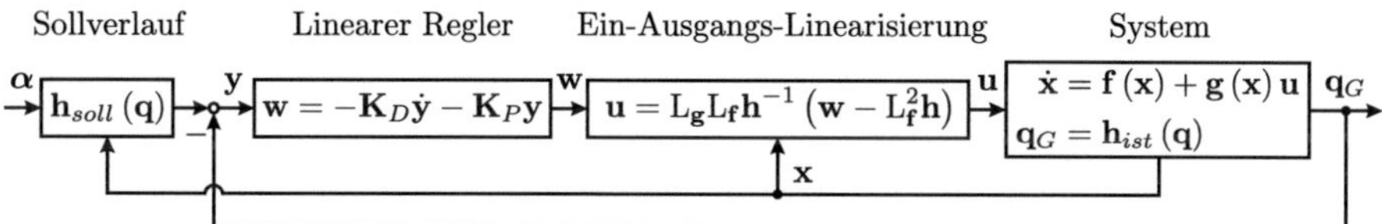

Abbildung 3.11: Rückkopplungsschleife zur Regelung der Gelenkwinkel $\mathbf{q}_G$.

Damit ergibt sich die in Abb. 3.11 dargestellte Struktur der Regelung mit Vorgabe des Sollverlaufs definiert über die noch einzuführenden Parameter $\boldsymbol{\alpha}$ und Rückführung der Gelenkwinkel $\mathbf{q}_G$. Dabei erzeugt der Regler der Ein-Ausgangs-Linearisierung das Gelenkmoment zur Verfolgung der Solltrajektorien der Gelenkwinkel und der lineare Regler kompensiert Modellfehler und auftretende Störungen.

3.3.2 Sollverlauf der Gelenkwinkel

Damit sich die Phase der Bewegung der Gelenkwinkel $\mathbf{q}_G$ frei einstellen kann, werden die Sollverläufe $\mathbf{h}_{soll}\,(\mathbf{q})$ der Gelenkwinkel nicht über die Zeit t, sondern über eine Linearkombination der Zustandsgrößen $c\,(\mathbf{q})$ auf Winkelebene definiert. Dazu muss die Linearkombination einen streng monotonen Verlauf über der Zeit aufweisen. Der in Abschn. 3.1.3 eingeführte Absolutwinkel des (virtuellen) Stützbeins θ erfüllt diese Bedingung (s. Abb. 3.12) und wird daher als Argument der Sollverläufe der Gelenkwinkel verwendet.

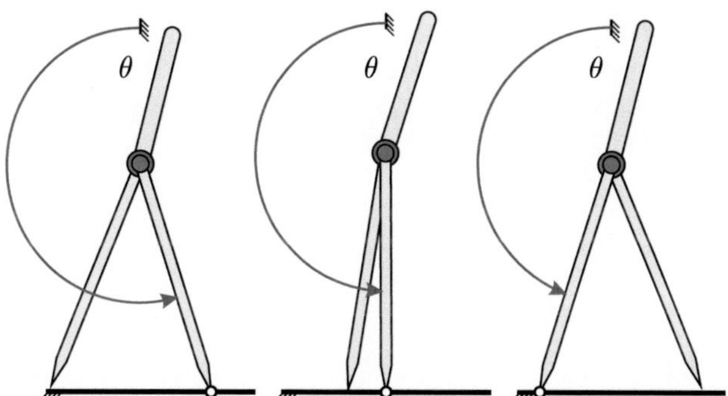

Abbildung 3.12: Verlauf der Orientierung θ des (virtuellen) Stützbeins über einen Schritt.

Zur Diskretisierung der Sollverläufe der Gelenkwinkel kommen BÉZIER-Polynome zum Einsatz, wobei mit dem Superskript ^{i} zwischen den jeweiligen Gelenken unterschieden wird:

$$b^i(s) = \sum_{j=0}^{n_\alpha} \alpha_j^i \binom{n_\alpha}{j} s^j (1-s)^{n_\alpha - j} , \quad s \in [0,1] . \tag{3.66}$$

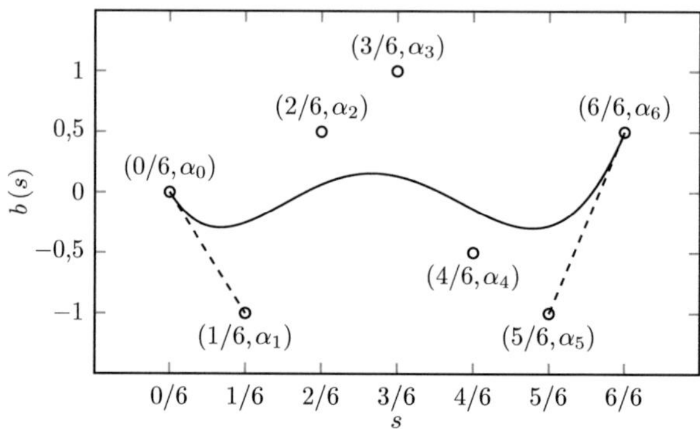

Abbildung 3.13: BÉZIER-Polynom vom Grad sechs ($n_\alpha = 6$).

Wie aus Abb. 3.13 ersichtlich, liegt ein BÉZIER-Polynom in der konvexen Hülle der durch die $n_\alpha + 1$ Koeffizienten α_k erzeugten Punkte mit den Koordinaten $(j/n_\alpha, \alpha_j)$. Die glättende Wirkung hat zur Folge, dass sich bei kleiner Änderung eines Koeffizienten der Verlauf des BÉZIER-Polynoms nur geringfügig ändern wird. Folglich ist diese Darstellung für ein robustes Verhalten vorteilhaft. Weiterhin lassen sich für BÉZIER-Polynome an den Definitionsgrenzen Funktionswerte und Werte der ersten Ableitung allein in Abhängigkeit der Koeffizienten α_k^i darstellen:

$$b^i(0) = \alpha_0^i , \qquad\qquad b^i(1) = \alpha_{n_\alpha}^i , \tag{3.67}$$

$$\left.\frac{\partial b^i(s)}{\partial s}\right|_{s=0} = n_\alpha \left(\alpha_1^i - \alpha_0^i\right) , \qquad \left.\frac{\partial b^i(s)}{\partial s}\right|_{s=1} = n_\alpha \left(\alpha_{n_\alpha}^i - \alpha_{n_\alpha -1}^i\right) , \tag{3.68}$$

was bei den Kompatibilitätsbedingungen des Sollverlaufs über den Stoß hinweg von Vorteil sein wird. Durch eine Normierung mit dem Absolutwinkel zu Beginn des Schritts direkt nach dem Stoß θ^+ und am Ende des Schritts direkt vor dem Stoß θ^- wird der Absolutwinkel θ des (virtuellen) Stützbeins in den Definitionsbereich des Bezierpolynoms abgebildet:

$$s(\theta) = \frac{\theta - \theta^+}{\theta^- - \theta^+} . \tag{3.69}$$

Der Sollverlauf der Gelenkwinkel $\mathbf{q}_G = [q_1, \ldots, q_{n-1}]^T$ ergibt sich damit zu

$$\mathbf{h}_{soll}(\theta) = \left[b^1(s(\theta)), \ldots, b^{n-1}(s(\theta))\right]^T \tag{3.70}$$

mit den Parametern

$$\boldsymbol{\alpha} = \left[\boldsymbol{\alpha}_0^T, \ldots, \boldsymbol{\alpha}_{n_\alpha}^T, \theta^-, \theta^+\right]^T \qquad \text{wobei} \qquad \boldsymbol{\alpha}_j = \left[\alpha_j^1, \ldots, \alpha_j^{n-1}\right]^T . \tag{3.71}$$

Die Werte dieser Parameter werden später mittels numerischer Optimierung bestimmt.

3.3.3 Verbleibende Dynamik der Einzelstützphase – Nulldynamik

Da der Roboter als unteraktuiertes System modelliert wird, er hat einen Freiheitsgrad mehr als Aktoren, gibt es auch bei perfektem Führungsverhalten der Gelenkwinkelregelung eine verbleibende Dynamik, die sogenannte Nulldynamik. Perfektes Führungsverhalten der Gelenkwinkelregelung bedeutet dabei Verschwinden des Ausgangs $\mathbf{h}(\mathbf{x}) = \mathbf{0}$ und dessen erster Zeitableitung $L_\mathbf{f}\mathbf{h}(\mathbf{x}) = \mathbf{0}$. Die Nulldynamik ist somit am Ausgang des Systems nicht messbar, die Menge der Zustände, welche diese Bedingung erfüllen, werden in der Mannigfaltigkeit der Nulldynamik

$$\mathcal{Z} = \{\mathbf{x} \mid \mathbf{h}(\mathbf{x}) = \mathbf{0}, L_\mathbf{f}\mathbf{h}(\mathbf{x}) = \mathbf{0}\} \tag{3.72}$$

zusammengefasst. Für diese Zustände verschwindet der Ausgang des linearen Reglers $\mathbf{w} = \mathbf{0}$ ebenfalls und hat damit keinen Einfluss auf das System. Das Regelungsgesetz der Ein-Ausgangs-Linearisierung Gl. (3.64) ergibt sich damit zu

$$\mathbf{u}^0(\mathbf{x}) = -L_\mathbf{g}L_\mathbf{f}\mathbf{h}(\mathbf{x})^{-1} L_\mathbf{f}^2 \mathbf{h}(\mathbf{x}) \tag{3.73}$$

und sorgt für einen Verbleib der Zustände $\mathbf{x}$ in der Mannigfaltigkeit der Nulldynamik $\mathcal{Z}$. Durch die Transformation auf die Koordinaten der Mannigfaltigkeit der Nulldynamik $\mathbf{z} \in \mathcal{Z}$ lässt sich aufgrund der gewählten Definition der Solltrajektorien $\mathbf{h}_{soll}(\theta)$ die verbleibende Dynamik als autonomes System darstellen und wird als Nulldynamik bezeichnet:

$$\dot{\mathbf{z}} = \mathbf{f}(\mathbf{z}) + \mathbf{g}(\mathbf{z})\mathbf{u}^0(\mathbf{z}) \tag{3.74}$$
$$= \mathbf{f}^0(\mathbf{z}) \ . \tag{3.75}$$

Zur Ableitung der beschreibenden Gleichungen der Nulldynamik wird auf die gemischte Feedback-Teil-Linearisierungs-Normalform übergegangen. Hierzu wird in Gl. (3.11) zunächst mittels einer linearen Koordinatentransformation vom Absolutwinkel des Oberkörpers q_A auf den Absolutwinkel des Stützbeins θ übergegangen

$$\begin{bmatrix} \mathbf{q}_G \\ \theta \end{bmatrix} = \tilde{\mathbf{q}} = \mathbf{H}\mathbf{q} = \begin{bmatrix} \mathbf{I} & \mathbf{0} \\ & \mathbf{c}_\theta \end{bmatrix} \begin{bmatrix} \mathbf{q}_G \\ q_A \end{bmatrix} \ . \tag{3.76}$$

Durch den Übergang vom Absolutwinkel des Oberkörpers auf den des Stützbeins ändert sich die Darstellung der Massenmatrix

$$\tilde{\mathbf{M}}(\mathbf{q}_G) = \left(\mathbf{H}^{-1}\right)^T \mathbf{M}(\mathbf{q}_G)\mathbf{H}^{-1} \tag{3.77}$$

und des Systemausgangs

$$\mathbf{y} = \mathbf{h}(\mathbf{q}_G, \theta) = \mathbf{h}_{soll}(\theta) - \mathbf{q}_G \ . \tag{3.78}$$

Damit ergibt sich für die Beschreibung des Gesamtmodells

$$\dot{\tilde{\mathbf{x}}} = \frac{d}{dt}\begin{bmatrix} \mathbf{q}_G \\ \theta \\ \dot{\mathbf{q}}_G \\ \dot{L}^{(1)} \end{bmatrix} = \begin{bmatrix} \dot{\mathbf{q}}_G \\ \tilde{M}_{AA}^{-1}(\mathbf{q}_G)L^{(1)} - \overline{\tilde{\mathbf{M}}}_{AG}(\mathbf{q}_G)\dot{\mathbf{q}}_G \\ \mathbf{0} \\ -r_{S_x}(\mathbf{q}_G, \theta)mg \end{bmatrix} + \begin{bmatrix} \mathbf{0} \\ \mathbf{0} \\ \mathbf{I} \\ \mathbf{0} \end{bmatrix}\mathbf{v} = \tilde{\mathbf{f}}(\tilde{\mathbf{x}}) + \tilde{\mathbf{g}}(\tilde{\mathbf{x}})\mathbf{v} \tag{3.79}$$

mit dem Eingang $\mathbf{v} = \ddot{\mathbf{q}}_G$. Diese Darstellung eignet sich als Ausgangspunkt für eine Überführung in die Koordinaten der Nulldynamik:

$$\mathbf{z} = \begin{bmatrix} \boldsymbol{\eta}_1 \\ \boldsymbol{\eta}_2 \\ \xi_1 \\ \xi_2 \end{bmatrix} = \begin{bmatrix} \mathbf{h} \\ \mathrm{L}_{\tilde{\mathbf{f}}}\mathbf{h} \\ \theta \\ L^{(1)} \end{bmatrix} \quad \text{mit} \quad \dot{\mathbf{z}} = \frac{\mathrm{d}}{\mathrm{d}t}\begin{bmatrix} \boldsymbol{\eta}_1 \\ \boldsymbol{\eta}_2 \\ \xi_1 \\ \xi_2 \end{bmatrix} = \begin{bmatrix} \boldsymbol{\eta}_2 \\ \mathrm{L}_{\tilde{\mathbf{f}}}^2\mathbf{h} + \mathrm{L}_{\tilde{\mathbf{g}}}\mathrm{L}_{\tilde{\mathbf{f}}}\mathbf{h}\,\mathbf{v} \\ \mathrm{L}_{\tilde{\mathbf{f}}}\theta \\ \mathrm{L}_{\tilde{\mathbf{f}}}L^{(1)} \end{bmatrix} . \tag{3.80}$$

Die Mannigfaltigkeit der Nulldynamik ergibt sich somit zu

$$\mathcal{Z} = \{(\boldsymbol{\eta}, \boldsymbol{\xi}) \mid \boldsymbol{\eta} = \mathbf{0}\} . \tag{3.81}$$

Für die Nulldynamik folgt aus der linearen Regler-Gl. (3.65)

$$\dot{\boldsymbol{\eta}}_2 = \ddot{\mathbf{y}} = \mathbf{w} = -\mathbf{K}_D\boldsymbol{\eta}_2 - \mathbf{K}_P\boldsymbol{\eta}_1 = \mathbf{0} . \tag{3.82}$$

Aus der Ausgangs-Gl. (3.78) lassen sich Gelenkwinkel und Gelenkwinkelgeschwindigkeiten für die Nulldynamik ableiten:

$$\mathbf{q}_G = \mathbf{h}_{soll}(\theta) , \tag{3.83a}$$

$$\dot{\mathbf{q}}_G = \frac{\partial \mathbf{h}_{soll}(\theta)}{\partial \theta}\dot{\theta} . \tag{3.83b}$$

Durch Einsetzen von Gl. (3.83b) in die zweite Komponente von Gl. (3.79) lässt sich eine Beziehung von $\dot{\theta}$ und $L^{(1)}$ ermitteln:

$$\dot{\theta} = \left(\tilde{M}_{AA}(\mathbf{h}_{soll}(\theta)) \left(1 + \overline{\tilde{\mathbf{M}}}_{AG}(\mathbf{h}_{soll}(\theta)) \frac{\partial \mathbf{h}_{soll}(\theta)}{\partial \theta} \right) \right)^{-1} L^{(1)} . \tag{3.84}$$

Somit lassen sich sämtliche Größen direkt über die Zustandsvariablen $\boldsymbol{\xi}$ darstellen. Durch Ausnutzen der in Gl. (3.82) beschriebenen Eigenschaft kann aus Gl. (3.80) analog zu Gl. (3.73) das Regelungsgesetz

$$\mathbf{v}^0 = -\left(\mathrm{L}_{\tilde{\mathbf{g}}}\mathrm{L}_{\tilde{\mathbf{f}}}\mathbf{h}\right)^{-1}\mathrm{L}_{\tilde{\mathbf{f}}}^2\mathbf{h} \tag{3.85a}$$

für die Nulldynamik mit den Abbkürzungen

$$\mathrm{L}_{\tilde{\mathbf{g}}}\mathrm{L}_{\tilde{\mathbf{f}}}\mathbf{h} = \mathbf{I} + \frac{\partial \mathbf{h}_{soll}(\theta)}{\partial \theta}\overline{\tilde{\mathbf{M}}}_{AG}(\mathbf{q}_G) , \tag{3.85b}$$

$$\left(\mathrm{L}_{\tilde{\mathbf{g}}}\mathrm{L}_{\tilde{\mathbf{f}}}\mathbf{h}\right)^{-1} = \mathbf{I} - \left(1 + \overline{\tilde{\mathbf{M}}}_{AG}(\mathbf{q}_G)\frac{\partial \mathbf{h}_{soll}(\theta)}{\partial \theta} \right)^{-1}\left(\frac{\partial \mathbf{h}_{soll}(\theta)}{\partial \theta}\overline{\tilde{\mathbf{M}}}_{AG}(\mathbf{q}_G) \right) , \tag{3.85c}$$

$$\mathrm{L}_{\tilde{\mathbf{f}}}^2\mathbf{h} = \frac{\partial \mathbf{h}_{soll}(\theta)}{\partial \theta}\left(\frac{r_{S_x}(\mathbf{q}_G,\theta)\,mg}{\tilde{M}_{AA}(\mathbf{q}_G)} + \frac{L^{(1)}}{\tilde{M}_{AA}^2(\mathbf{q}_G)}\frac{\partial \tilde{M}_{AA}(\mathbf{q}_G)}{\partial \mathbf{q}_G}\dot{\mathbf{q}}_G \right.$$

$$\left. + \frac{\partial \overline{\tilde{\mathbf{M}}}_{AG}(\mathbf{q}_G)\,\dot{\mathbf{q}}_G}{\partial \mathbf{q}_G}\dot{\mathbf{q}}_G \right) - \frac{\partial^2 \mathbf{h}_{soll}(\theta)}{\partial \theta^2}\left(\frac{L^{(1)}}{\tilde{M}_{AA}(\mathbf{q}_G)} - \overline{\tilde{\mathbf{M}}}_{AG}(\mathbf{q}_G)\,\dot{\mathbf{q}}_G \right)^2$$

$$\tag{3.85d}$$

hergeleitet werden. Durch Einsetzen der Identitäten (3.83a) - (3.84) kann $\mathbf{v}^0$ ebenfalls in Abhängigkeit von $\boldsymbol{\xi}$ dargestellt werden. Somit verbleibt als Aufgabe die Bestimmung der Lösung der Nulldynamik

$$\dot{\xi}_1 = \left(\tilde{M}_{AA} \left(\mathbf{h}_{soll} \left(\xi_1 \right) \right) \left(1 + \overline{\tilde{M}}_{AG} \left(\mathbf{h}_{soll} \left(\xi_1 \right) \right) \frac{\partial \mathbf{h}_{soll} \left(\xi_1 \right)}{\partial \xi_1} \right) \right)^{-1} \xi_2 \,, \tag{3.86a}$$

$$\dot{\xi}_2 = -r_{S_x} \left(\mathbf{h}_{soll} \left(\xi_1 \right), \xi_1 \right) mg \,. \tag{3.86b}$$

In Abschn. 3.3.5 werden die beschreibenden Gleichungen der Nulldynamik mit der Struktur

$$\begin{bmatrix} \dot{\xi}_1 \\ \dot{\xi}_2 \end{bmatrix} = \dot{\boldsymbol{\xi}} = \tilde{\mathbf{f}}_{\boldsymbol{\xi}} \left(\boldsymbol{\xi} \right) = \begin{bmatrix} \tilde{f}_{\xi_1} \left(\xi_1 \right) \xi_2 \\ \tilde{f}_{\xi_2} \left(\xi_1 \right) \end{bmatrix} \tag{3.87}$$

weiter umgeformt, so dass sich der einstellende Grenzzyklus direkt angeben lässt.

Die Untersuchung des Gesamtmodells (3.2) darf durch die Untersuchung der Nulldynamik ersetzt werden, wenn alle Trajektorien in der Umgebung der Mannigfaltigkeit der Nulldynamik sich dieser asymptotisch nähern. Durch den linearen Regler mit asymptotischer Stabilität des Ausgangs $\mathbf{y} = \mathbf{h}\left(\mathbf{q} \right)$ ist diese Bedingung erfüllt. Bei einem hybriden System mit diskreten Abbildungen wie dem Stoß sind weitere Bedingungen erforderlich, die im Folgenden eingeführt werden.

3.3.4 Verbleibende Dynamik der Doppelstützphase – Stoßabbildung

Die Doppelstützphase führt durch die Forderung der Invarianz der Nulldynamik bezüglich des Stoßes zu Kompatibilitätsbedingungen in den BÉZIER-Parametern und kann in den Zustandsvariablen der Nulldynamik $\boldsymbol{\xi}$ als Abbildung über den Stoß angegeben werden.

Stoßinvarianz der Nulldynamik

Damit die Untersuchung des hybriden Gesamtsystems auf die Untersuchung der hybriden Nulldynamik reduziert werden darf, muss die Nulldynamik invariant bezüglich des Stoßes sein. Folglich müssen die Zustandsvariablen $\mathbf{x}$ durch Anwendung der in Abschn. 3.1.2 eingeführten Abbildung $\boldsymbol{\Delta}$ beim Stoß, definiert über die Hyperebene $\mathcal{S}$, in der Mannigfaltigkeit der Nulldynamik $\mathcal{Z}$ verbleiben:

$$\boldsymbol{\Delta} \left(\mathcal{S} \cap \mathcal{Z} \right) \subset \mathcal{Z} \,. \tag{3.88}$$

Die Bedingung der Invarianz der Nulldynamik führt zu Kompatibilitätsbedingungen in den BÉZIER-Parametern $\boldsymbol{\alpha}$. Zu deren Herleitung werden zunächst die Zustandsvariablen vor $\left(\mathbf{x}^- \right)$ und nach $\left(\mathbf{x}^+ \right)$ dem Stoß in Abhängigkeit von $\boldsymbol{\alpha}$ dargestellt. Aus Gl. (3.76) folgt für die Nulldynamik

$$\mathbf{q} = \mathbf{H}^{-1} \begin{bmatrix} \mathbf{h}_{soll} \left(\theta \right) \\ \theta \end{bmatrix} \,, \qquad \dot{\mathbf{q}} = \mathbf{H}^{-1} \begin{bmatrix} \dfrac{\partial \mathbf{h}_{soll} \left(\theta \right)}{\partial \theta} \\ 1 \end{bmatrix} \dot{\theta} \,. \tag{3.89}$$

Mit den Eigenschaften des BÉZIER-Polynoms aus Gl. (3.67) und (3.68) ergeben sich damit

$$\mathbf{q}^+ = \mathbf{H}^{-1} \begin{bmatrix} \boldsymbol{\alpha}_0 \\ \theta^+ \end{bmatrix} , \qquad \dot{\mathbf{q}}^+ = \mathbf{H}^{-1} \begin{bmatrix} \frac{n_\alpha}{\theta^- - \theta^+} (\boldsymbol{\alpha}_1 - \boldsymbol{\alpha}_0) \\ 1 \end{bmatrix} \dot{\theta}^+ , \tag{3.90}$$

$$\mathbf{q}^- = \mathbf{H}^{-1} \begin{bmatrix} \boldsymbol{\alpha}_{n_\alpha} \\ \theta^- \end{bmatrix} , \qquad \dot{\mathbf{q}}^- = \mathbf{H}^{-1} \begin{bmatrix} \frac{n_\alpha}{\theta^- - \theta^+} (\boldsymbol{\alpha}_{n_\alpha} - \boldsymbol{\alpha}_{n_\alpha-1}) \\ 1 \end{bmatrix} \dot{\theta}^- . \tag{3.91}$$

Durch Einsetzen in die Stoßabbildung Gl. (3.26) und (3.27)

$$\mathbf{q}^+ = \boldsymbol{\Delta}_{\mathbf{q}} \mathbf{q}^- , \qquad \dot{\mathbf{q}}^+ = \boldsymbol{\Delta}_{\dot{\mathbf{q}}} \dot{\mathbf{q}}^+ \tag{3.92}$$

ergeben sich die Kompatibilitätsbedingungen der BÉZIER-Parameter

$$\begin{bmatrix} \boldsymbol{\alpha}_0 \\ \theta^+ \end{bmatrix} = \mathbf{H} \boldsymbol{\Delta}_{\mathbf{q}} \mathbf{H}^{-1} \begin{bmatrix} \boldsymbol{\alpha}_{n_\alpha} \\ \theta^- \end{bmatrix} , \tag{3.93}$$

$$\boldsymbol{\alpha}_1 = \begin{bmatrix} \mathbf{I} & \mathbf{0} \end{bmatrix} \boldsymbol{\Delta}_{\dot{\mathbf{q}}} \mathbf{H}^{-1} \begin{bmatrix} \boldsymbol{\alpha}_{n_\alpha} - \boldsymbol{\alpha}_{n_\alpha-1} \\ \frac{n_\alpha}{\theta^- - \theta^+} \end{bmatrix} \left(\mathbf{c}_\theta \boldsymbol{\Delta}_{\dot{\mathbf{q}}} \mathbf{H} \begin{bmatrix} \frac{n_\alpha}{\theta^- - \theta^+} (\boldsymbol{\alpha}_{n_\alpha} - \boldsymbol{\alpha}_{n_\alpha-1}) \\ 1 \end{bmatrix} \right)^{-1} + \boldsymbol{\alpha}_0 . \tag{3.94}$$

Die BÉZIER-Parameter zu Beginn des Schritts $\boldsymbol{\alpha}_0$, $\boldsymbol{\alpha}_1$ und θ^+ werden somit mittels Gl. (3.93) und (3.94) durch die am Ende des Schritts $\boldsymbol{\alpha}_{n_\alpha}$, $\boldsymbol{\alpha}_{n_\alpha-1}$ und θ^- definiert, zur Optimierung verbleiben:

$$\boldsymbol{\alpha}' = \begin{bmatrix} \boldsymbol{\alpha}_2^T, \ldots, \boldsymbol{\alpha}_{n_\alpha}^T, \theta^- \end{bmatrix}^T . \tag{3.95}$$

Stoßabbildung in der Nulldynamik

Die Stoßabbildung in Zustandsvariablen der Nulldynamik $\boldsymbol{\xi}$ wird aus der Abbildung des Gesamtdrehimpulses über den Stoß (Gl. (3.34)) hergeleitet. Mit der vertikalen Geschwindigkeit des Schwerpunkts in der Nulldynamik

$$\dot{r}_{S_x} = \frac{\partial r_{S_x} (\mathbf{h}_{soll}(\theta), \theta)}{\partial \theta} \tilde{f}_{\xi_1}(\xi_1) \xi_2 = \lambda(\xi_1) \xi_2 \tag{3.96}$$

ergibt sich die Stoßabbildung zu

$$\xi_2^+ = \xi_2^- - r_{2_x}\left(\xi_1^-\right) m \lambda \left(\xi_1^-\right) \xi_2^- . \tag{3.97}$$

Da der Stoß über $\xi_1 = \xi_1^-$ definiert ist, kann er als lineare Abbildung des Gesamtdrehimpulses

$$\xi_2^+ = \delta^0 \xi_2^- \qquad \text{mit} \qquad \delta^0 = 1 - r_{2_x}\left(\xi_1^-\right) m \lambda \left(\xi_1^-\right) . \tag{3.98}$$

angesehen werden. Es sei dabei besonders darauf hingewiesen, dass die Stoßzahl δ^0 nur von den BÉZIER-Parametern $\boldsymbol{\alpha}$ abhängt und somit bei der Suche des Grenzzyklus für einen festen Parametersatz konstant bleibt und nicht erneut berechnet werden muss.

3.3.5 Verbleibende Dynamik des Gangs – Hybride Nulldynamik

Im letzten Schritt ist die Beschreibung der Nulldynamik von Einzel- und Doppelstützphase in eine gemeinsame Formulierung zur Bestimmung des Grenzzyklus zusammenzufassen. Hierzu wird die Nulldynamik der Einzelstützphase Gl. (3.87) mittels Division in

$$\frac{\mathrm{d}\xi_2}{\mathrm{d}\xi_1} = \frac{\tilde{f}_{\xi_2}(\xi_1)}{\tilde{f}_{\xi_1}(\xi_1)\,\xi_2} \tag{3.99}$$

umformuliert und mit Trennung der Veränderlichen integriert:

$$\tfrac{1}{2}\xi_2^2(\xi_1) - \tfrac{1}{2}\xi_2^2\left(\xi_1^+\right) = \int_{\xi_1^+}^{\xi_1} \frac{\tilde{f}_{\xi_2}(\xi_1')}{\tilde{f}_{\xi_1}(\xi_1')}\mathrm{d}\xi_1' \equiv V^0(\xi_1) \; . \tag{3.100}$$

Der Zeitverlauf von ξ_1 und damit ξ_2 wird mittels Trennung der Veränderlichen in der ersten Komponente von Gl. (3.87) ermittelt und gilt für einen einzelnen Schritt mit $t\left(\xi_1^+\right) = 0$:

$$t(\xi_1) = \int_{\xi_1^+}^{\xi_1} \frac{1}{\tilde{f}_{\xi_1}(\xi_1')\,\xi_2(\xi_1')}\mathrm{d}\xi_1' \; . \tag{3.101}$$

Zur Bestimmung des Grenzzyklus der Nulldynamik wird am Ende der Einzelstützphase $\xi_1 = \xi_1^-$ ein POINCARÉ-Schnitt durchgeführt. Damit ergibt sich aus der Integration der Einzelstützphase Gl. (3.100) und der Stoßabbildung Gl. (3.98) die POINCARÉ-Abbildung[1]

$$P\left(\xi_2^-\right) = -\sqrt{\left(\delta^0\xi_2^-\right)^2 + 2V^0\left(\xi_1^-\right)} \; . \tag{3.102}$$

Damit kann der Fixpunkt $P\left(\xi_2^{-*}\right) = \xi_2^{-*}$ der POINCARÉ-Abbildung explizit als

$$\xi_2^{-*} = -\sqrt{\frac{2V^0\left(\xi_1^-\right)}{1 - \delta^{0\,2}}} \; . \tag{3.103}$$

angegeben werden.
Die Stabilität der Lösung zu $\xi_2^- = \xi_2^{-*}$ kann über den FLOQUET-Multiplikator, den Eigenwert der Monodromie-Matrix, der entarteten JACOBImatrix der POINCARÉ-Abbildung

$$\left.\frac{\partial P\left(\xi_2^-\right)}{\partial \xi_2^-}\right|_{\xi_2^-=\xi_2^{-*}} = \left.\frac{-\delta^0}{\sqrt{1 + \frac{2V^0\left(\xi_1^-\right)}{\left(\delta^0\xi_2^{-*}\right)^2}}}\right|_{\xi_2^-=\xi_2^{-*}} = -\delta^{0\,2} \tag{3.104}$$

bestimmt werden. Ein negativer Wert von δ^0 führt zu einer Drehrichtungsumkehr im Stoß und wird nicht betrachtet. Somit kann die Analyse der Stabilität der Lösung auf die Überprüfung von

$$0 < \delta^{0\,2} < 1 \tag{3.105}$$

zurückgeführt werden.

---

[1]Aufgrund der Koordinatenwahl $\xi_1 = \theta$ (s. Abb. 3.12) ergibt sich eine Rotation des Gesamtsystems in negativer Richtung und damit ein negativer Drehimpuls $\xi_2 = L^{(1)}$.

Das Einzugsgebiet der stabilen, periodischen Lösung ξ_2^{-*} ist beidseitig beschränkt. Die obere Schranke lässt sich durch die Bedingung nicht nach hinten zu fallen $(\dot{\xi}_2(\xi_1) < 0)$ explizit aus Gl. (3.100) in der Form

$$\xi_2^{-max} = -\sqrt{-\frac{2}{\delta^{0^2}} \min_{\xi_1^+ < \xi_1 < \xi_1^-} V^0(\xi_1)} \ . \tag{3.106}$$

ableiten. Durch die Kontaktbedingungen bestehend aus Unilateralität und Haften ist implizit eine untere Schranke gegeben:

$$\xi_{2,F_{1y}}^{-min} = \inf\left\{ \xi_2^- \ \middle| \ \max_{\xi_1^+ < \xi_1 < \xi_1^-} F_{1y}\left(\xi_1, \xi_2^-\right) \leq 0 \right\} \ , \tag{3.107a}$$

$$\xi_2^{-min} = \inf\left\{ \xi_2^- > \xi_{2,F_{1y}}^{-min} \ \middle| \ \max_{\xi_1^+ < \xi_1 < \xi_1^-} \left| \frac{F_{1x}\left(\xi_1, \xi_2^-\right)}{F_{1y}\left(\xi_1, \xi_2^-\right)} \right| \leq \mu_0 \right\} \ . \tag{3.107b}$$

Damit kann das Einzugsgebiet der stabilen, periodischen Lösung ξ_2^{-*} als

$$\mathcal{E} = \left\{ \xi_2^- \ \middle| \ \xi_2^{-min} < \xi_2^- < \xi_2^{-max} \right\} \tag{3.108}$$

und dessen relative Größe als

$$s_{\mathcal{E}} = \frac{\xi_2^{-max} - \xi_2^{-min}}{\xi_2^{-*}} \tag{3.109}$$

angegeben werden.

Die beschriebene Vorgehensweise wurde [WGC$^+$07] entnommen und vereinfacht die Untersuchung des zweibeinigen Roboters erheblich. Durch die Formulierung der hybriden Nulldynamik kann die Untersuchung eines Systems mit n Freiheitsgraden und damit $2n$ Zustandsvariablen auf ein System mit einem Freiheitsgrad und zwei Zustandsvariablen reduziert werden. Anstelle der numerischen Integration der nichtlinearen, $2n$-dimensionalen Differentialgleichung (3.2) mit invertierter Massenmatrix muss lediglich der skalare Ausdruck in Gl. (3.100) mit einem Quadraturverfahren gelöst werden. Weiterhin ist zur Bestimmung des Grenzzyklus über den Fixpunkt in der POINCARÉ-Abbildung der Nulldynamik kein iteratives Verfahren notwendig, dieser kann mit Gl. (3.103) explizit angegeben werden. Darüber hinaus kann die Stabilität der periodischen Lösung über ein skalares Kriterium bestimmt und das Einzugsgebiet der stabilen, periodischen Lösung implizit angegeben werden. Erst durch den Übergang auf die effiziente Formulierung in der hybriden Nulldynamik wird eine Untersuchung von Robotern mit mehren Freiheitsgraden unter der Anwendung von Optimierungsverfahren in großem Rahmen ermöglicht.

4 Optimierungsprozess

Nachdem im vorangegangenen Kapitel das Modell des Roboters mit elastischen Kopplungen beschrieben wurde, wird hier der Prozess zur Optimierung der elastischen Kopplungen eingeführt. Hierbei wird zunächst die Bewegung des Roboters für vorgegebene Geschwindigkeiten optimiert, um anschließend die optimalen elastischen Kopplungen für einen Geschwindigkeitsbereich bestimmen zu können.

4.1 Optimierung der Bewegung

Bei einem Grad der BÉZIER-Polynome $n_\alpha \geq 2$ ist die Wahl der Gelenkbewegung $\mathbf{q}_G = \mathbf{h}_{soll}(\theta)$ unterbestimmt. Neben den expliziten Einschränkungen durch die Stoßinvarianz (s. Gln. (3.93) und (3.94)) kann die Bewegung des Roboters weitere Bedingungen erfüllen. Gemäß dem Ziel der Arbeit, einen energieeffizienten Roboter zu entwickeln, werden deshalb die BÉZIER-Parameter $\boldsymbol{\alpha}$ so gewählt, dass sie eine energieeffiziente Bewegung beschreiben. Dies führt zum nichtlinearen Optimierungsproblem, die Gelenkbewegung zur Minimierung des noch genauer zu definierenden Energieaufwands unter Einhaltung von Nebenbedingungen zu ermitteln. Der Optimierung stehen lediglich die eingeschränkten BÉZIER-Parameter $\boldsymbol{\alpha}'$ gemäß Gl. (3.95) zur Verfügung. Zur besseren Lesbarkeit wird im weiteren Verlauf auf die Kennzeichnung $'$ verzichtet und die Optimierungsparameter werden mit $\boldsymbol{\alpha}$ bezeichnet.

4.1.1 Zielfunktion

Die Zielfunktion hat einen entscheidenden Einfluss auf die Wahl der Gelenkbewegung und damit auf die Gesamtbewegung des Roboters. Ihrer Formulierung ist deshalb ein hoher Stellenwert beizumessen. Orientiert am Ziel dieser Arbeit wird als Zielfunktion ein geeignetes Maß für die Energieeffizienz des zweibeinigen Roboters gesucht. Dazu werden die sogenannten spezifischen Transportkosten, bestehend aus dem auf das Eigengewicht und die zurückgelegte Strecke bezogenen Energieaufwand, ausgewählt:

$$c_T = \frac{\text{Energieaufwand}}{\text{Gewicht} \times \text{zurückgelegte Strecke}} = \frac{\sum_{i=1}^{n-1} W_{SM_i}}{mgr_{2_x}(\theta^-)} . \tag{4.1}$$

Während Gewicht (mg) und zurückgelegte Strecke während eines Schritts ($r_{2_x}(\theta^-)$) verhältnismäßig einfach zu quantifizieren sind, geht die Frage nach dem Energieaufwand pro Schritt mit der jeweiligen Realisierung des Roboters einher. In dieser Arbeit wird als Energieaufwand die von den $n-1$ Gelenkaktoren tatsächlich aufgenommene, elektrische Energie, beschrieben durch Gl. (3.59), gewählt. Die Zielfunktion ergibt sich somit als

$$f_{min_\alpha}(\boldsymbol{\alpha}, \boldsymbol{\beta}) = c_T = \frac{1}{mgr_{2_x}(\theta^-)} \sum_{i=1}^{n-1} \int_0^{t(\theta^-)} \max\left(c_{stat}T_{G_i}^2 + T_{G_i}\dot{q}_{G_i}, 0\right) dt . \tag{4.2}$$

Sie enthält neben dem Term der mechanischen Leistung $T_{G_i}\dot{q}_{G_i}$ einen Term zum statischen Aufbringen des Gelenkmoments $c_{stat}T_{G_i}^2$, der keinen Nutzleistungsbeitrag besitzt. Der Koeffizient der statischen Leistung c_{stat} gibt dabei die Aufteilung der Energie in Verluste beim statischen Aufbringen des Gelenkmoments und mechanische Arbeit an. Das Argument der Zielfunktion enthält den Parameter β, da die elastischen Kopplungen über die erforderlichen Gelenkmomente T_{G_i} einen Einfluss auf die spezifischen Transportkosten haben.

In der Literatur existieren zahlreiche Varianten an Zielfunktionen. In vergleichbaren Arbeiten [DS05, NTY11], sowie allgemein im Bereich der optimalen Steuerung [HS03, MBSL05, Mom09] wird die mechanische Leistung $(T_{G_i}\dot{q}_{G_i})$ und damit die Nutzleistung oft vernachlässigt. Die Zielfunktion besteht dann lediglich aus dem Integral des quadratischen Terms der statischen Leistung $(c_{stat}T_{G_i}^2)$. Dies hat den Vorteil einer konvexen Zielfunktion, die einen robusten Optimierungsprozess ermöglicht. Darüber hinaus wird in [DS05, NTY11] auf eine Normierung auf die zurückgelegte Strecke verzichtet, so dass nicht die Kosten pro zurückgelegter Strecke sondern pro Schritt betrachtet werden. Damit werden Gangarten mit kleinen Schritten, unabhängig von ihrer tatsächlichen Auswirkung auf die Transportkosten, bevorzugt behandelt. Alternativ gibt es Vorschläge, welche die statische Leistung $(c_{stat}T_{G_i}^2)$ vernachlässigen und lediglich die positive mechanische Leistung $(\max{(T_{G_i}\dot{q}_{G_i}, 0)})$ oder den Absolutbetrag der mechanischen Leistung $(|T_{G_i}\dot{q}_{G_i}|)$ berücksichtigen. Die Formulierung über den Absolutbetrag der mechanischen Leistung führt zu einer Gleichbehandlung von Motor- und Generatorbetrieb, wobei letzterer im Falle eines Elektromotors im schlechtesten Fall energieneutral abläuft. Folglich kommt diese Formulierung für einen mit Elektromotoren aktuierten Roboter nicht in Frage. Wie die späteren Ergebnisse zeigen werden, befinden sich Halteleistung $(c_{stat}T_{G_i}^2)$ und positive mechanische Leistung $(\max{(T_{G_i}\dot{q}_{G_i}, 0)})$ in der gleichen Größenordnung. Aus alleiniger Berücksichtigung einer der beiden Komponenten kann folglich keine Aussage über die Energieeffizienz getroffen werden.

4.1.2 Nebenbedingungen

Im Verlauf von Kapitel 3 wurden einige Nebenbedingungen eingeführt, welche von einer zulässigen Bewegung des Roboters erfüllt werden müssen. Diese werden im Folgenden als Nebenbedingungen der Optimierung zusammengefasst. Da die BÉZIER-Parameter zu Beginn des Schritts α_0, α_1 und θ^+ direkt aus den Kompatibilitätsbedingungen (3.93) und (3.94) berechnet werden, tauchen diese nicht als Nebenbedingungen auf. Wie in Abschn. 2.3.1 eingeführt, werden die Nebenbedingungen in Gleichungs- und Ungleichungsnebenbedingungen unterschieden und haben eine nichtlineare Abhängigkeit von den BÉZIER-Parametern α. Die Gleichungsnebenbedingungen

$$c_i(\alpha) = 0:$$

$$\bar{v}_{soll} - \frac{r_{2_x}(\theta = \theta^-)}{t(\theta^-)} = 0, \tag{4.3a}$$

$$r_{2_y}(\theta = \theta^-) = 0 \tag{4.3b}$$

bestehen aus zwei jeweils skalaren Gleichungen. Gleichung (4.3a) gibt die mittlere horizontale Fortbewegungsgeschwindigkeit $(\bar{v}_{soll})$ des Roboters vor. Da der Stoß des Schwungbeinfußes über das Ende des Schritts ($\theta = \theta^-$) definiert ist, wird mit Gl. (4.3b) sichergestellt, dass der Schwungbeinfuß am Ende des Schritts auf dem Boden ist.

Die Ungleichungsnebenbedingungen

$$c_i\left(\boldsymbol{\alpha}\right) \leq 0:$$

$$F_{1_y}\left(\theta^+ > \theta > \theta^-\right) \leq 0 , \tag{4.4a}$$

$$\left|\frac{F_{1_x}\left(\theta^+ > \theta > \theta^-\right)}{F_{1_y}\left(\theta^+ > \theta > \theta^-\right)}\right| - \mu_0 \leq 0 , \tag{4.4b}$$

$$F_{2_y}\left(\theta = \theta^-\right) \leq 0 , \tag{4.4c}$$

$$\left|\frac{F_{2_x}\left(\theta = \theta^-\right)}{F_{2_y}\left(\theta = \theta^-\right)}\right| - \mu_0 \leq 0 , \tag{4.4d}$$

$$-\dot{r}_{2_y}\left(\theta = \theta^+\right) \leq 0 \tag{4.4e}$$

stellen sicher, dass die gewählte Kontaktmodellierung physikalisch sinnvoll ist. Hierzu werden während der Einzelstützphase ($\theta^+ > \theta > \theta^-$) für den Stützbeinfuß 1 die Unilateralitäts- (Gl. (4.4a)) und Haftbedingungen (Gl. (4.4b)) und zum Stoßzeitpunkt ($\theta = \theta^-$) für den Schwungbeinfuß 2 die Unilateralitäts- (Gl. (4.4c)) und Haftbedingung (Gl. (4.4d))[1] überprüft. Mit Gl. (4.4e) wird sichergestellt, dass sich der Kontakt im vormaligen Stützbeinfuß beim Stoß ohne Wechselwirkung öffnet.

Beim Übergang vom Drei- zum Fünfsegmentläufer werden die Ungleichungsnebenbedingungen (4.4) um

$$c_i\left(\boldsymbol{\alpha}\right) \leq 0:$$

$$-r_{2_y}\left(\theta^+ > \theta > \theta^-\right) \leq 0 \tag{4.5a}$$

$$q_3\left(\theta^+ > \theta > \theta^-\right) \leq 0 \tag{4.5b}$$

$$q_4\left(\theta^+ > \theta > \theta^-\right) \leq 0 \tag{4.5c}$$

erweitert. Während der Einzelstützphase ($\theta^+ > \theta > \theta^-$) muss sich der Schwungbeinfuß 1 über dem Boden befinden (Gl. (4.5a)) und die beiden Knie dürfen nicht überstreckt werden (Gln. (4.5b) und (4.5c)).

4.1.3 Prozessablauf

Zur Minimierung der spezifischen Transportkosten c_T wird der optimale Satz an BÉZIER-Parametern $\boldsymbol{\alpha}^*$ ausgehend von einer Startschätzung $\boldsymbol{\alpha}^0$ iterativ bestimmt. Der hierzu implementierte numerische Prozess wird im Folgenden beschrieben und ist in Abb. 4.1 dargestellt. Da der Prozess mit dem SQP-Algorithmus ein gradientenbasiertes Verfahren enthält, wird dabei ein besonderes Augenmerk auf eine Gestaltung mit möglichst geringem numerischen Rauschanteil gelegt.

---

[1] Bei der Modellierung des Haftkontakts wird für die kontinuierliche und die stoßartige Bewegung der selbe Haftreibungskoeffizient μ_0 verwendet. Es wurde beobachtet, dass der Haftreibungskoeffizient μ_0 beim Stoß variiert [CKC$^+$99], was hier vernachlässigt wird.

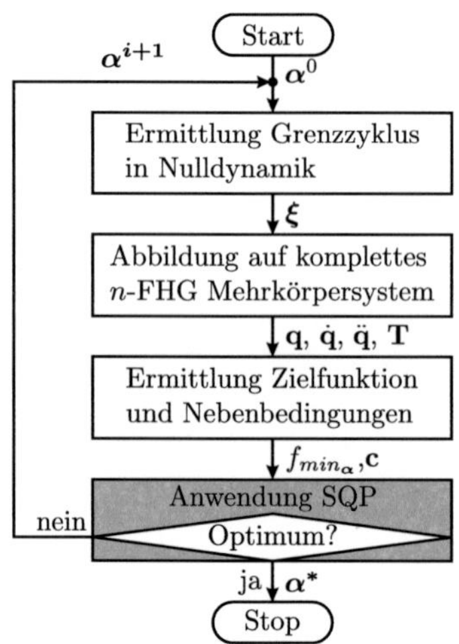

Abbildung 4.1: Prozessablauf zur Optimierung der Bewegung (α).

Im ersten Schritt ist der Grenzzyklus der Nulldynamik wie in Abschn. 3.3.5 beschrieben zu bestimmen. Hierzu sind die BÉZIER-Parameter zu Beginn des Schritts aus den Kompatibilitätsbedingungen (3.93) und (3.94) zu ergänzen. Aufgrund der Koordinatenwahl der Gelenkwinkel befinden sich die BÉZIER-Parameter der Hüftgelenke im Wertebereich um π und die der Kniegelenke im Wertebereich um 0. Damit bei der numerischen Differentiation der Gradient der LAGRANGE-Funktion nach allen Parametern gleich gebildet werden kann, werden zusätzlich die zu den Kniegelenken gehörenden Parameter vom Wertebereich um 0 in den Wertebereich um π verschoben und damit zentriert. Weiterhin ist die Stoßabbildung der Nulldynamik δ^0 gemäß (3.98) abzuleiten. Der während der Einzelstützphase überstrichene Integrationsbereich $[\theta^+, \theta^-]$ wird in $n_\theta = 401$ äquidistante Stützstellen θ_i diskretisiert, an denen die Integranden aus Gl. (3.100) und (3.101) ausgewertet werden. Zur Quadratur werden die Integranden mittels der SIMPSON-Regel durch Parabeln in den Stützstellen und damit das Integral durch die Fläche unter den Parabeln angenähert. Das Ergebnis besitzt dabei aufgrund der Eigenschaft der SIMPSON-Regel einen Fehler dritter Ordnung. Die Diskretisierung zur Quadratur wird im Weiteren beibehalten und die jeweiligen Größen an Stützstellen von θ ausgewertet. Mittels Gl. (3.103) kann direkt der Grenzzyklus in der Nulldynamik angegeben werden. Damit sind die Zeitverläufe der Zustandsvariablen der Nulldynamik ξ bestimmt.

Im zweiten Schritt gilt es die Zustandsvariablen der Nulldynamik auf die des kompletten Mehrkörpersystems mit n Freiheitsgraden abzubilden. Zur Ermittlung der Gelenkwinkel und -winkelgeschwindigkeiten ($\mathbf{q}_G$, $\dot{\mathbf{q}}_G$) werden die Zustandsvariablen der Nulldynamik in Gl. (3.83), zur Ermittlung des Absolutwinkels- und der -winkelgeschwindigkeit (q_A, $\dot{q}_A$) in Gl. (3.35) bzw. (3.36) eingesetzt. Die Gelenkwinkelbeschleunigungen ($\ddot{\mathbf{q}}_G = \mathbf{v}^0$) ergeben sich durch Gl. (3.85d), die dafür erforderlichen Gelenkmomente ($\mathbf{T}_G = \mathbf{u}$) über Gl. (3.5). Die elastischen Kopplungen werden dabei über die zur Bewegung erforderlichen Gelenkmomente ($\mathbf{T}_G = \mathbf{u}$) in Gl. (3.5) berücksichtigt. Die Zustandsgrößen des kompletten Mehrkörpersystems werden somit durch sukzessives Einsetzen in algebraische Gleichungen erhalten und erfordern keine große Rechenleistung, wie dies im Falle der direkten numerischen Integration der Systemgleichung (3.2) der Fall wäre.

Im dritten Schritt werden zur Vorbereitung der LAGRANGE-Funktion Zielfunktion und Nebenbedingungen ausgewertet. Zur Bestimmung der spezifischen Transportkosten werden die Größen des Mehrkörpersystems in die Zielfunktion (4.2) eingesetzt. Zur Auflösung der max-Funktion, deren Aufgabe das Abschneiden der negativen elektrischen Leistung ist, sind die Nulldurchgänge des Integranden basierend auf den im ersten Schritt eingeführten Stützstellen zu bestimmen. Um mehrfache Vorzeichenwechsel benachbarter Stützstellenpaare und alle Stützstellen mit dem gleichen Verfahren behandeln zu können, werden die Nullstellen durch lineare Interpolation benachbarter Stützstellen bestimmt und als weitere Stützstelle hinzugefügt. Aufgrund der diskreten Änderung der Anzahl an Stützstellen eines Intervalls mit positiver elektrischer Leistung bei geringfügiger Änderung der Optimierungsparameter α ist die Quadratur von Gl. (4.2) eine potentielle Quelle numerischen Rauschens. Würden Verfahren höherer Ordnung wie beispielsweise die SIMPSON-Regel angewandt, so müssen bei einer nicht zum Verfahren passenden Stützstellenanzahl die restlichen Stützstellen des jeweiligen Intervalls mit einem Verfahren niederer Ordnung berechnet werden. Da sich aber die zum jeweiligen Intervall mit positiver elektrischer Leistung gehörige Stützstellenanzahl während des Prozesses ändert, kann nur ein Verfahren erster Ordnung wie die Trapezregel, welche das Integral über die Fläche unter den Sehnen der Stützstellen annähert, die Quadratur rauscharm durchführen.

Zur Überprüfung der Nebenbedingungen während der Einzelstützphase wird deren Verlauf an den n_θ äquidistanten Stützstellen θ_i aus der Quadratur ausgewertet. Für jede Nebenbedingung einer Verlaufsgröße entstehen somit n_θ skalare Nebenbedingungen. Der Ansatz, die Diskretisierung der Nebenbedingung durch deren Maximum zu ersetzen, ist dabei nicht zielführend, da das globale Maximum zwischen verschiedenen lokalen Maxima springt und so die dazugehörige Nebenbedingung ihre Differenzierbarkeit verliert. Da das gradientenbasierte SQP-Verfahren versucht, die Hessematrix positiv definit zu halten, versagt es bei nicht differenzierbaren Nebenbedingungen. Der Absolutbetrag in der Formulierung der Haftbedingung ist dagegen unkritisch, da die nicht differenzierbare Stelle des Vorzeichenwechsels nicht an der Haftgrenze liegt und somit die Nebenbedingung in diesem Fall nicht aktiv ist.

Im vierten Schritt werden Zielfunktion f_{min_α} und Nebenbedingungen c_i dem MATLAB internen, in der Funktion `fmincon` implementierten SQP-Algorithmus übergeben. Dieser ermittelt und löst, wie in Abschn. 2.3.2 beschrieben, die KARUSH-KUHN-TUCKER Bedingungen (2.44) iterativ. Hierzu werden in einem NEWTON-Schritt die Startwerte der BÉZIER-Parameter für die nächste Iteration ermittelt. Der SQP-Algorithmus wird dabei mit Standardeinstellungen betrieben, wobei das Abbruchkriterium der Optimalität erster Ordnung, der maximalen Komponente des Gradienten der LAGRANGE-Funktion (`'TolFun'`,`1e-2`) und die maximale Verletzung der Nebenbedingung (`'TolCon'`,`1e-5`) entspannt werden müssen. Die Abbruchkriterien sind in Tab. 4.1 in kompakter Form angegeben. Da die Zielfunktion der Optimierung der Bewegung f_{min_α} nicht konvex ist, ist es nicht möglich, Ergebnisse mit höherer Genauigkeit zu erhalten. Durch die Entspannung der Abbruchkriterien streuen die Ergebnisse der Optimierung der Bewegung α^* geringfügig.

Für die Optimierung der elastischen Kopplungen in einem die Optimierung der Bewegung umgebenden Prozess kann somit kein gradientenbasiertes Verfahren zum Einsatz kommen.

4.2 Optimierung der elastischen Kopplungen

Basierend auf den optimierten Bewegungen für verschiedene Geschwindigkeiten können jetzt die elastischen Kopplungen optimiert werden. Diese werden dabei über den in Abschn. 3.1.5 eingeführten Parametersatz $\boldsymbol{\beta}$ beschrieben und müssen keine Nebenbedingungen erfüllen[1]. Die unbeschränkte Optimierungsaufgabe besteht folglich lediglich aus einer Zielfunktion.

4.2.1 Zielfunktion

Ein realer Roboter, sei es im Anwendungsszenario des Exoskeletts oder des Katastrophenschützers, wird nicht bei einer einzelnen Geschwindigkeit, sondern in einem Geschwindigkeitsbereich betrieben. Ziel der Arbeit ist die Entwicklung eines Prozesses zur Optimierung der elastischen Kopplungen mit qualitativer Aussage hinsichtlich deren Energieeinsparungspotentials zu einer späteren Anwendung an einem konkreten Roboter. Der Bereich der gleichverteilten Geschwindigkeiten, in dem sich der Roboter gehend fortbewegt, orientiert sich daher wie die Parametrierung des Starrkörpermodells an den Werten eines $1{,}80\,\mathrm{m}$ großen und $80\,\mathrm{kg}$ schweren Manns und ergibt sich zu $0{,}3 - 2{,}3\,\mathrm{m/s}$ bzw. $1{,}1 - 8{,}3\,\mathrm{km/h}$. Als Zielfunktion zur Optimierung der elastischen Kopplungen wird damit die Minimierung der mittleren spezifischen Transportkosten $\bar{c}_T$ dieses Geschwindigkeitsbereichs gewählt:

$$f_{min_\beta}(\boldsymbol{\beta}) = \bar{c}_T = \frac{1}{n_v} \sum_{i_v=1}^{n_v} f_{min_\alpha}(\boldsymbol{\alpha}^{v_i}, \boldsymbol{\beta}) \ . \tag{4.6}$$

4.2.2 Prozessablauf

Zur Minimierung der mittleren spezifischen Transportkosten $\bar{c}_T$ werden beginnend von einem Startwert $\boldsymbol{\beta}_0$ die Parameter der elastischen Kopplungen optimiert. Um den Einfluss der unterschiedlichen Größenordnung der einzelnen physikalischen Größen zu eliminieren, wird eine Skalierung der Parameter vorgenommen. In der Darstellung des Prozessablaufs zur Optimierung der elastischen Kopplungen in Abb. 4.2 ist im grau hervorgehobenen Block der in Abb. 4.1 veranschaulichte Unterprozess der Optimierung der Bewegung enthalten. Im ersten Schritt wird hierzu der Geschwindigkeitsbereich $\bar{v} = 0{,}3 - 2{,}3\,\mathrm{m/s}$ an $n_v = 10$ Stützstellen $\bar{v}_i \in [0{,}4,\ 0{,}6, \dots, 2{,}2]$ m/s diskretisiert, die jeweils als Näherung 0. Ordnung einen Bereich von $0{,}2\,\mathrm{m/s}$ repräsentieren. Die geringe Krümmung der Kurve $c_T(\bar{v})$ in Abbn. 5.3 und 6.3 zeigt, dass die Diskretisierung über zehn Stützstellen mehr als ausreichend ist. An den Stützstellen der Geschwindigkeiten $\bar{v}_i$ werden für die gegebene elastische Kopplung $\boldsymbol{\beta}$ die Bewegung und damit die BÉZIER-Parameter $\boldsymbol{\alpha}^{v_i}$ mit dem in Abb. 4.1

---

[1]Eine Beschränkung der Steifigkeiten k_{K1_K2} der elastischen Kopplungen auf positive Werte wäre denkbar, um zwei ähnliche, sich neutralisierende elastische Kopplungen auszuschließen, wurde jedoch in den betrachteten Fällen nicht benötigt.

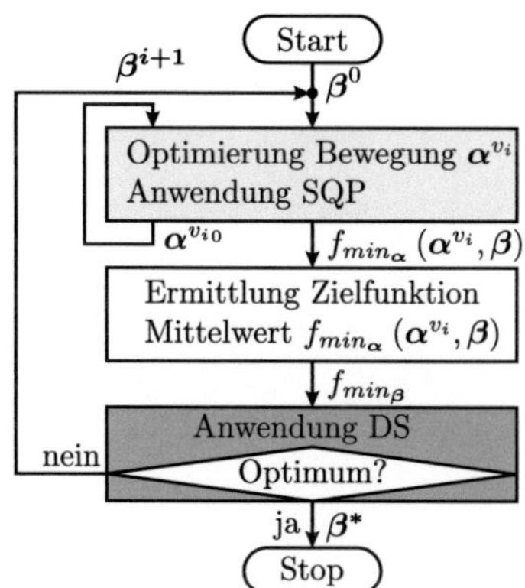

Abbildung 4.2: Prozessablauf zur Optimierung der elastischen Kopplungen (β)

dargestellten Ablauf optimiert. Als Startwerte $\alpha^{v_i 0}$ der Bézier-Parameter der einzelnen Geschwindigkeiten werden deren Ergebnisse der letzten Iteration verwendet.

Im zweiten Schritt wird basierend auf den spezifischen Transportkosten c_T der einzelnen Geschwindigkeiten deren Mittelwert $\bar{c}_T$ berechnet. Dabei werden durch Abfragen nicht erfolgreich optimierte Bewegungen identifiziert und geeignete Abhilfemaßnahmen getroffen, um den Prozess robust zu gestalten. Liegen für alle Geschwindigkeiten (v_i) erfolgreich optimierte Bewegungen (α^{v_i}) vor, so können gemäß Gl. (4.6) die mittleren spezifischen Transportkosten $\bar{c}_T$ ermittelt werden.

Im dritten Schritt wird die Zielfunktion f_{min_β} dem MATLAB internen, in der Funktion `patternsearch` implementierten, direkten Suchverfahren übergeben. Zur Bestimmung der optimalen elastischen Kopplung variiert dieses in einem iterativen Prozess jeweils einen einzelnen Parameter der elastische Kopplung β_i (`'PollMethod'`,`'GPSPositiveBasis2N'`) mit der aktuellen Gittergröße. Es beginnt dabei mit dem Parameter der letzten erfolgreichen Variation (`'PollingOrder'`,`'Success'`) und bricht die Iteration bei der ersten erfolgreichen Variation ab (`'CompletePoll'`,`'off'`). Zu Beginn des Prozesses lässt das Gitter eine Variation von 2 % zu (`'InitialMeshSize'`,`2e-2`), die sich bei erfolgreicher Iteration bis zur maximalen Größe von 5 % (`'MaxMeshSize'`,`5e-2`) jeweils verdoppelt und bei nicht erfolgreichen Iterationen bis zur Abbruchschranke halbiert (`'TolMesh'`,`1e-5`). Die Gittergröße wird dabei nach oben beschränkt, um durch einen kleineren Schritt vom ursprünglichen Wert die Anzahl der gescheiterten Optimierungen der Bewegung (α^{v_i}) zu minimieren. Die gewählten Einstellungen des direkten Suchverfahrens sind in Tab. 4.1 in kompakter Form dargestellt.

Funktion	Option	Wert
fmincon	'Algorithm'	'SQP'
	'TolFun'	1e-2
	'TolCon'	1e-5
patternsearch	'PollMethod'	'GPSPositiveBasis2N'
	'PollingOrder'	'Success'
	'CompletePoll'	'off'
	'InitialMeshSize'	2e-2
	'MaxMeshSize'	5e-2
	'TolMesh'	1e-5

Tabelle 4.1: Gewählte Einstellungen der MATLAB Optimierungsverfahren.

5 Dreisegmentläufer

Im vorliegenden Kapitel wird das Modell des Dreisegmentläufers (s. Kapitel 3) hinsichtlich der Reduzierung der spezifischen Transportkosten durch elastische Kopplungen untersucht. Hierzu wird zunächst ein Referenzmodell ohne elastische Kopplungen eingeführt und der Mechanismus zur Kompensation der Energieverluste mittels geeigneter Kenngrößen beleuchtet. Im Kern des Kapitels wird der Mechanismus der Energieeinsparungen durch elastische Kopplungen analysiert und der Einfluss ihrer Topologie untersucht. Weiterhin werden die Einflüsse von Haftgrenze, Massenverteilung und viskoser Gelenkreibung auf die spezifischen Transportkosten ermittelt. Abschließend wird geprüft, ob die Optimierung der spezifischen Transportkosten mittels elastischer Kopplungen zu Einbußen in Stabilität und Robustheit der Bewegung des Dreisegmentläufers führen.

5.1 Referenzmodell ohne elastische Kopplungen

Um den Einfluss der elastischen Kopplungen isolieren und quantifizieren zu können, wird zunächst ein Referenzmodell ohne elastische Kopplungen untersucht. Die Bewegung des Dreisegmentläufers wird hinsichtlich der spezifischen Transportkosten optimiert (s. Kapitel 4) und ist in Abb. 5.2 dargestellt. Für vier Geschwindigkeiten ($\overline{v} \in [0{,}4,\ 1{,}0,\ 1{,}6,\ 2{,}2]$ m/s) wird dabei ein Schritt zu jeweils sieben äquidistanten Zeitpunkten dargestellt. Der Kontaktpunkt zwischen Stützbeinfuß und Boden ist mittels eines Vollkreises markiert. Bei geringer Geschwindigkeit ($\overline{v} = 0{,}4$ m/s) geht der Roboter mit aufrechtem Oberkörper und kleinen Schritten. Mit steigender Geschwindigkeit nimmt sowohl die Neigung des Oberkörpers (q_3) (s. Abb. 5.1a) als auch die Schrittlänge ($r_{2_x}(\theta^-)$) (s. Abb. 5.1b) zu.

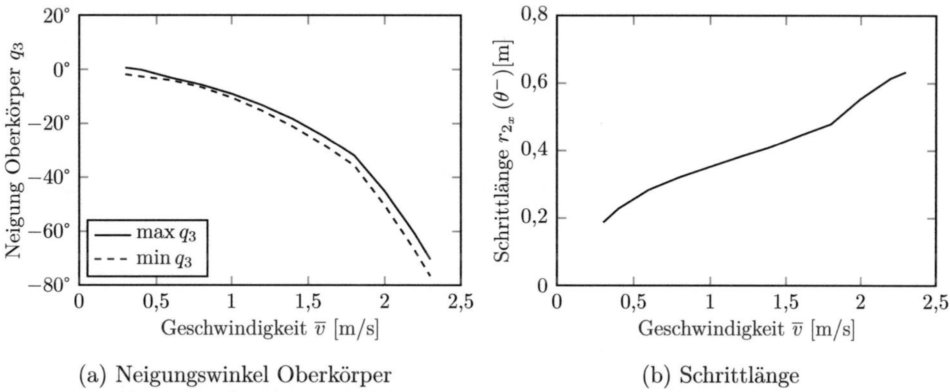

(a) Neigungswinkel Oberkörper   (b) Schrittlänge

Abbildung 5.1: Kinematische Kenngrößen des Dreisegmentläufers auf Lageebene.

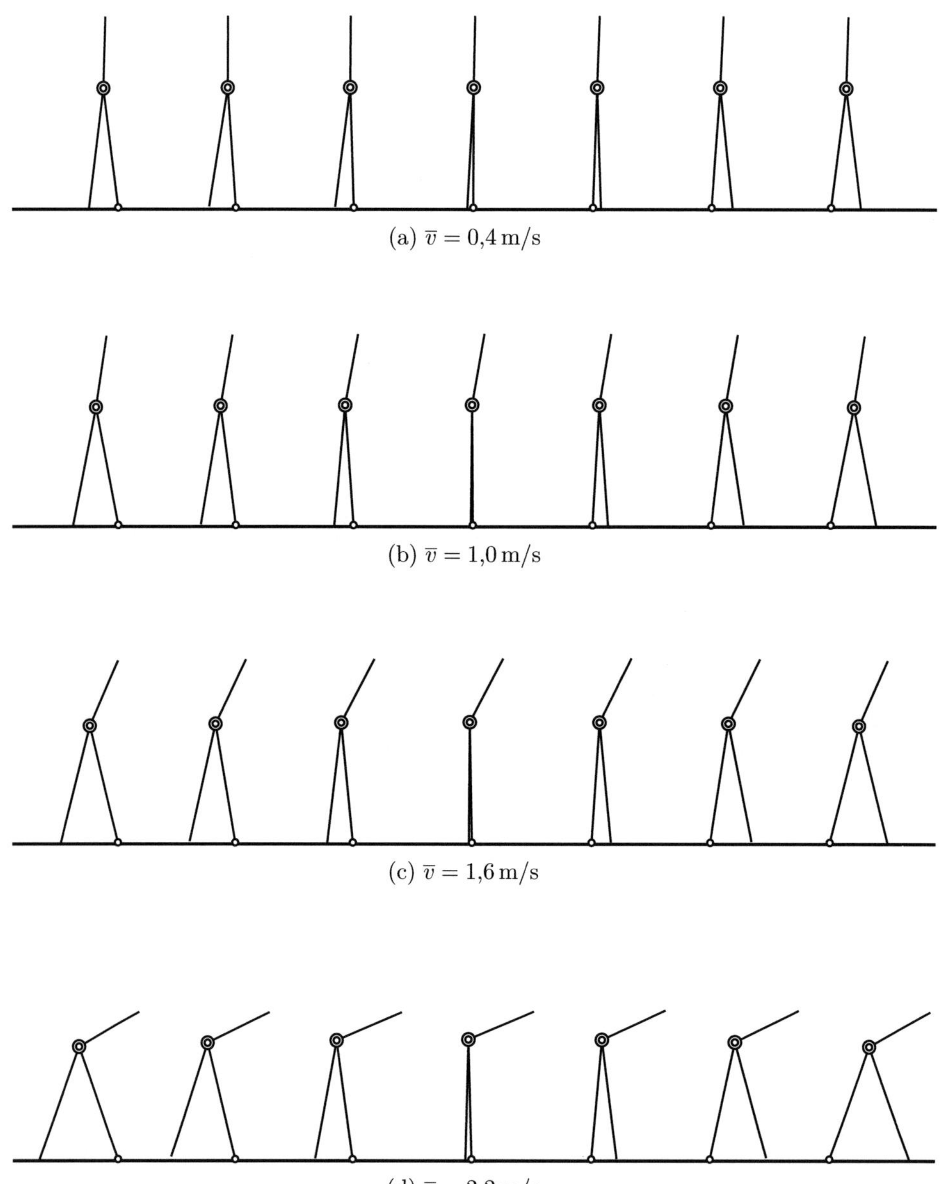

(a) $\overline{v} = 0{,}4\,\mathrm{m/s}$

(b) $\overline{v} = 1{,}0\,\mathrm{m/s}$

(c) $\overline{v} = 1{,}6\,\mathrm{m/s}$

(d) $\overline{v} = 2{,}2\,\mathrm{m/s}$

Abbildung 5.2: Vergleich der Bewegungen des Dreisegmentläufers ohne elastische Kopplungen bei unterschiedlichen mittleren Geschwindigkeiten $\overline{v}$ zu sieben äquidistanten Zeitpunkten.

Zur Beleuchtung des Mechanismus des Energieumsatzes werden die spezifische Energien[1]

$$c_T = \frac{1}{mgr_{2_x}\left(\theta^-\right)} \sum_{i=1}^{n-1} \int_0^{t\left(\theta^-\right)} \max\left(c_{stat}T_{G_i}^2 + T_{G_i}\dot{q}_{G_i}, 0\right) \mathrm{d}t \ , \tag{5.1a}$$

$$e_{mech}^+ = \frac{1}{mgr_{2_x}\left(\theta^-\right)} \sum_{i=1}^{n-1} \int_0^{t\left(\theta^-\right)} \max\left(T_{G_i}\dot{q}_{G_i}, 0\right) \mathrm{d}t \ , \tag{5.1b}$$

$$e_{mech}^- = -\frac{1}{mgr_{2_x}\left(\theta^-\right)} \sum_{i=1}^{n-1} \int_0^{t\left(\theta^-\right)} \min\left(T_{G_i}\dot{q}_{G_i}, 0\right) \mathrm{d}t \ , \tag{5.1c}$$

$$e_{imp} = -\frac{1}{mgr_{2_x}\left(\theta^-\right)} \left(E_{kin}\left(\theta^+\right) - E_{kin}\left(\theta^-\right)\right) \ , \tag{5.1d}$$

$$e_{ela} = \frac{1}{mgr_{2_x}\left(\theta^-\right)} \left(\max\left(V_{ela}\right) - \min\left(V_{ela}\right)\right) \ , \tag{5.1e}$$

$$e_{stat} = \frac{1}{mgr_{2_x}\left(\theta^-\right)} \sum_{i=1}^{n-1} \int_0^{t\left(\theta^-\right)} c_{stat}T_{G_i}^2 \mathrm{d}t \tag{5.1f}$$

eingeführt, welche analog zu den spezifischen Transportkosten auf das Gewicht mg und die zurückgelegte Strecke $r_{2_x}\left(\theta^-\right)$ bezogen werden. Die spezifische positive mechanische Arbeit der Aktoren e_{mech}^+ wird aus der Summe der Integrale der positiven mechanischen Leistung und die spezifische negative mechanische Arbeit der Aktoren e_{mech}^- entsprechend über die Summe der Integrale der negativen mechanischen Leistung gebildet. Die spezifischen Arbeiten geben dabei an, wie viel Energie die Aktoren als Antrieb in das System einbringen oder als Bremse herausziehen. Der spezifische Stoßverlust e_{imp} stellt ein Maß für die im Stoß dissipierte Energie dar, die spezifische elastische Energie e_{ela} ein Maß für die in der elastischen Kopplung zwischengespeicherte Energie. Die spezifische statische Arbeit[2] e_{stat} ist eine alternative Zielfunktion und entspricht der Wärmebelastung der Aktoren.

In Abb. 5.3a ist die gewählte Zielfunktion der spezifischen Transportkosten (c_T) gemeinsam mit der im Bereich der optimalen Steuerung beliebten Zielfunktion der spezifischen statischen Arbeit (e_{stat}) und der spezifischen positiven mechanischen Arbeit (e_{mech}^+) dargestellt. Die Summe aus spezifischer positiver mechanischer Arbeit und spezifischer statischer Arbeit entspricht nicht den spezifischen Transportkosten, da ein Teil der statischen Arbeit durch negative mechanische Arbeit kompensiert wird. Bei einer Geschwindigkeit von $\bar{v} = 2{,}3\,\mathrm{m/s}$ ist die spezifische positive mechanische Arbeit viermal größer als die spezifische statische Arbeit. Damit befinden sich beide in derselben Größenordnung und es kann keiner der beiden Beiträge in der Zielfunktion vernachlässigt werden. In Abb. 5.3b werden zur Untersuchung des Mechanismus des Energieumsatzes die spezifischen Transportkosten, die spezifische negative und positive mechanische Arbeit sowie die spezifischen Stoßverluste miteinander verglichen. Die von den Aktoren ins System eingebrachte spezifische positive mechanische Arbeit (e_{mech}^+) wird im gesamten Geschwindigkeitsbereich beinahe vollständig durch den spezifischen Stoßverlust (e_{imp}) aufgebraucht und fließt nur zu einem kleinen Teil in die

---

[1]Unter dem Begriff der spezifischen Energien werden die in Gl. (5.1) eingeführten Größen verstanden, obgleich einige Arbeiten und damit Prozess- und keine Zustandsgrößen darstellen.

[2]Unter der spezifischen statischen Arbeit wird im Folgenden die elektrische Arbeit zum statischen Aufbringen eines mechanischen Moments verstanden.

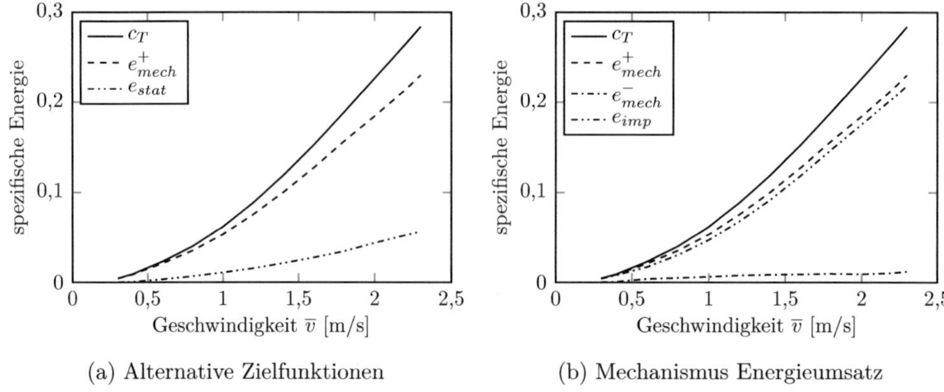

(a) Alternative Zielfunktionen   (b) Mechanismus Energieumsatz

Abbildung 5.3: Vergleich der spezifischen Energien des Dreisegmentläufers.

spezifische negative mechanische Arbeit (e^-_{mech}). Die Bewegung wird folglich dahingehend optimiert, den Energieverlust durch Bremsen in den Aktoren zu minimieren. Eine weitere Senkung der spezifischen Transportkosten kann somit nur durch Reduzierung der zur Kompensation der Stoßverluste von den Aktoren ins System eingebrachten Energie erfolgen. Hierzu wird in Abschn. 5.2 der Mechanismus des Energieverlusts im Stoß genauer untersucht.

5.2 Energieverlust durch Stoß

Zur Erklärung des Stoßverlusts wird das Modell des inversen Pendels eingeführt. Es besteht aus zwei starren, masselosen Beinen und einem Massenpunkt in der Hüfte, in dem die komplette Trägheit des Roboters konzentriert ist. Dieser bewegt sich in der Einzelstützphase auf einer Kreisbahn um den Fußpunkt. Die Doppelstützphase des inversen Pendels besteht wie beim Drei- und Fünfsegmentläufer aus einem plastischen Stoß. Der plastische Stoß in Richtung des masselosen Beins entspricht dabei dem Übergang von einem Kreisbogen auf den nächsten und damit wie in Abb. 5.4a dargestellt einer Projektion der Geschwindigkeit in die neue tangentiale Richtung. Die Geschwindigkeit des Massenpunkts nach dem Stoß ist durch $v_H^+ = v_H^- \cos\psi$ gegeben. Für einen Winkel zwischen den Beinen von $\psi = 90°$ ruht der Massenpunkt kurz nach dem Stoß, für einen Winkel $\psi > 90°$ fällt er gar nach hinten. Der spezifische Stoßverlust des inversen Pendels lässt sich direkt als

$$e_{imp_{iP}} = \frac{v_H^{-2}}{4gl_B \sin\left(\frac{1}{2}\psi\right)} \left(1 - \cos^2\psi\right) = \frac{v_H^{-2}}{2gl_B} \sin\psi \cos\tfrac{1}{2}\psi = \hat{e}_{imp_{iP}} \sin\psi \cos\tfrac{1}{2}\psi \quad (5.2)$$

angeben. Werden die spezifischen Stoßverluste des inversen Pendels ($e_{imp_{iP}}$) mit aus der Optimierung stammenden Zustandsgrößen ausgewertet und gegenüber den spezifischen Stoßverlusten des Dreisegmentläufers (e_{imp}) verglichen (s. Abb. 5.4b), ergibt sich eine sehr gute Übereinstimmung im unteren Geschwindigkeitsbereich ($\bar{v} = 0{,}3 - 1{,}5\,\text{m/s}$). Im oberen Geschwindigkeitsbereich ($\bar{v} = 1{,}5 - 2{,}3\,\text{m/s}$) werden die Stoßverluste durch das inverse

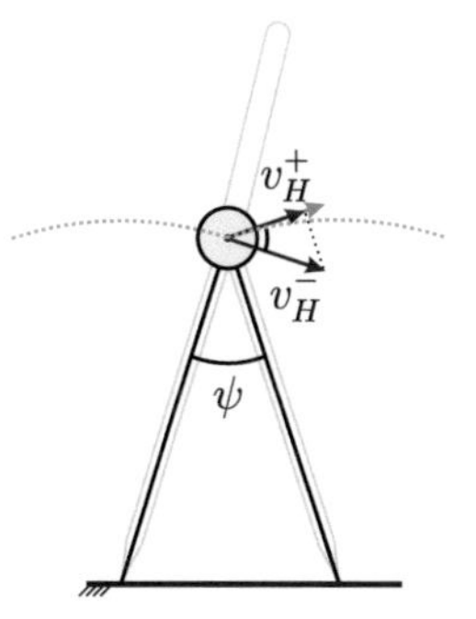
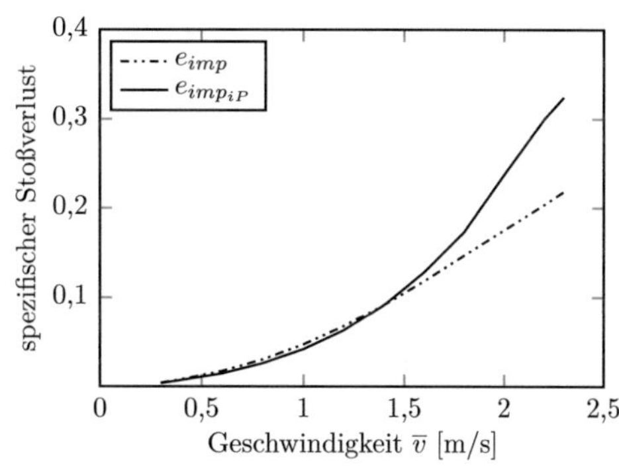

(a) Ersatzmodell inverses Pendel

(b) Vergleich der Stoßverluste

Abbildung 5.4: Erklärung des Mechanismus des Stoßverlusts mittels inversem Pendel.

Pendel systematisch überschätzt. Die Ursache der systematischen Überschätzung liegt in der Reduktion des Mehrkörpersystems auf seinen Schwerpunkt und die Annäherung der Schwerpunktposition in der Hüfte. Dies führt zu einer durch den Schwerpunkt verlaufenden resultierenden Stoßkraft. Beim Dreisegmentläufer dagegen ist die Masse auf drei Körper verteilt, wobei der Oberkörper ($m_O = 48{,}2\,\mathrm{kg}$) 60 % der Gesamtmasse des Systems an einer Position weit von der Hüfte entfernt ($r_O = 0{,}289\,\mathrm{m}$) beisteuert. In Abb. 5.5a ist mit grau gefülltem Oberkörper die Konfiguration zum Stoßzeitpunkt für $\bar{v} = 2{,}3\,\mathrm{m/s}$ dargestellt. Die resultierende Stoßkraft verläuft dabei nicht exakt entlang des Beins, aufgrund der geringen Massenträgheit des Beins mit einer Abweichung von 5,3° jedoch nicht weit davon entfernt. Durch die Veränderung des Winkels zwischen stoßendem Schwungbein und Oberkörper (q_2) besteht die Möglichkeit, den Hebelarm der am Oberkörper angreifenden Stoßkraft bezüglich dessen Schwerpunkts zu beeinflussen.

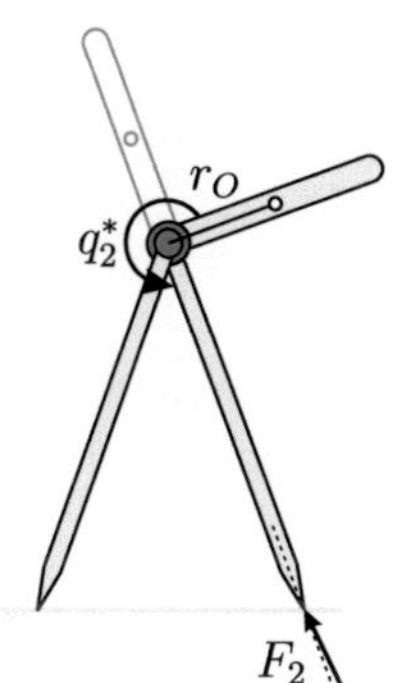
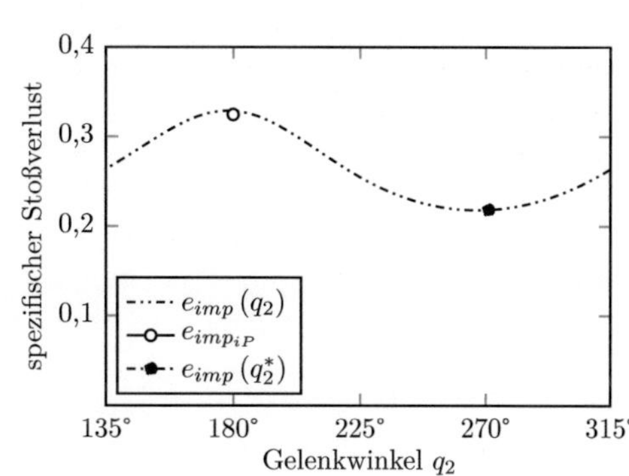

(a) Variation der Orientierung des Oberkörpers

(b) Stoßverluste bei $\bar{v} = 2{,}3\,\mathrm{m/s}$ über q_2

Abbildung 5.5: Einfluss des Winkels zwischen Oberkörper und Stoßbein auf die Stoßverluste.

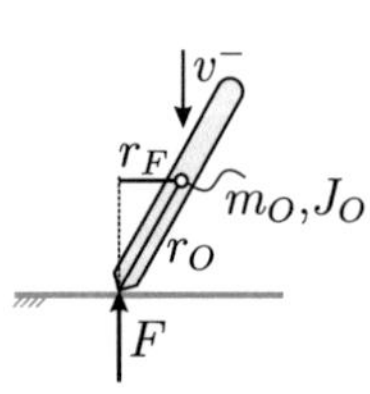

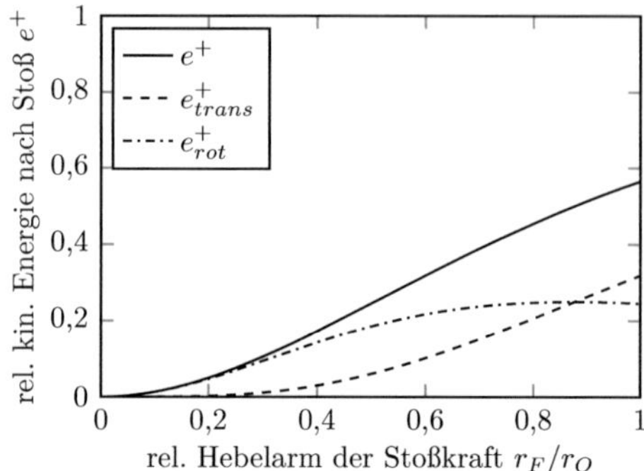

(a) Hebelarm der Stoßkraft (b) Rel. kinetische Energie nach dem Stoß

Abbildung 5.6: Einfluss des Hebelarms der Stoßkraft auf die relative kinetische Energie nach dem Stoß.

In Abb. 5.6 wird der Einfluss des Hebelarms der Stoßkraft am Modell des reibungsfreien Stoßes eines starren Körpers auf eine starre Wand veranschaulicht. Vor dem Stoß bewegt sich der Körper rein translatorisch in Richtung der Stoßnormalen auf die Wand zu (s. Abb. 5.6a). Eine Bewegung in Richtung der Stoßtangenten wird nicht betrachtet, da der reibungsfreie Stoß keinen Einfluss auf sie hat. Nach dem Stoß bewegt sich der Körperschwerpunkt weiter in Richtung der Stoßnormalen, der Körper rotiert jedoch zusätzlich. Zur Untersuchung des Stoßmechanismus wird die kinetische Energie des Körpers nach dem Stoß bezogen auf die kinetische Energie vor dem Stoß

$$e^+ = \frac{E^+}{E^-} = \underbrace{\left(\frac{J_O}{m_O r_F^2} + 1\right)^{-2}}_{e^+_{trans}} + \underbrace{\frac{J_O}{m_O r_F^2}\left(\frac{J_O}{m_O r_F^2} + 1\right)^{-2}}_{e^+_{rot}} = \left(\frac{J_O}{m_O r_F^2} + 1\right)^{-1} \tag{5.3}$$

in die Komponenten der Translation e^+_{trans} und der Rotation e^+_{rot} aufgespalten und mit den Parametern des Oberkörpers ausgewertet. Durch Änderung der Orientierung des Körpers können unterschiedliche Hebelarme r_F der Stoßkraft dargestellt werden. Mit zunehmendem Hebelarm nimmt zunächst im Bereich $\frac{r_F}{r_O} = 0 - 0{,}5$ die relative kinetische Energie (e^+_{rot}) der Rotation nach dem Stoß stark zu, später im Bereich $\frac{r_F}{r_O} = 0{,}5 - 1$ nimmt die relative kinetische Energie (e^+_{trans}) der Translation nach dem Stoß zu und damit deren Stoßverlust ab (s. Abb. 5.6b). Somit lässt sich durch Vergrößern des Hebelarms der Stoßkraft das Abbremsen der Translation in ein Beschleunigen der Rotation umwandeln. Die Stoßverluste $1-e^+$ nehmen dadurch bei maximalem Hebelarm auf 43,5 % des Werts mit verschwindendem Hebelarm ab.

Zur Untersuchung des Einflusses des Hebelarms der Stoßkraft am Oberkörper des Dreisegmentläufers und damit des Winkels zwischen stoßendem Schwungbein und Oberkörper wird für die Geschwindigkeit $\bar{v} = 2{,}3\,\text{m/s}$ bei festgehaltener Absolutorientierung der Beine die des Oberkörpers variiert und auf die Winkelgeschwindigkeiten vor dem Stoß aus der Optimierung $\dot{\mathbf{q}}^-$ die Stoßabbildung $\mathbf{\Delta}_{\dot{\mathbf{q}}}(\mathbf{q}^-)$ aus Gl. (3.27) angewandt. In Abb. 5.5b sind die auftretenden spezifischen Stoßverluste (e_{imp}) über den Gelenkwinkel (q_2) des Schwungbeins dargestellt. Der Verlauf des spezifischen Stoßverlustes hat dabei ein ausgeprägtes Maximum im Bereich der antiparallelen Orientierung ($q_2 \approx 180°$) und ein ausgeprägtes Minimum im Bereich des rechtwinkligen Orientierung ($q_2 \approx 270°$) von Oberkörper und stoßendem Schwungbein. Der zur Optimierung gehörende Wert ($e_{imp}(q_2^*)$) ist in Abb. 5.5b mit einem ausgefüllten Kreis dargestellt und liegen mit einer Abweichung von 2‰ praktisch im Minimum des Stoßverlustes. Der spezifische Stoßverlust des inversen Pendels ($e_{imp_{iP}}$) wurde der antiparallelen Orientierung zugeordnet und mit einem leeren Kreis dargestellt. Er liegt lediglich 1,3 % unter dem spezifischen Stoßverlust des korrespondierenden Mehrkörpermodells. Folglich ist der Dreisegmentläufer durch die Wahl des Winkels zwischen Oberkörper und stoßendem Schwungbein in der Lage, den Hebelarm der am Oberkörper angreifenden Stoßkraft zu verändern und damit die Stoßverluste zu minimieren. Der Vollständigkeit halber sei angemerkt, dass sich der Hebelarm zusätzlich zur Einstellung über den Winkel zwischen Oberkörper und stoßendem Schwungbein konstruktiv durch eine Verschiebung der Schwerpunktposition linear skalieren lässt.

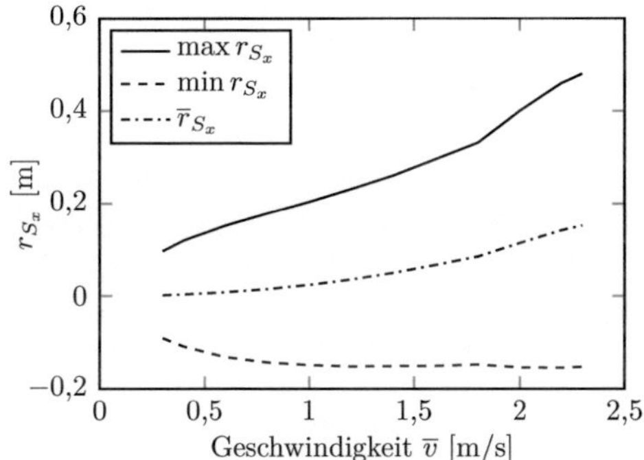

Abbildung 5.7: Horizontale Schwerpunktposition als Hebelarm der Gewichtskraft und damit äußeres Moment zur Beschleunigung des Roboters in der Einzelstützphase.

Wie in Abb. 5.7 dargestellt, wird durch die Vorlage des Oberkörpers bei zunehmender Geschwindigkeit sowohl die minimale als auch die maximale horizontale Schwerpunktposition während eines Schritts vergrößert. Somit wird der zeitliche Mittelwert des Hebelarms der Schwerkraft ($\bar{r}_{S_x}$) und damit das äußere Moment der Gewichtskraft, das den Drehimpuls $L^{(1)}$ antreibt (s. Gl. (3.10)) vergrößert. Neben der Minimierung der Stoßverluste bei hohen Geschwindigkeiten ermöglicht die Vorlage des Oberkörpers damit eine Kompensation der mit der Geschwindigkeit zunehmenden Stoßverluste mit der Konsequenz von höheren statischen Haltemomenten und damit einer höheren spezifischen statischen Arbeit e_{stat}.
Zusammenfassend lässt sich festhalten, dass bei der Optimierung des Dreisegmentläufers durch den Winkel zwischen Oberkörper und stoßendem Schwungbein die spezifischen Stoßverluste bereits ansatzweise minimiert werden und das Modell des inversen Pendels die spezifischen Stoßverluste bei antiparallelem Oberkörper sehr gut wiedergibt.
Gleichzeitig zeigt das Modell des inversen Pendels mit der in Abb. 5.8 veranschaulichten Abhängigkeit des spezifischen Stoßverlusts (s. Gl. (5.2)) vom Beininnenwinkel (ψ) ein

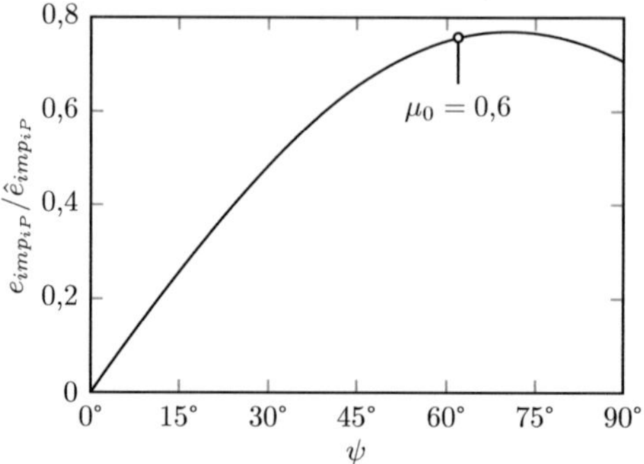

Abbildung 5.8: Verlauf des Stoßverlusts des inversen Pendels über den Beininnenwinkel ψ.

weiteres Vorgehen zu dessen Minimierung auf. Der spezifische Stoßverlust hat bei einem Wert des Beininnenwinkel von $\psi \approx 70°$ sein Maximum und nimmt mit kleiner werdenden Winkeln bis auf null ab. Der Beininnenwinkel ist dabei nach oben durch die Haftgrenze, für den gewählten Haftreibungskoeffizient $\mu_0 = 0{,}6$ auf $\psi = 61{,}9°$ beschränkt. Folglich kann der spezifische Stoßverlust im Modell des inversen Pendels ausschließlich durch Reduktion des Beininnenwinkels und damit der Schrittlänge minimiert werden. Es stellt sich damit die Frage, weshalb bei der Optimierung der Bewegung des Dreisegmentläufers ohne elastische Kopplungen (s. Abb. 5.1b) scheinbar kein Gebrauch von dieser Möglichkeit gemacht wird. Die Antwort ist in der Betrachtung der Einzelstützphase im Allgemeinen und der Bewegung des Schwungbeins im Besonderen zu finden. Eine kleinere Schrittlänge bei gleicher mittlerer Fortbewegungsgeschwindigkeit $\bar{v}$ hat eine höhere Schrittfrequenz und damit eine höhere Frequenz der Schwungbeinbewegung zur Folge.

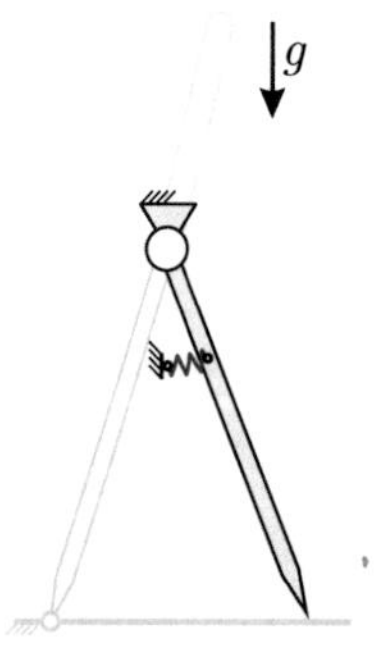

(a) Physikalisches Pendel als Ersatzmodell
des Schwungbeins in der Einzelstützphase

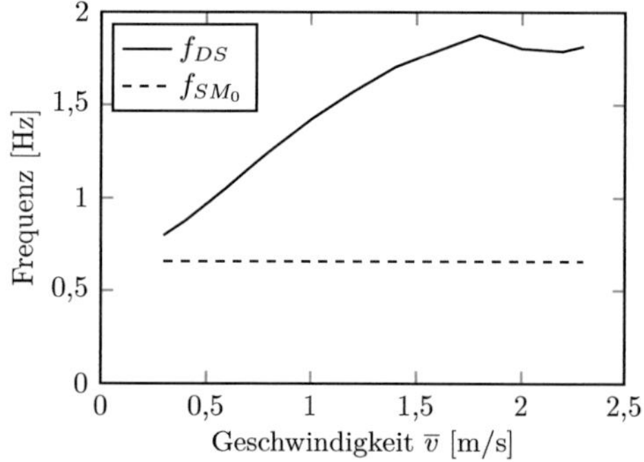

(b) Vergleich der Doppelschrittfrequenz und der
Eigenfrequenz des Ersatzmodells

Abbildung 5.9: Beurteilung der Doppelschrittfrequenz des Dreisegmentläufers durch die Eigenfrequenz des physikalischen Pendels als Ersatzmodell des Schwungbeins.

Zur Beurteilung der Schrittfrequenz des Dreisegmentläufers aus der Optimierung wird das Schwungbein als in der Hüfte aufgehängtes physikalisches Pendel modelliert (s. Abb. 5.9a). Aus der um die untere Ruhelage linearisierten Bewegungsgleichung der Rotation des Schwungbeinmodells um die Hüfte ergibt sich die Eigenfrequenz

$$f_{SM_0} = \frac{1}{2\pi}\sqrt{\frac{m_B g r_B + k}{J_B + m_B r_B^2}} \tag{5.4}$$

mit den Parametern des Beins sowie der Steifigkeit der elastischen Kopplung k auf die in Abschn. 5.3 näher eingegangen wird. In Abb. 5.9b ist die Doppelschrittfrequenz[1] des Dreisegmentläufers aus der Optimierung (f_{DS}) gegenüber der Eigenfrequenz des Schwungbeinmodells (f_{SM_0}) ohne elastische Kopplungen ($k = 0$) dargestellt. Im gesamten Geschwindigkeitsbereich liegt die Doppelschrittfrequenz des Dreisegmentläufers über der Eigenfrequenz des Schwungbeinmodells. Bei der Geschwindigkeit von $\overline{v} = 1{,}8\,\mathrm{m/s}$ bewegt sich der Dreisegmentläufer gar mit der 2,86-fachen Eigenfrequenz des korrespondierenden physikalischen Pendels. Zur Minimierung der Schrittlänge muss die ohnehin schon hohe Doppelschrittfrequenz weiter erhöht werden. Eine weitere Entfernung vom Resonanzbetrieb scheint nicht lukrativ zu sein, folglich kann der Dreisegmentläufer ohne elastische Kopplungen den Mechanismus zur Minimierung der spezifischen Stoßverluste durch Reduzierung der Schrittlänge nicht nutzen. Die in Abb. 5.9a eingeführte Feder verdeutlicht die Grundidee der im Folgenden untersuchten elastischen Kopplungen. Durch die Steifigkeit der elastischen Kopplung k wird die Eigenfrequenz des Schwungbeins und damit die natürliche Frequenz der Bewegung des Dreisegmentläufers erhöht. Damit macht sie den Mechanismus zur Minimierung der Stoßverluste durch Reduktion der Schrittlänge nutzbar.

5.3 Mechanismus der Minimierung der spezifischen Transportkosten mit elastischen Kopplungen

Zur Untersuchung des Einflusses elastischer Kopplungen auf den Energieumsatz des Dreisegmentläufers wird eine lineare Drehfeder zwischen Stützbein ($B1$) und Schwungbein ($B2$) gemäß Abb. 3.7b eingeführt und simultan mit der Bewegung mit dem in Abschn. 4.2 beschriebenen Verfahren optimiert. Der numerische Wert der optimalen Federsteifigkeit der elastischen Kopplung ergibt sich zu $k_{B\_B} = 940\,\mathrm{Nm/rad}$. Die Analyse der resultierenden Bewegung erfolgt analog zu Abschn. 5.1. Eine Visualisierung der sich bei verschiedenen Geschwindigkeiten einstellenden Bewegungen ist in Abb. 5.10 gegeben. Beim Vergleich der Bewegungen des Dreisegmentläufers mit elastischer Kopplung der Beine (s. Abb. 5.10) und ohne elastische Kopplung (s. Abb. 5.2) gibt es eine Übereinstimmung der Schrittlänge des Dreisegmentläufers mit elastischer Kopplung bei $\overline{v} = 2{,}3\,\mathrm{m/s}$ mit dem Referenzmodell ohne elastische Kopplung bei $\overline{v} = 1{,}4\,\mathrm{m/s}$. Der mittlere Neigungswinkel des Oberkörpers des Dreisegmentläufers mit elastischer Kopplung der Beine bei $\overline{v} = 2{,}3\,\mathrm{m/s}$ entspricht dagegen dem Wert des Referenzmodells ohne elastische Kopplung bei $\overline{v} = 2{,}0\,\mathrm{m/s}$.

---

[1]Unter der Doppelschrittfrequenz wird die Frequenz der Bewegung eines physikalischen Beins ohne Rollentausch verstanden.

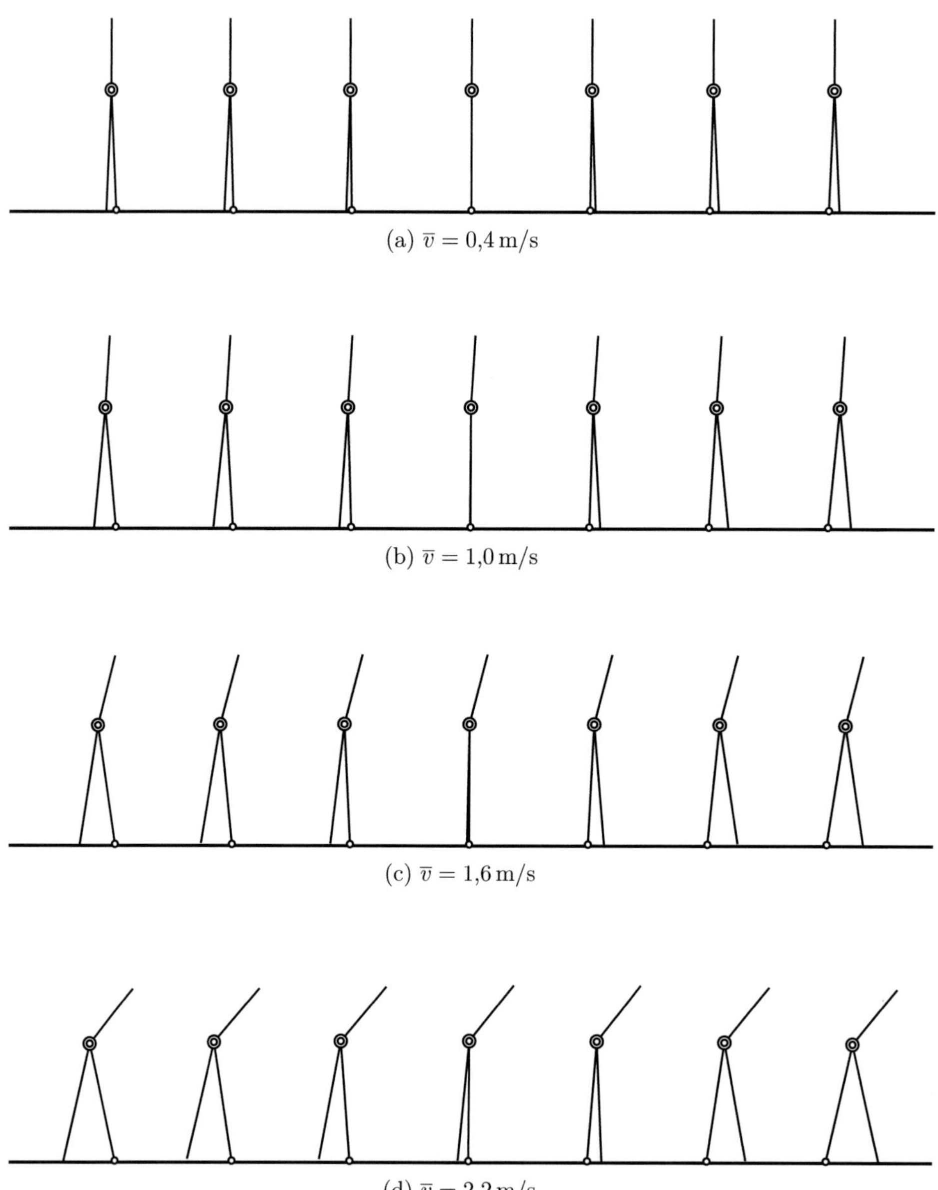

(a) $\overline{v} = 0{,}4\,\mathrm{m/s}$

(b) $\overline{v} = 1{,}0\,\mathrm{m/s}$

(c) $\overline{v} = 1{,}6\,\mathrm{m/s}$

(d) $\overline{v} = 2{,}2\,\mathrm{m/s}$

Abbildung 5.10: Vergleich der Bewegungen des Dreisegmentläufers mit elastischer Kopplung der Beine (B_B) bei unterschiedlichen mittleren Geschwindigkeiten $\overline{v}$ zu sieben äquidistanten Zeitpunkten.

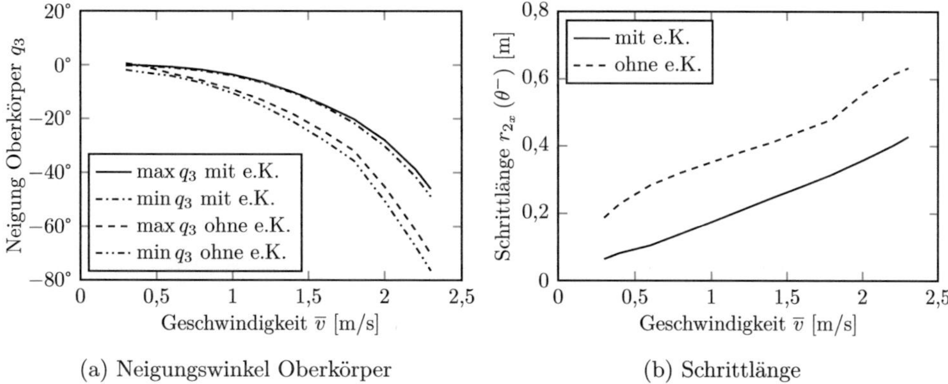

(a) Neigungswinkel Oberkörper

(b) Schrittlänge

Abbildung 5.11: Vergleich der kinematischen Kenngrößen des Dreisegmentläufers mit und ohne elastischer Kopplung der Beine (B_B) auf Lageebene.

In Abb. 5.11 werden die kinematischen Kenngrößen des Dreisegmentläufers mit und ohne elastischer Kopplung auf Lageebene einander gegenübergestellt. Der Dreisegmentläufer läuft mit elastischer Kopplung signifikant aufrechter bei kleinerer Schwingweite des Oberkörpers gegenüber dem Referenzmodell ohne elastische Kopplungen (s. Abb. 5.11a). Bei einer Geschwindigkeit von $\bar{v} = 2{,}3\,\mathrm{m/s}$ ist der mittlere Neigungswinkel (q_3) des Oberkörpers des Dreisegmentläufers mit elastischer Kopplung 21,4° und dessen Schwingweite 53,5 % kleiner verglichen mit dem Referenzmodell. Die Schrittlänge ($r_{2_x}(\theta^-)$) des Dreisegmentläufers mit elastischer Kopplung ist signifikant kleiner als die des Referenzmodells und verläuft annähernd linear in der Geschwindigkeit. Bei einer Geschwindigkeit von $\bar{v} = 2{,}3\,\mathrm{m/s}$ wird die Schrittlänge durch die elastische Kopplung um 32,4 % reduziert, was auf den in Abschn. 5.2 eingeführten Effekt hindeutet.

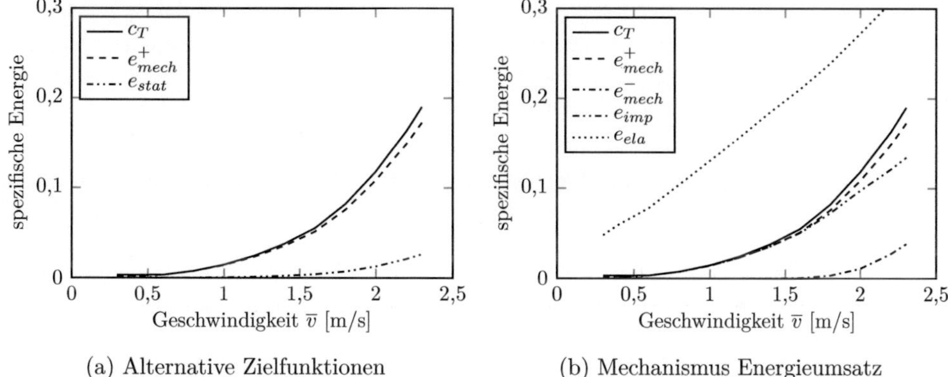

(a) Alternative Zielfunktionen

(b) Mechanismus Energieumsatz

Abbildung 5.12: Vergleich der spezifischen Energien des Dreisegmentläufers mit linearer elastischer Kopplung der Beine (B_B).

Zur Untersuchung des Energieumsatzes werden wie im Fall ohne elastische Kopplungen die bereits eingeführten und in Abb. 5.12 dargestellten spezifischen Energien einander gegenübergestellt. Zur Validierung der Wahl der Zielfunktion sind in Abb. 5.12a neben den spezifischen Transportkosten (c_T) die spezifische positive mechanische Arbeit (e^+_{mech}) und die spezifische statische Arbeit (e_{stat}) dargestellt, die sich aus Wirk-, Nutz- und Verlustleistung ermitteln lassen. Im Bereich niedriger bis mittlerer Geschwindigkeiten ($\overline{v} = 0{,}3 - 1{,}6\,\text{m/s}$) verschwindet die spezifische statische Arbeit beinahe. Die spezifischen Transportkosten werden allein von der positiven mechanischen Arbeit bestimmt. Im Bereich höherer Geschwindigkeiten ($\overline{v} = 1{,}6 - 2{,}3\,\text{m/s}$) nimmt die spezifische statische Arbeit zu. Bei einer Geschwindigkeit von $\overline{v} = 2{,}3\,\text{m/s}$ trägt die spezifische statische Arbeit einen Anteil von 9,17 % der spezifischen Transportkosten bei. Es ist somit weder die alleinige Betrachtung der spezifischen statischen Arbeit, noch deren Vernachlässigung bei der Untersuchung hoher Geschwindigkeiten gerechtfertigt.

Der Vergleich der spezifischen Energien in Abb. 5.12b zeigt, dass im niedrigen und mittleren Geschwindigkeitsbereich ($\overline{v} = 0{,}3 - 1{,}6\,\text{m/s}$) die spezifische negative mechanische Arbeit (e^-_{mech}) verschwindet und die durch die Aktoren über positive mechanische Arbeit (e^+_{mech}) in das System eingebrachte Energie ausschließlich im Stoß (e_{imp}) dissipiert wird. Im hohen Geschwindigkeitsbereich ($\overline{v} = 1{,}6 - 2{,}3\,\text{m/s}$) tritt zusätzlich eine spezifische negative mechanische Arbeit auf, die darauf hindeutet, dass die Aktoren zum Bremsen eingesetzt werden. Mit zunehmender Geschwindigkeit steigt die Schrittlänge und damit der Innenbeinwinkel und das Moment der elastischen Kopplung zwischen den Beinen. Dieses wird über die Bodenreaktionskräfte (F_{1x}, F_{1y}) an der Umgebung abgestützt und führt zum Erreichen der Haftgrenze. Um in den Extremsituationen am Anfang und am Ende des Schritts mit großem Moment der elastischen Kopplung die Haftgrenze nicht zu überschreiten, müssen die Aktoren in diesem Bereich gegen das Moment der elastischen Kopplung bremsen. Die dadurch entnommene Energie muss durch Beschleunigen in der Mitte des Schritts wieder zugeführt werden und führt zu einer Erhöhung der spezifischen Transportkosten. Der theoretische Fall der Annäherung an das Rad mit verschwindenden Stoßverluste durch infinitesimal kleine Schritte bei unendlich hoher Schrittfrequenz, wie in [RBS05] beschrieben, scheitert folglich an der Haftgrenze, welche die Momente beschränkt. Für höhere Geschwindigkeiten ist folglich eine elastische Kopplung mit geringerer Steifigkeit von Vorteil. Die in der elastischen Kopplung zwischengespeicherte, spezifische elastische Energie (e_{ela}) hat einen annähernd linearen Verlauf über der Geschwindigkeit.

Für die in Abb. 5.13 dargestellten Ergebnisse wird abweichend vom in Abschn. 4.2 dargestellten Prozess eine variable elastische Kopplung für jede Geschwindigkeit einzeln optimiert. Zunächst steigt die Steifigkeit der elastischen Kopplung $k^*_{B\_B}$ bis auf 3200 Nm/rad und fällt danach ab (s. Abb. 5.13a). Die über den Geschwindigkeitsbereich $\overline{v} = 0{,}3 - 2{,}3\,\text{m/s}$ optimierte, konstante elastische Kopplung mit $k_{B\_B} = 940\,\text{Nm/rad}$ stellt folglich einen Kompromiss dar. Mittels der variablen elastischen Kopplung für jede Geschwindigkeit lassen sich die mittleren spezifischen Transportkosten im Vergleich zu den Ergebnissen mit einer konstanten elastischen Kopplung von $\overline{c}_T = 0{,}0509$ auf $\overline{c}_T = 0{,}0489$ lediglich um 3,93 % reduzieren (s. Abb. 5.13b). Da sich mit mechanischen Federn keine derartige Abhängigkeit der Steifigkeit der elastischen Kopplung realisieren lässt, wird im Folgenden von einer elastischen Kopplung mit konstanten Parametern ausgegangen.

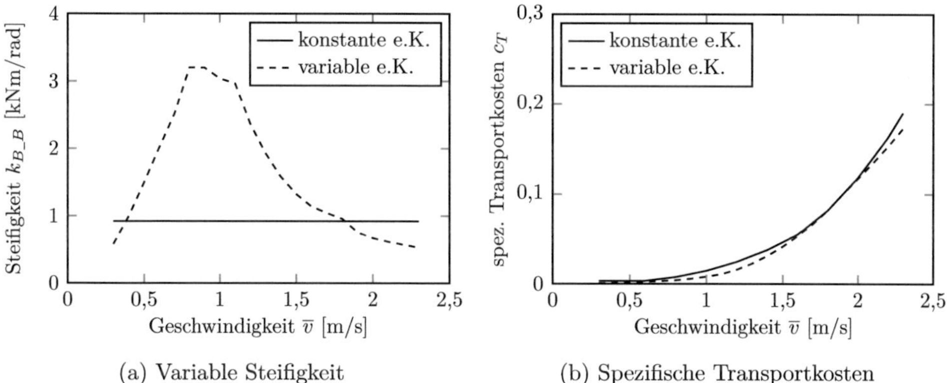

(a) Variable Steifigkeit   (b) Spezifische Transportkosten

Abbildung 5.13: Dreisegmentläufer mit variabler elastischer Kopplung der Beine (B_B^*).

Es verbleibt abschließend die Diskussion des Mechanismus der Minimierung der Transportkosten durch die elastische Kopplung. Hierzu werden die spezifischen Energien des Dreisegmentläufers mit und ohne lineare elastische Kopplung miteinander verglichen (s. Abb. 5.14). Zunächst ist festzuhalten, dass sich mittels einer einzelnen linearen Drehfeder als elastische Kopplung der Beine die mittleren spezifischen Transportkosten von $\bar{c}_T = 0{,}117$ auf $\bar{c}_T = 0{,}0509$ um 56,6 % reduzieren lassen (s. Abb. 5.14a). Weiterhin lässt sich die mittlere statische Arbeit, die Wärmebelastung der Aktoren, von $\bar{e}_{stat} = 0{,}0216$ auf $\bar{e}_{stat} = 0{,}00503$ um 76,9 % reduzieren. Somit kann durch Einsatz elastischer Kopplungen neben der Energieeinsparung ein Downsizing der Aktoren ermöglicht werden. Durch Vergleich der spezifischen Energieverluste in Abb. 5.14b kann die Minimierung der spezifischen Stoßverluste (e_{imp}) als Ursache für die Minimierung des Energieaufwands identifiziert werden.

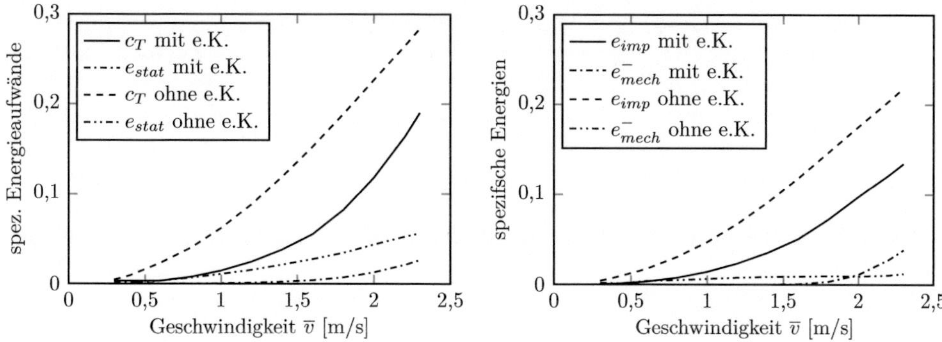

(a) Vergleich der spezifischen Energieaufwände   (b) Vergleich der spezifischen Energieverluste

Abbildung 5.14: Vergleich der spezifischen Energien des Dreisegmentläufers mit und ohne elastischer Kopplung der Beine (B_B).

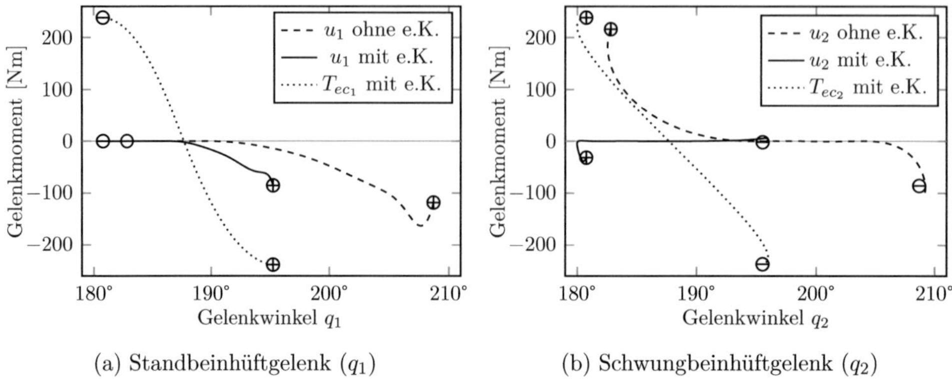

(a) Standbeinhüftgelenk (q_1) (b) Schwungbeinhüftgelenk (q_2)

Abbildung 5.15: Vergleich der Gelenkmomente der Aktoren **u** des Dreisegmentläufers mit und ohne elastischer Kopplung der Beine (B_B) sowie der Gelenkmomente der elastischen Kopplung $\mathbf{T}_{ec}$ dargestellt über den Gelenkwinkeln **q** (Anfang $\oplus$, Ende $\ominus$) bei $\bar{v} = 1{,}3\,\mathrm{m/s}$.

Zur Untersuchung des Mechanismus der Minimierung der spezifischen Transportkosten auf Momentenebene werden in Abb. 5.15 die Gelenkmomente der Aktoren $\mathbf{u} = [u_1,\, u_2]^T$ des Dreisegmentläufers mit und ohne elastische Kopplung der Beine (B_B) sowie die Gelenkmomente der elastischen Kopplung $\mathbf{T}_{ec} = [T_{ec_1},\, T_{ec_2},\, 0]^T$ [1] über dem Standbeinhüftgelenk (q_1) und dem Schwungbeinhüftgelenk (q_2) bei einer mittleren Geschwindigkeit von $\bar{v} = 1{,}3\,\mathrm{m/s}$ dargestellt. Im Standbeinhüftgelenk (q_1) zeigt während des gesamten Schritts das Aktormoment (u_1) und die Gelenkwinkelgeschwindigkeit in gleicher Richtung, das Aktormoment wirkt beschleunigend und verrichtet positive mechanische Arbeit (s. Abb. 5.15a). Im Schwungbeinhüftgelenk (q_2) zeigt zu Beginn des Schritts nach einer kurzen Übergangsphase das Aktormoment (u_2) und die Gelenkwinkelgeschwindigkeit in gleicher Richtung, das Aktormoment wirkt beschleunigend und verrichtet positive mechanische Arbeit, gegen Ende des Schritts zeigen sie in entgegengesetzter Richtung, das Aktormoment wirkt bremsend und verrichtet somit negative mechanische Arbeit (s. Abb. 5.15b). Die jeweilige positive bzw. negative mechanische Arbeit entspricht dabei gerade der Fläche, die der Momentenverlauf mit der Gelenkwinkelachse einschließt. Die Momente der elastischen Kopplung im Standbeinhüftgelenk (T_{ec_1}) und im Schwungbeinhüftgelenk (T_{ec_2}) zeigen beide in der ersten Hälfte des Schrittes in die gleiche Richtung wie die jeweilige Gelenkwinkelgeschwindigkeit und wirken beschleunigend, in der zweiten Hälfte zeigen sie in entgegengesetzter Richtung und wirken bremsend. Durch die elastische Kopplung lässt sich die Funktion des Aktors im Schwungbeinhüftgelenk beinahe vollständig ersetzen, sein Maximalmoment wird von $u_2^{max} = 216\,\mathrm{Nm}$ für den Dreisegmentläufer ohne elastische Kopplung auf $u_2^{max} = 38{,}4\,\mathrm{Nm}$ für den Dreisegmentläufer mit elastischer Kopplung der Beine reduziert. Der Aktor im Standbeinhüftgelenk hat zudem die Funktion der Abstützung des Oberkörpers, daher lässt sich sein Maximalmoment lediglich von $u_1^{max} = 163\,\mathrm{Nm}$ für den Dreisegmentläufer ohne

---

[1] Die Gelenkmomente $\mathbf{T}_{ec}$ der elastischen Kopplung sind linear bezüglich des Relativwinkels $\varphi_{B1\_B2} = q_2 - q_1$ von Schwungbein und Standbein.

elastische Kopplung auf $u_1^{max} = 85{,}2\,\mathrm{Nm}$ für den Dreisegmentläufer mit elastischer Kopplung der Beine reduzieren. Abschließend lässt sich festhalten, dass die elastische Kopplung den Effekt eines Energiepuffers hat und so Teile der positiven und negativen mechanischen Arbeit der Aktoren ersetzen kann.

In Abschn. 5.2 wurde bereits der Mechanismus der Minimierung der Stoßverluste durch Reduzierung der Schrittlänge eingeführt. Eine Verkleinerung der Schrittlänge geht bei konstanter Fortbewegungsgeschwindigkeit mit einer Vergrößerung der Doppelschrittfrequenz einher. Das Referenzmodell ohne elastische Kopplungen bewegt sich bereits mit der 2,86-fachen Eigenfrequenz des Ersatzmodells des Schwungbeins, weshalb eine weitere Erhöhung der Doppelschrittfrequenz nicht lukrativ ist. Gemäß Gl. (5.4) besteht mit der Steifigkeit der elastischen Kopplung die Möglichkeit, die Eigenfrequenz des Schwungbeinmodells und damit die natürliche Frequenz der Bewegung des Dreisegmentläufers zu erhöhen.

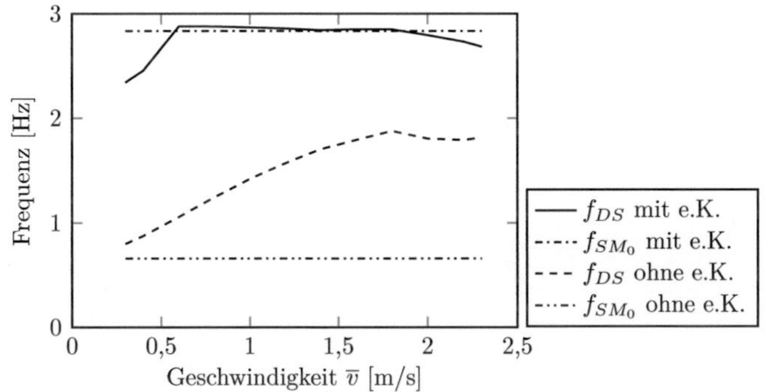

Abbildung 5.16: Vergleich der optimierten Doppelschrittfrequenz des Dreisegmentläufers und der Eigenfrequenz des Schwungbeinmodells mit und ohne elastischer Kopplung der Beine (B_B).

In Abb. 5.16 sind die Doppelschrittfrequenz (f_{DS}) aus der optimierten Bewegung sowie die Eigenfrequenz (f_{SM_0}) des Schwungbeinmodells dargestellt. Über einen weiten Geschwindigkeitsbereich ($\bar{v} = 0{,}6 - 2{,}0\,\mathrm{m/s}$) liegt die Doppelschrittfrequenz der optimierten Bewegung in einer Umgebung von $1{,}5\,\%$ der Eigenfrequenz des Schwungbeinmodells. Mit der Geschwindigkeit nimmt die Amplitude des Schwungbeins zu, die Gültigkeit der Linearisierung entsprechend ab und die Doppelschrittfrequenz wird erwartungsgemäß kleiner. Folglich bewegt sich der Dreisegmentläufer mit elastischer Kopplung in Resonanz. Es sei nochmals explizit darauf hingewiesen, dass sich der Resonanzbetrieb aus der Optimierung der elastischen Kopplungen hinsichtlich der mittleren spezifischen Transportkosten bei unterliegender Optimierung der Bewegung für die einzelnen Geschwindigkeiten ergibt.

Zusammenfassend lässt sich festhalten, dass der Mechanismus zur Minimierung der spezifischen Transportkosten aus einer Reduktion der spezifischen Stoßverluste über eine Verkleinerung der Schrittlänge besteht, die nur bei Erhöhung der natürlichen Frequenz des Systems einen Resonanzbetrieb zulässt und somit energetisch sinnvoll ist.

5.4 Einfluss der Topologie der elastischen Kopplungen

Nachdem in Abschn. 5.3 das enorme Potential der Minimierung der Transportkosten durch elastische Kopplungen aufgezeigt wurde, wird im vorliegenden Abschnitt die optimale elastische Kopplung des Dreisegmentläufers bestimmt. Hierzu wird im ersten Schritt der Einfluss der Momentenkennlinien der elementaren elastischen Kopplungen untersucht, um diese im zweiten Schritt zur optimalen Topologie zu kombinieren.

5.4.1 Elastische Kopplung der Beine

Die Momentenkennlinie der elastischen Kopplung von Schwungbein und Stützbein (B_B) wird durch die beiden Parameter bestehend aus Steifigkeit (k_{B_B}) und Exponent (ν_{B_B}) beschrieben. In Abschn. 5.3 wurde bereits die lineare Kennlinie mit einem Optimierungsparameter untersucht, hier soll der Einfluss der Nichtlinearität in der Kennlinie mit zwei Optimierungsparametern identifiziert werden. Ausgehend von verschiedenen Startwerten wird im Optimierungsprozess die Steifigkeit $k_{B\_B} = 864\,\mathrm{Nm/rad}$ und der Exponent $\nu_{B\_B} = 0{,}93$ bestimmt. Die Möglichkeit, die Kennlinie nichtlinear zu gestalten, wird kaum genutzt, sie bleibt praktisch linear.

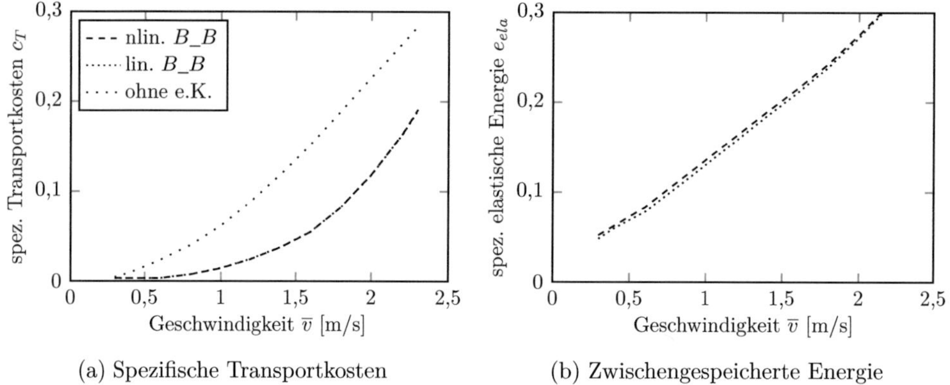

(a) Spezifische Transportkosten   (b) Zwischengespeicherte Energie

Abbildung 5.17: Vergleich der spezifischen Energien des Dreisegmentläufers mit nichtlinearer elastischer Kopplung der Beine (B_B).

In Abb. 5.17 werden die spezifischen Energien des Dreisegmentläufers mit verschiedenen Kennlinien der elastischen Kopplung der Beine sowie des Referenzmodells ohne elastische Kopplung verglichen. Die Verläufe der spezifischen Transportkosten (c_T) des Dreisegmentläufers mit linearer (lin.) und nichtlinearer (nlin.) elastischer Kopplung der Beine sind mit bloßem Auge nicht unterscheidbar (s. Abb. 5.17a). Mittels der Nichtlinearität kann keine wesentliche Verbesserung erzielt werden. Folglich kann die lineare elastische Kopplung von Schwung- und Stützbein als optimal bezeichnet werden. Die in der elastischen Kopplung zwischengespeicherte spezifische elastische Energie (e_{ela}) ist ein Maß für die Aktivität und damit den Einfluss der elastischen Kopplung auf die Dynamik des Dreisegmentläufers. Aus Abb. 5.17b wird ersichtlich, dass die zwischengespeicherte Energie und damit der

Einfluss von linearer und nichtlinearer Kennlinie auf die Dynamik des Dreisegmentläufers sich entsprechen. Für die Darstellung der weiteren, in Gl. (5.1) eingeführten, spezifischen Energien sei auf Anhang A.1 verwiesen. Im Folgenden wird die lineare elastische Kopplung der Beine (lin. *B_B*) als Referenz bei der Bewertung der verschiedenen elastischen Kopplungen verwendet.

5.4.2 Elastische Kopplung des Oberkörpers und der Beine

Die Momentenkennlinie der elastischen Kopplung von Oberkörper und Beinen (O_B) wird durch fünf Parameter, Winkel ($\varphi_{0\_O\_B}$) der entspannten Feder, zwei abschnittsweisen Steifigkeiten ($k^+_{O\_B}$, $k^-_{O\_B}$) und zwei abschnittsweisen Exponenten ($\nu^+_{O\_B}$, $\nu^-_{O\_B}$), beschrieben. Zur Isolierung der einzelnen Einflüsse werden die aus der Kombination der Parameter resultierenden vier Varianten mit linearer (lin.), nichtlinearer (nlin.), abschnittsweise linearer (2lin.) und abschnittsweise nichtlinearer (2nlin.) Kennlinie untersucht.

Analog zum Vorgehen bei der elastischen Kopplung der Beine werden mithilfe des Optimierungsprozesses zunächst die bezüglich der mittleren spezifischen Transportkosten $\bar{c}_T$ optimalen Parameter der linearen Kennlinie bestehend aus Winkel $\varphi_{0\_O\_B} = 3{,}42\,\text{rad} = 196°$ der entspannten Feder und Federsteifigkeit $k_{O\_B} = 201\,\text{Nm/rad}$ bestimmt.

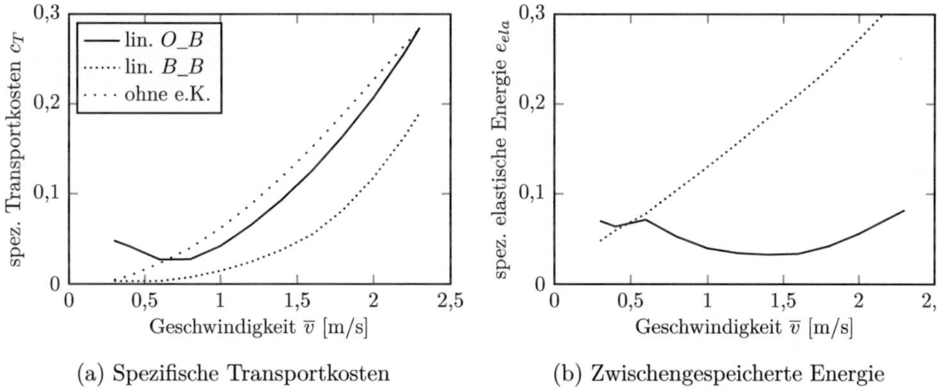

(a) Spezifische Transportkosten

(b) Zwischengespeicherte Energie

Abbildung 5.18: Vergleich der spezifischen Energien des Dreisegmentläufers mit linearer elastischer Kopplung des Oberkörpers und der Beine (O_B).

Die spezifischen Energien des Dreisegmentläufers mit optimierter linearer elastischer Kopplung von Oberkörper und Beinen sind in Abb. 5.18 dargestellt. Mittels der linearen elastischen Kopplung von Oberkörper und Beinen (O_B) lassen sich zwar ab $\bar{v} = 0{,}6\,\text{m/s}$ gegenüber dem Referenzmodell ohne elastische Kopplungen die spezifischen Transportkosten (c_T) reduzieren, sie liegen jedoch weit über der Variante mit linearer elastischer Kopplung der Beine (B_B) (s. Abb. 5.18a). Aus Abb. 5.18b wird deutlich, dass die in der elastischen Kopplung von Oberkörper und Beinen zwischengespeicherte spezifische elastische Energie (e_{ela}) einen weit geringeren Wert als bei der elastischen Kopplung der Beine aufweist und somit einen geringeren Einfluss hat. Wie bereits beim Referenzmodell und der Variante

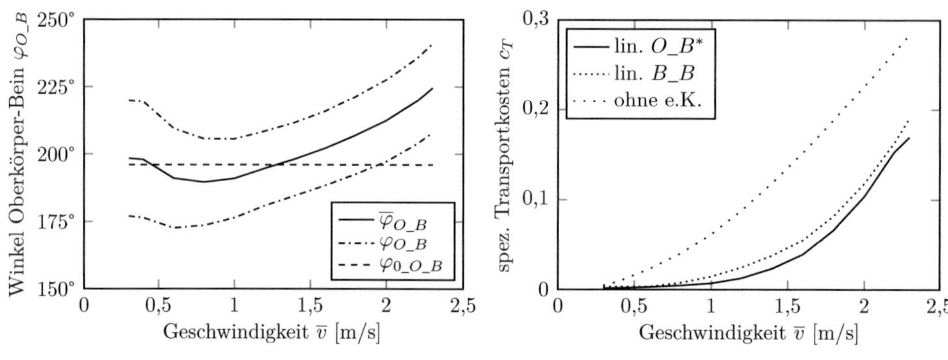

(a) Auslenkung der elastischen Kopplung   (b) Variable der elastischen Kopplung

Abbildung 5.19: Einfluss der Variation der Oberkörperneigungswinkels auf die lineare elastische Kopplung des Oberkörpers und der Beine (O_B).

mit elastischer Kopplung der Beine variiert der Dreisegmentläufer mit elastischer Kopplung zwischen Oberkörper und Beinen den mittleren Oberkörperneigungswinkel mit der Geschwindigkeit. Damit variiert der mittlere Winkel ($\overline{\varphi}_{O\_B}$) zwischen Oberkörper und Bein ebenfalls. Somit gibt es keinen für alle Geschwindigkeiten optimalen Winkel ($\varphi_{0\_O\_B}$) der entspannten Feder und es ist, wie in Abb. 5.19a dargestellt, ein Kompromiss zu finden.

Um den negativen Einfluss der elastischen Kopplung außerhalb der Umgebung, für die der gewählte Winkel der entspannten Feder dem optimalen Wert entspricht, zu minimieren, wählt der Optimierungsprozess eine geringe Federsteifigkeit k_{O_B}. Wird die elastische Kopplung von Oberkörper und Beinen als Reihenschaltung der Federn angesehen und gegenüber der elastischen Kopplung zwischen den Beinen verglichen, so verhalten sich deren Steifigkeiten wie 1:9,35.

Im Gegensatz dazu ist eine variable elastische Kopplung des Oberkörpers und der Beine (O_B^*), bei der für jede einzelne Geschwindigkeit sowohl die Steifigkeit als auch der Winkel der entspannten Feder frei gewählt werden kann, sogar vorteilhaft gegenüber der elastischen Kopplung der Beine. Neben dem Effekt der Erhöhung der natürlichen Frequenz wie in Abschn. 5.3 beschrieben, kann die elastische Kopplung von Oberkörper und Beinen dazu genutzt werden, das durch die Vorlage des Oberkörpers bedingte Haltemoment abzustützen. Wie in Abb. 5.19b dargestellt, lassen sich hierdurch die spezifischen Transportkosten (c_T) weiter senken. Bei einem Wert von $\overline{c}_T = 0{,}0415$ lassen sich durch variable elastische Kopplung von Oberkörper und Beinen die mittleren spezifischen Transportkosten gegenüber dem Referenzmodell ohne elastische Kopplung um 64,7 % und gegenüber dem Dreisegmentläufers mit linearer elastischer Kopplung der Beine um 18,5 % reduzieren. Ziel dieser Arbeit ist ein Konzeptvorschlag für die Konstruktion eines energieeffizienten Roboters, der in einem vorgegebenen Geschwindigkeitsbereich eingesetzt wird. Eine variable elastische Kopplung ist daher unpraktikabel und wird im weiteren Verlauf dieser Arbeit nicht weiter betrachtet. Für den Geschwindigkeitsbereich $\overline{v} = 0{,}3 - 2{,}3\,\mathrm{m/s}$ ist aus besagten Gründen eine lineare elastische Kopplung des Oberkörpers nicht zweckmäßig. Wird der Geschwindigkeitsbereich stark verkleinert, so dass der mittlere Oberkörperabsolutwinkel als konstant angesehen werden kann, entspricht dies dem Fall mit variabler elastischer Kopplung, und die elastische Kopplung von Oberkörper und Beinen ist der zwischen den Beinen vorzuziehen.

Es verbleibt zu untersuchen, ob sich durch eine nichtlineare bzw. abschnittsweise definierte Kennlinie der negative Einfluss des variierenden mittleren Gelenkwinkels $\overline{\varphi}_{0\_O\_B}$ kompensieren lässt.

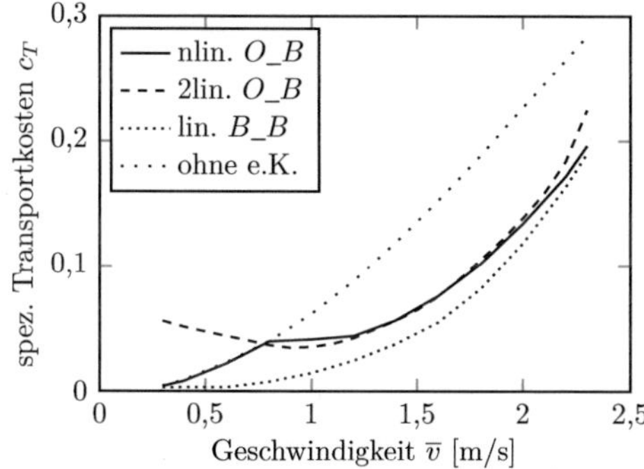

(a) Spezifische Transportkosten alternativer elastischer Kopplungen

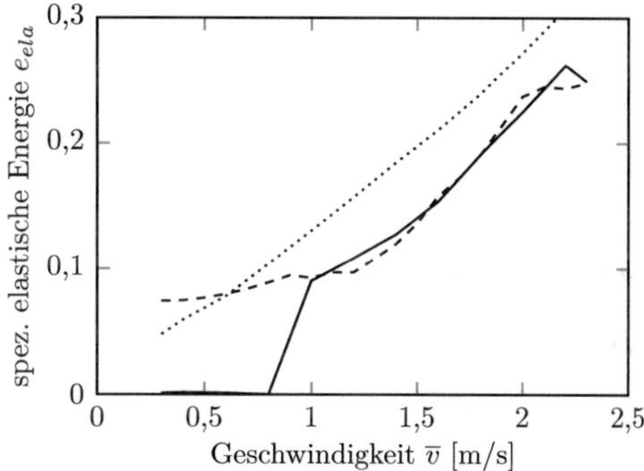

(b) In der elastischen Kopplung zwischengespeicherte spezifische elastische Energie

Abbildung 5.20: Vergleich des Einflusses verschiedener Kennlinien der elastischen Kopplung des Oberkörpers und der Beine (O_B).

In Abb. 5.20 sind hierzu die spezifischen Transportkosten (c_T) sowie die in der elastischen Kopplung zwischengespeicherte spezifische elastische Energie (e_{ela}) für den Dreisegmentläufer mit verschiedenen Kennlinien der elastischen Kopplung des Oberkörpers und der Beine, das Referenzmodell ohne elastische Kopplungen, sowie den Dreisegmentläufer mit linearer elastischer Kopplung der Beine gegenübergestellt. Die nichtlineare elastische Kopplung von Oberkörper und Beinen (nlin. O_B) ist durch die optimierten Parameter Winkel $\varphi_{0\_O\_B} = 3{,}40\,\text{rad}$ der entspannten Feder, Federsteifigkeit $k_{O\_B} = 3390\,\text{Nm/rad}$ und Exponent $\nu_{O\_B} = 7{,}20$ bestimmt. Durch die hohe Nichtlinearität hat sie die Charakteristik eines zweiseitigen Anschlags. Für kleine Geschwindigkeiten ($\overline{v} = 0{,}3 - 0{,}8\,\text{m/s}$) ist die elastische Kopplung inaktiv, es wird fast keine spezifische elastische Energie zwischengespeichert und die spezifischen Transportkosten folgen der Kurve ohne elastische Kopplungen (s. Abb. 5.20). Für mittlere und größere Geschwindigkeiten ($\overline{v} = 1{,}0 - 2{,}3\,\text{m/s}$) wird die elastische Kopplung aktiv, es wird mit steigender Geschwindigkeit zunehmend spezifische elastische Energie zwischengespeichert und die spezifischen Transportkosten nähern sich der Kurve mit linearer elastischer Kopplung der Beine an. Es tritt eine Bifurkation der Bewegung auf, die hier nicht weiter untersucht wird.

Die abschnittsweise lineare elastische Kopplung von Oberkörper und Beinen (2lin. O_B) ist durch die optimierten Parameter Winkel $\varphi_{0\_O\_B} = 3{,}81\,\text{rad}$ der entspannten Feder, Federsteifigkeiten $k^+_{O\_B} = 61{,}8\,\text{Nm/rad}$ und $k^-_{O\_B} = 1820\,\text{Nm/rad}$ bestimmt. Durch die stark verschiedenen Steifigkeiten der beiden Äste erhält sie die Charakteristik eines einseitigen Anschlags. Die elastische Kopplung speichert auch bei kleinen Geschwindigkeiten ($\overline{v} = 0{,}3-0{,}8\,\text{m/s}$) spezifische elastische Energie zwischen, ist somit aktiv und führt zu spezifischen

Transportkosten des Dreisegmentläufers, die über denjenigen des Referenzmodells ohne elastische Kopplungen liegen. Für mittlere und größere Geschwindigkeiten ($\bar{v} = 1{,}0-2{,}3\,\mathrm{m/s}$) entsprechen sie denen der Variante mit nichtlinearer Kennlinie.

Die abschnittsweise nichtlineare elastische Kopplung von Oberkörper und Beinen (2nlin. O_B) entspricht weitestgehend der nichtlinearen Variante, auf ihre Darstellung wird in Abb. 5.20 aus Gründen der Klarheit verzichtet (s. Anhang A.1).

Zusammenfassend ist festzuhalten, dass die spezifischen Transportkosten des Dreisegmentläufers mit elastischer Kopplung der Beine niedriger als mit derjenigen von Oberkörper und Beinen sind, da erstere unabhängig von der Oberkörperbewegung ist.

5.4.3 Optimale Topologie der elastischen Kopplung

Nachdem in den vorangegangenen Abschnitten die beiden elementaren elastischen Kopplungen zwischen den Beinen (B_B) und zwischen Oberkörper und Beinen (O_B) mit unterschiedlichen Kennlinien untersucht wurden, soll an dieser Stelle die optimale Topologie der elastischen Kopplung als Kombination der beiden elementaren elastischen Kopplungen bestimmt werden. Hierzu wird ausgehend von den optimierten Parametern der einzelnen elementaren elastischen Kopplungen (B_B bzw. O_B) die optimale Kombination ($B\_B + O\_B$) mit linearer (lin.), nichtlinearer (nlin.), abschnittsweise linearer (2lin.) und abschnittsweise nichtlinearer (2nlin.) Kennlinie bestimmt.

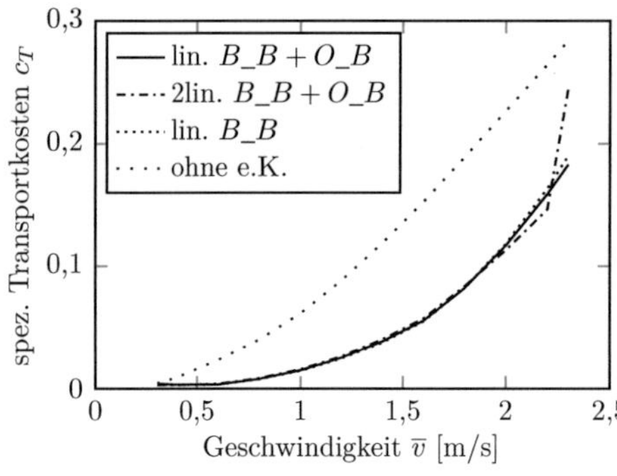

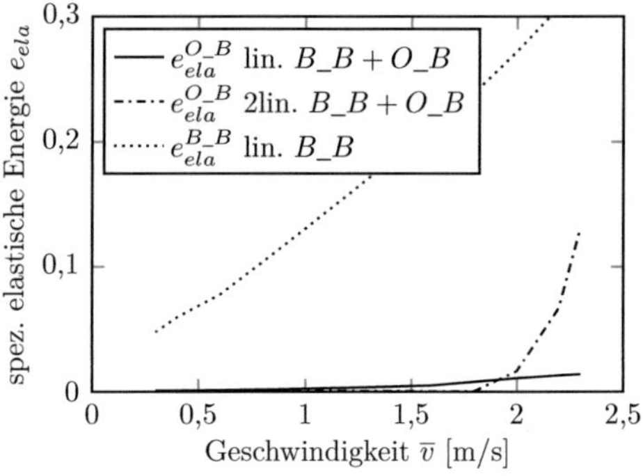

(a) Spezifische Transportkosten alternativer Topologien

(b) In der Komponente O_B in der Kombination ($B\_B + O\_B$) zwischengespeicherte Energie

Abbildung 5.21: Vergleich der spezifischen Energien des Dreisegmentläufers mit Kombinationen ($B\_B + O\_B$) der elastischen Kopplungen von Oberkörper und Beinen (O_B) und der Beine (B_B).

In Abb. 5.21 werden die spezifischen Energien des Dreisegmentläufers mit Kombinationen der elastischen Kopplungen gegenüber dem Referenzmodell ohne elastische Kopplung und dem Dreisegmentläufer mit linearer elastischer Kopplung der Beine verglichen. Die optimale Kombination mit nichtlineare Kennlinie entspricht dabei weitestgehend der linearen Variante und die optimale Kombination mit abschnittsweise nichtlinearer Kennlinie der

| | Beine (B_B) | | Oberkörper-Beine (O_B) | | | | | | |
elastische Kopplung	k_{B_B} $[\frac{\mathrm{Nm}}{\mathrm{rad}}]$	ν_{B_B}	$\varphi_{0\_O\_B}$ [rad]	$k^+_{O\_B}$ $[\frac{\mathrm{Nm}}{\mathrm{rad}}]$	$k^-_{O\_B}$ $[\frac{\mathrm{Nm}}{\mathrm{rad}}]$	$\nu^+_{O\_B}$	$\nu^-_{O\_B}$	$\bar{c}_T$	$\frac{\Delta\bar{c}_T}{\bar{c}_{T\_0}}$
ohne								0,1173	
B_B lin.	940	1						0,0509	56,6 %
B_B nlin.	864	0,93						0,0509	56,6 %
O_B lin.			3,42	201		1		0,1051	10,4 %
O_B nlin.			3,40	3390		7,20		0,0696	40,7 %
O_B 2lin.			3,81	61,8	1820	1		0,0769	34,4 %
O_B 2nlin.			3,40	3590	3390	7,20	8,64	0,0691	41,1 %
B_B+O_B lin.	883	1	3,15	26,9		1		0,0506	56,9 %
B_B+O_B nlin.	883	0,99	3,13	37,0		1,85		0,0506	56,9 %
B_B+O_B 2lin.	814	1	3,86	1,37	1520	1		0,0498	57,5 %
B_B+O_B 2nlin.	814	0,98	3,86	14,9	37800	11,6	2,31	0,0490	58,2 %

Tabelle 5.1: Übersicht der Parameter der elastischen Kopplungen des Dreisegmentläufers mit mittleren spezifischen Transportkosten und deren relativer Einsparung.

abschnittsweise linearen Variante. Auf ihre Darstellung wird hier daher aus Gründen der Klarheit verzichtet (s. Anhang A.1). In Abb. 5.21a sind die spezifischen Transportkosten (c_T) des Dreisegmentläufers mit Kombinationen ($B\_B + O\_B$) der elastischen Kopplungen dargestellt. In Abb. 5.21b wird der Einfluss der Komponente zwischen Oberkörper und Beinen (O_B) in der Kombination ($B\_B + O\_B$) über einen Vergleich der in ihrer elastischen Kopplung zwischengespeicherten spezifischen elastischen Energie ($e_{ela}^{O\_B}$) gegenüber derjenigen in der elementaren elastischen Kopplung der Beine ($e_{ela}^{B\_B}$) bewertet.

Die spezifischen Transportkosten der Kombination mit linearer Kennlinie (lin. $B\_B + O\_B$) unterscheiden sich nicht wesentlich von der elementaren elastischen Kopplung der Beine (lin. B_B). Es werden maximal 6,14 % ($\bar{v} = 2,3\,\mathrm{m/s}$) der gesamten spezifischen elastischen Energie e_{ela} in der elastischen Kopplung zwischen Oberkörper und Beinen $e_{ela}^{O\_B}$ gespeichert.

Die spezifischen Transportkosten der Kombination mit abschnittsweise linearer Kennlinie (2lin. $B\_B + O\_B$) unterscheiden sich lediglich im hohen Geschwindigkeitsbereich ($\bar{v} = 2,0 - 2,3\,\mathrm{m/s}$) von den der elementaren elastischen Kopplung der Beine (lin. B_B). Die elastische Kopplung zwischen Oberkörper und Beinen (O_B) hat dabei die Charakteristik eines einseitigen Anschlags. Sie ist nur bei hohen Geschwindigkeiten zur Abstützung des Haltemoments der Vorlage des Oberkörpers aktiv (s. Abb. 5.21b). Hierdurch lassen sich die spezifischen Transportkosten im Bereich $\bar{v} = 2,0 - 2,2\,\mathrm{m/s}$ reduzieren, sie steigen jedoch darüber sehr stark an. Bei einer reinen Betrachtung der mittleren spezifischen Transportkosten, in deren Berechnung der Wert bei $\bar{v} = 2,3\,\mathrm{m/s}$ nicht einfließt, bewirkt die elastische Kopplung des Oberkörpers und der Beine in den Kombinationen mit abschnittsweiser

Kennlinie eine Verbesserung um bis zu 1,6 %. Durch den starken Anstieg der spezifischen Transportkosten über $\bar{v} = 2{,}2\,\mathrm{m/s}$ und die daraus resultierende Überkompensation der Einsparung wird diese Variante bei der Suche nach der optimalen elastischen Kopplung des Dreisegmentläufers ausgeschlossen.

In Tab. 5.1 sind die Werte der optimierten Parameter der elementaren elastischen Kopplungen und der Kombinationen bei verschiedenen Kennlinien sowie die dazugehörigen mittleren spezifischen Transportkosten sowie deren relative Einsparungen angegeben. Der Dreisegmentläufer mit elastischer Kopplung der Beine weist dabei weitaus geringere mittlere spezifische Transportkosten auf als die Varianten mit elastischer Kopplung des Oberkörpers und der Beine. In der Kombination hat die elastische Kopplung des Oberkörpers und der Beine keinen nennenswerten Einfluss. Der geringen zusätzlichen Einsparung von 0,3 % stehen ein höherer konstruktiver Aufwand und eine höhere Masse gegenüber. Die optimale Topologie der elastischen Kopplung des Dreisegmentläufers besteht folglich aus der linearen elastischen Kopplung der Beine. Diese minimiert die mittleren spezifischen Transportkosten des Dreisegmentläufers gegenüber dem Referenzmodell um 56,6 %. Die in Gl. (5.1) eingeführten und hier nicht dargestellten Verläufe der spezifischen Energien der verschiedenen elastischen Kopplungen des Dreisegmentläufers sind in Anhang A.1 abgedruckt.

5.5 Einfluss des Grads der Bézier-Polynome

Um negative Effekte zu grob aufgelöster Gelenkwinkel-Solltrajektorien auf die spezifischen Transportkosten des Dreisegmentläufers auszuschließen, wird der Grad (n_α) der BÉZIER-Polynome variiert. Ein BÉZIER-Polynom n_α-ten Grads wird über $n_\alpha + 1$ BÉZIER-Koeffizienten α_i beschrieben. Bedingt durch die beiden Kompatibilitätsbedingungen (3.93) und (3.94) verbleiben $n_\alpha - 1$ BÉZIER-Koeffizienten als Parameter zur Darstellung der Gelenkwinkel-Solltrajektorien. Zur Identifikation des Einflusses des Grads der BÉZIER-Polynome wird die geometrische Folge der Parameter $n_{\alpha_i} - 1 = 5 \times 2^{i-1}$ untersucht.

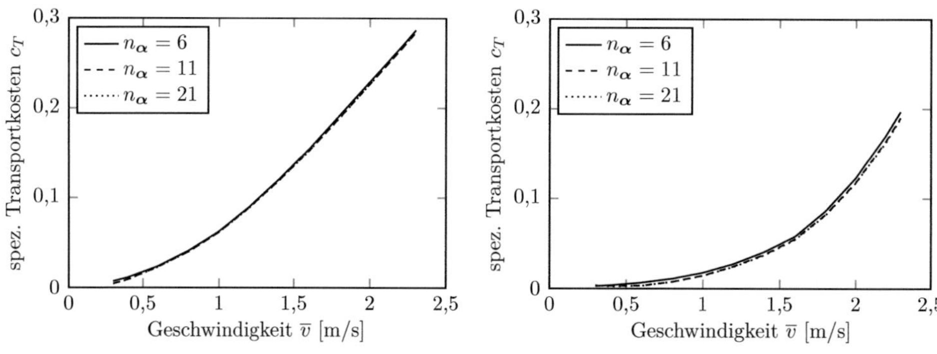

(a) Ohne elastische Kopplung

(b) Lineare elastische Kopplung der Beine (B_B)

Abbildung 5.22: Einfluss des Grads (n_α) der BÉZIER-Polynome auf die spezifischen Transportkosten des Dreisegmentläufers.

Wie in Abb. 5.22 dargestellt, gibt es eine geringfügige Verbesserung der spezifischen Transportkosten (c_T) beim Übergang vom Grad $n_\alpha = 6$ zu $n_\alpha = 11$ und damit einer Verdopplung der Parameter der Solltrajektorien. Eine weitere Verdopplung der Freiheitsgrade beim Übergang zu $n_\alpha = 21$ bringt keine Verbesserung. Die in dieser Arbeit dargestellten Ergebnisse des Dreisegmentläufers werden mit BÉZIER-Polynomen des Grads $n_\alpha = 11$ erzeugt. Dieser ist hinreichend hoch und begünstigt die Bewertung der Minimierung der spezifischen Transportkosten durch elastische Kopplung der Beine in keiner Weise.

5.6 Einfluss des Haftreibungskoeffizienten

In Abschn. 5.3 wurde bei der Untersuchung des Mechanismus der Minimierung der spezifischen Transportkosten durch elastische Kopplung der Beine die Haftgrenze als limitierendes Element identifiziert. Zur Untersuchung des Einflusses des Haftreibungskoeffizienten auf die Minimierung der spezifischen Transportkosten wird für die Werte $\mu_0 \in [0{,}6,\ 0{,}8,\ 1{,}0]$ das Referenzmodell ohne elastische Kopplungen mit dem Dreisegmentläufer mit linearer elastischer Kopplung der Beine verglichen (s. Abb. 5.23).

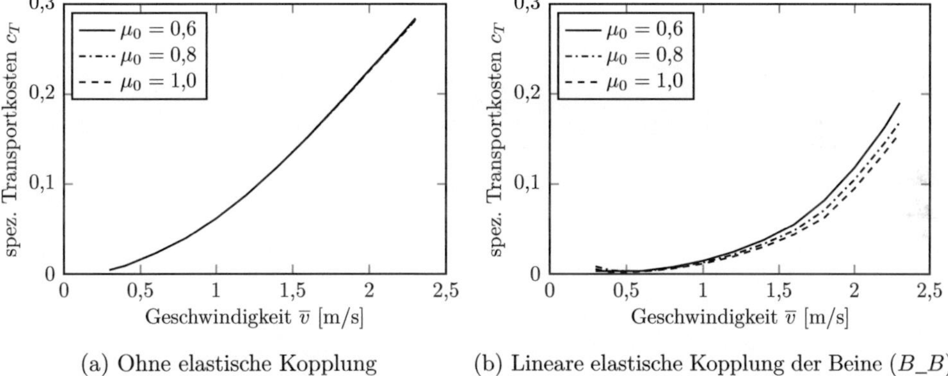

(a) Ohne elastische Kopplung   (b) Lineare elastische Kopplung der Beine (B_B)

Abbildung 5.23: Einfluss des Haftreibungskoeffizienten (μ_0) auf die spezifischen Transportkosten des Dreisegmentläufers.

Wie aus Abb. 5.23a ersichtlich, gibt es im gewählten Bereich keine nennenswerte Abhängigkeit der spezifischen Transportkosten (c_T) des Referenzmodells ohne elastische Kopplung vom Haftreibungskoeffizienten. Dagegen sinken die spezifischen Transportkosten des Dreisegmentläufers mit elastischer Kopplung der Beine mit steigendem Haftreibungskoeffizienten, da dieser eine höhere Schrittfrequenz und damit kleinere Schrittlänge und spezifische Stoßverluste ermöglicht. Bei einem Haftreibungskoeffizienten von $\mu_0 = 1$ weist der Dreisegmentläufer mit elastischer Kopplung der Beine mittlere spezifische Transportkosten von $\bar{c}_T = 0{,}0407$ auf, was einer Reduktion gegenüber der ungekoppelten Variante von 65,3 % entspricht. Je nach vorliegenden Kontakteigenschaften und Sicherheitsfaktoren können mit der elastischen Kopplung der Beine die mittleren spezifischen Transportkosten des Dreisegmentläufers mehr oder weniger stark reduziert werden.

Der für die Simulationen des Dreisegmentläufers gewählte Haftreibungskoeffizient $\mu_0 = 0{,}6$ liegt in einem sinnvollen Bereich und begünstigt die Bewertung der Minimierung der spezifischen Transportkosten durch elastische Kopplungen in keiner Weise.

5.7 Einfluss des Koeffizienten der statischen Leistung

Der Koeffizient der statischen Leistung (c_{stat}) gewichtet die statische gegenüber der mechanischen Leistung und geht damit direkt in die Berechnung der spezifischen Transportkosten ein (s. Gl. (3.59)). Der für die Berechnungen verwendete numerische Wert c^*_{stat} wurde in Abschn. 3.2 anhand der Aktoren des Laufroboters Mabel ermittelt. Zur Untersuchung des Einflusses des Koeffizienten der statischen Leistung wird dieser Wert um eine Größenordnung verringert ($c_{stat} = 0{,}1\,c^*_{stat}$) bzw. erhöht ($c_{stat} = 10\,c^*_{stat}$) und jeweils die Einsparung der spezifischen Transportkosten durch elastische Kopplungen betrachtet.

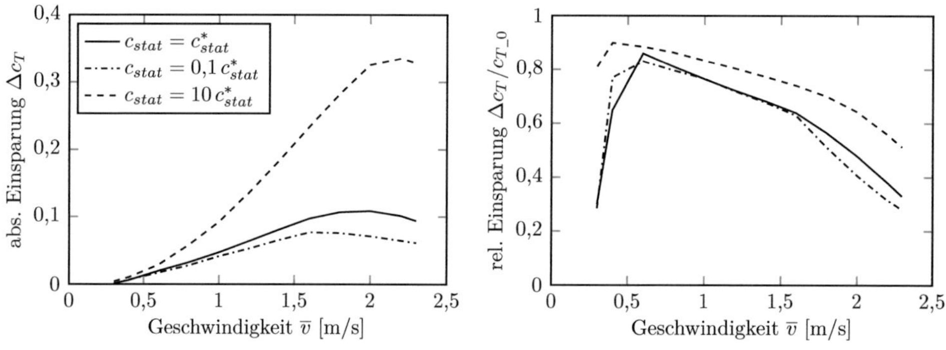

(a) Absolut eingesparte spez. Transportkosten   (b) Relativ eingesparte spez. Transportkosten

Abbildung 5.24: Einfluss des Koeffizienten der statischen Leistung (c_{stat}) auf die Einsparung der spezifischen Transportkosten des Dreisegmentläufers durch elastische Kopplung der Beine (B_B).

In Abb. 5.24 ist die absolute (Δc_T) und relative Einsparung ($\Delta c_T/c_{T\_0}$) der spezifischen Transportkosten des Dreisegmentläufers durch elastische Kopplung der Beine dargestellt. Zur Ermittlung der relative Einsparung wird die absolute Einsparung auf die spezifischen Transportkosten des Referenzmodells ohne elastische Kopplungen (c_{T_0}) bezogen. Für jeden Koeffizient der statischen Leistung wird die Bewegung und gegebenenfalls die lineare elastische Kopplung der Beine des Dreisegmentläufers optimiert. Durch Erhöhen des Koeffizienten der statischen Leistung, beispielsweise durch Auswahl eines stärkeren Gleichstrommotors mit kleinerer Übersetzung, nimmt die relative Einsparung der spezifischen Transportkosten durch elastische Kopplung der Beine zu. Durch Erniedrigen des Koeffizienten der statischen Leistung nimmt die relative Einsparung der spezifischen Transportkosten nicht wesentlich ab, lediglich im Bereich hoher Geschwindigkeiten ($\overline{v} = 1{,}6 - 2{,}3\,\mathrm{m/s}$) ist ein Rückgang gegenüber dem Wert c^*_{stat} zu verzeichnen. Die zu Abb. 5.24 gehörigen spezifischen Transportkosten sind in Anhang A.2 abgebildet.

Der für die Simulationen des Dreisegmentläufers gewählte Wert des Koeffizienten der statischen Leistung ($c_{stat} = c^*_{stat}$) liegt somit in einem sinnvollen Bereich und begünstigt die Bewertung der Minimierung der spezifischen Transportkosten durch elastische Kopplungen in keiner Weise.

5.8 Einfluss der Massenverteilung

Wie in Abschn. 5.3 erläutert, beruht der Mechanismus der Minimierung der spezifischen Transportkosten des Dreisegmentläufers durch elastische Kopplung der Beine auf einer Erhöhung der natürlichen Frequenz des Schwungbeins gegenüber dem Referenzmodell ohne elastische Kopplungen. Folglich können die Transportkosten um so stärker reduziert werden, je tiefer die natürliche Frequenz des Schwungbeins des Referenzmodells ohne elastische Kopplung ist. Zur Identifikation der zu untersuchenden Parameter wird die natürliche Frequenz des Schwungbeins mit dem in Abschn. 5.2 eingeführten Ersatzmodell des physikalischen Pendels abgeschätzt. Dabei wird das Massenträgheitsmoment des Beins bezüglich des Schwerpunkts über seinen Trägheitsradius (i_B) $J_B = m_B i_B^2$ ausgedrückt. Die Eigenfrequenz des Schwungbeinmodells ergibt sich somit aus Gl. (5.4) zu

$$f_{SM_0} = \frac{1}{2\pi} \sqrt{\frac{g r_B + k/m_B}{i_B^2 + r_B^2}} \tag{5.5}$$

und hängt bei verschwindender elastischer Kopplung ($k = 0$) lediglich von der Schwerpunktposition (r_B) und dem Trägheitsradius (i_B) des Beins ab. Folglich kann die Untersuchung des Einflusses der Massenverteilung des Dreisegmentläufers auf die Minimierung der spezifischen Transportkosten durch elastische Kopplung der Beine auf die Untersuchung der beiden Parameter Schwerpunktposition und Trägheitsradius des Beins zurückgeführt werden. Hierzu werden die Parameter um die Nennwerte (r_B^*, i_B^*) auf den $\frac{3}{2}$- bzw. $\frac{2}{3}$-fachen Wert variiert.

In Abb. 5.25 ist die Abhängigkeit der mittels einer elastischen Kopplung der Beine beim Dreisegmentläufer eingesparten relativen Transportkosten ($\Delta c_T/c_{T\_0}$) von Schwerpunktposition (r_B) und Trägheitsradius (i_B) des Beins dargestellt. Dabei werden für die jeweiligen Parameter Bewegung und elastische Kopplung optimiert. Wie bereits aus Gl. (5.5) zu erwarten ist, ist der Einfluss des Trägheitsradius stärker als der Einfluss der Schwerpunktposition. Im Falle eines 50 % größeren Trägheitsradius des Beins und damit 125 % größeren Massenträgheitsmoments erhöht sich die Reduzierung der mittleren spezifischen Transportkosten durch elastische Kopplungen von 56,6 % auf 62,9 %. Für eine Darstellung der jeweiligen spezifischen Transportkosten sei auf Anhang A.3 verwiesen.

Der Einfluss des Schwerpunkts des Beins auf die eingesparten relativen Transportkosten ist unwesentlich, eine Vergrößerung des Trägheitsradius und damit des Massenträgheitsmoments des Beins macht sich dagegen bemerkbar.

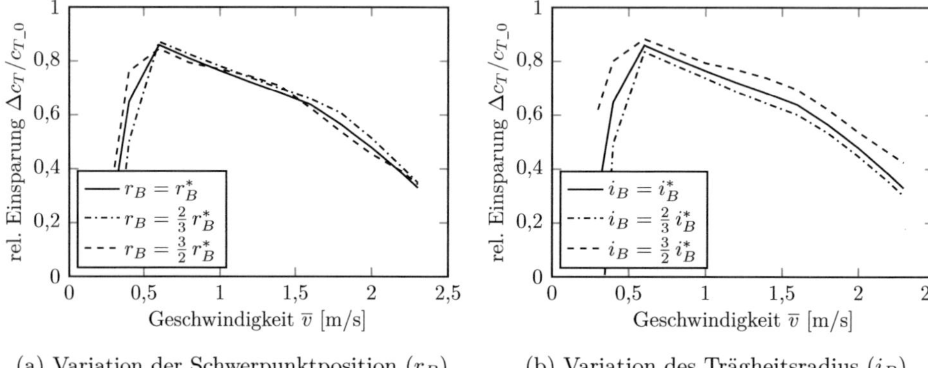

(a) Variation der Schwerpunktposition (r_B)   (b) Variation des Trägheitsradius (i_B)

Abbildung 5.25: Einfluss der Schwerpunktposition (r_B) und des Trägheitsradius (i_B) des Beins auf die relative Einsparung der spezifischen Transportkosten des Dreisegmentläufers durch elastische Kopplung der Beine (B_B).

5.9 Einfluss der viskosen Gelenkreibung

In den vorigen Abschnitten wurde der akademische Fall des Dreisegmentläufers ohne Gelenkreibung betrachtet. Hier soll untersucht werden, wie sich viskose Gelenkreibung auf die Minimierung der spezifischen Transportkosten durch elastische Kopplungen auswirkt. Wie in Abschn. 5.3 beschrieben, beruht der Mechanismus im Wesentlichen auf einer Erhöhung der natürlichen Frequenz und damit einer Erhöhung der Schwingfrequenz der Beine. Das durch die viskose Gelenkreibung bewirkte Gelenkmoment wirkt der Bewegung entgegen und steigt mit der Gelenkwinkelgeschwindigkeit. Folglich ist ein Rückgang des positiven Effekts durch elastische Kopplungen zu erwarten. Zur Untersuchung des Einflusses der Gelenkreibung werden in den Gelenken zwischen Oberkörper und Beinen linear viskose Drehdämpfer angenommen mit Werten der Dämpfungskonstanten $d_G \in [4,\ 8,\ 16]$ Nm s/rad bzw. des Dämpfungsgrads $D \in [0{,}158,\ 0{,}316,\ 0{,}632]$ bezogen auf die Eigenkreisfrequenz des Schwungbeinersatzmodells ohne elastische Kopplung. Der Wert $d_G = 8$ Nm s/rad entspricht dabei gerade dem Wert des angenommenen reduzierten Antriebsstrangs (s. Abschn. 3.2). Zur Ermittlung der durch die elastische Kopplung der Beine eingesparten Transportkosten werden beim jeweiligen Dämpfungswert für den Dreisegmentläufer mit und ohne elastischer Kopplung die Bewegung und gegebenenfalls die elastische Kopplung optimiert.

In Abb. 5.26 sind die mittels der elastischen Kopplung der Beine absolut (Δc_T) bzw. relativ eingesparten spezifischen Transportkosten ($\Delta c_T/c_{T\_0}$) dargestellt. Für eine Darstellung der jeweiligen spezifischen Transportkosten sei auf Anhang A.4 verwiesen. Erstaunlicherweise sind die durch lineare elastische Kopplung der Beine absolut eingesparten Transportkosten kaum von der viskosen Gelenkreibung abhängig (s. Abb. 5.26a). Zur Erklärung dieses Sachverhalts wird im Folgenden der spezifische Energieverbrauch durch viskose Gelenkreibung im Gelenk zwischen Oberkörper und Schwungbein abgeschätzt. Die Argumentation für das Gelenk zwischen Oberkörper und Stützbein erfolgt analog.

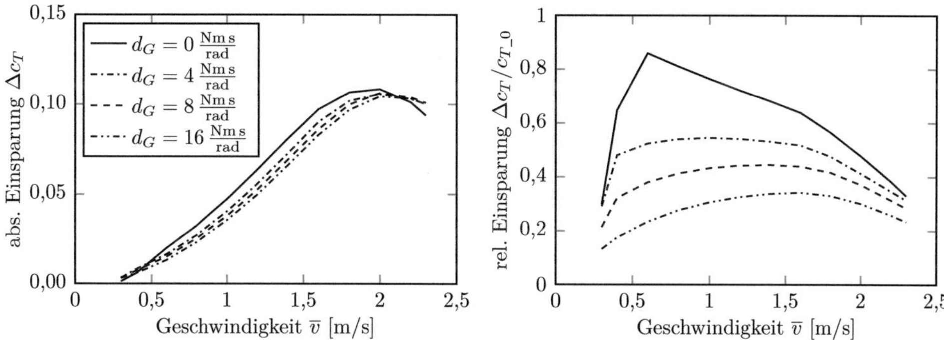

(a) Absolut eingesparte spez. Transportkosten   (b) Relativ eingesparte spez. Transportkosten

Abbildung 5.26: Einfluss der viskosen Gelenkreibung (d_G) auf die absolut bzw. relativ eingesparten spezifischen Transportkosten des Dreisegmentläufers durch elastische Kopplung der Beine (B_B).

Während eines Schritts überstreicht der Winkel zwischen Oberkörper und Schwungbein den Bereich von $q_2^+ = q_1^-$ bis q_2^- (s. Abb. 3.1a). Am Ende des Schritts bilden die Beine ein gleichschenkliges Dreieck mit den Seitenlängen l_B sowie $r_{2_x}^- = 2l_B \sin((q_2^- - q_2^+)/2)$. Für kleine Winkel können der Sinus durch sein Argument und damit die Schrittlänge durch $r_{2_x}^- \approx l_B(q_2^- - q_2^+)$ bzw. im Umkehrschluss der Kreisbogen $l_B(q_2^- - q_2^+)$ durch die Sekante $r_{2_x}^-$ approximiert werden. Der spezifische Energieverlust durch viskose Gelenkreibung mit dem Schwungbeingelenkmoment $T_d = -d_G \dot{q}_2$ kann somit durch

$$c_d = \frac{1}{mgr_{2_x}^-} \int_{q_2^+}^{q_2^-} -d_G \dot{q}_2 \mathrm{d}q_2 \approx \frac{-d_G}{mgl_B} \frac{1}{q_2^- - q_2^+} \int_{q_2^+}^{q_2^-} \dot{q}_2 \mathrm{d}q_2 = \frac{-d_G}{mgl_B} \bar{\dot{q}}_2 \approx \frac{-d_G}{mg} \bar{v} \qquad (5.6)$$

angenähert werden und hängt damit lediglich von der Dämpfungskonstanten d_G und der Fortbewegungsgeschwindigkeit $\bar{v}$, nicht aber von der Schrittfrequenz ab. Somit ist die absolute Einsparung der spezifischen Transportkosten weitestgehend von der Gelenkdämpfung unabhängig, die relative Einsparung nimmt dagegen ab, da die spezifischen Transportkosten von Dreisegmentläufer mit und ohne elastischer Kopplung der Beine gleichermaßen mit der Dämpfungskonstanten d_G zunehmen.

Für den angenommenen reduzierten Antriebsstrang mit der Gelenkdämpfungskonstanten $d_G = 8\,\mathrm{Nm\,s/rad}$ nimmt die Einsparung der mittleren spezifischen Transportkosten durch elastische Kopplung der Beine von 56,6 % auf 39,3% um 30,4% und die Reduzierung der Wärmebelastung von 76,9 % auf 68,0 % um 11,6 % ab. Beim Übergang vom akademischen Fall ohne Gelenkreibung auf einen realitätsnahen Wert wird die relative Einsparung der spezifischen Transportkosten durch elastische Kopplungen zwar reduziert, verbleibt aber in einem für die Praxis relevanten Bereich.

5.10 Einfluss der elastischen Kopplungen auf Stabilität und Robustheit

Durch die eindimensionale Optimierung der Bewegung und der elastischen Kopplung der Beine des Dreisegmentläufers hinsichtlich der spezifischen Transportkosten findet unweigerlich eine Spezialisierung statt. Dies wirft die berechtigte Frage auf, inwiefern die Minimierung der spezifischen Transportkosten zu Lasten von Stabilität und Robustheit der periodischen Lösung und damit der Bewegung des Dreisegmentläufers geht. Durch das gewählte Regelungskonzept wird die Dynamik des Dreisegmentläufers vollständig durch dessen hybride Nulldynamik beschrieben. Die Untersuchung der Stabilität der Bewegung des Dreisegmentläufers kann somit auf den Betrag des in Gl. (3.104) eingeführten FLOQUET-Multiplikators zum POINCARÉ-Schnitt der Nulldynamik kurz vor dem Stoß zurückgeführt werden. Ist der Betrag des FLOQUET-Multiplikators kleiner eins, ist die Lösung stabil, je näher er der null ist, desto schneller klingen die Störungen ab. Die Untersuchung der Robustheit der Bewegung des Dreisegmentläufers kann auf die Größe des Einzugsgebiets der stabilen Lösung zurückgeführt werden. Wie in Abschn. 3.3.5 eingeführt, ist dieses beidseitig beschränkt und zwar durch Rückfallen des Roboters nach oben sowie durch Abheben bzw. Gleiten des Stützbeinfußes nach unten.

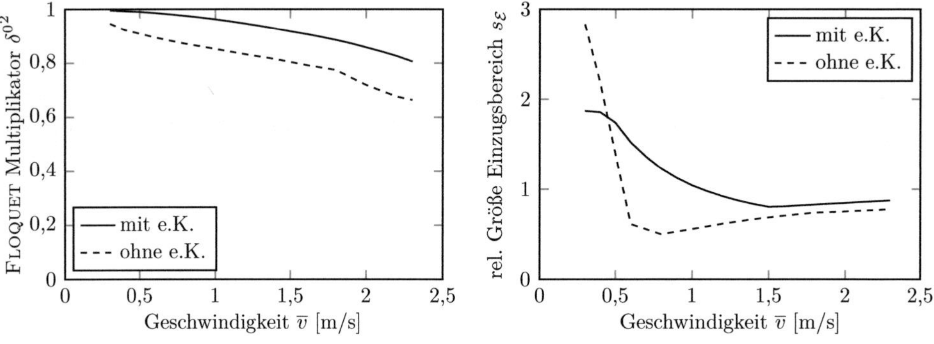

(a) Betrag des FLOQUET-Multiplikators   (b) Rel. Größe Einzugsbereich der stab. Lösung

Abbildung 5.27: Einfluss der linearen elastischen Kopplung der Beine (B_B) auf Stabilität und Robustheit der Bewegung des Dreisegmentläufers.

In Abb. 5.27 ist der Einfluss der linearen elastischen Kopplung der Beine (B_B) auf Stabilität und Robustheit der Bewegung des Dreisegmentläufers dargestellt.

Der Mechanismus der Minimierung der spezifischen Transportkosten durch elastische Kopplung der Beine beruht darauf, die spezifischen Stoßverluste zu minimieren und damit δ^0 zu maximieren. Wie aus Abb. 5.27a ersichtlich nimmt hierdurch der Betrag des FLOQUET-Multiplikators (δ^{0^2}) im Vergleich zum Referenzmodell ohne elastische Kopplungen zu und damit die Geschwindigkeit, mit der Störungen abklingen, ab. Die Bewegung des Dreisegmentläufers mit elastischer Kopplung der Beine ist weiter stabil, die verringerte

Abklinggeschwindigkeit der Störungen sollte dabei dem Zweck der Fortbewegung nicht im Wege stehen.

In Abb. 5.27b ist die relative Größe (s_ε) des Einzugsbereichs der stabilen Lösung (s. Abschn. 3.3.5) dargestellt. Ab einer Geschwindigkeit von $\bar{v} = 0{,}5\,\mathrm{m/s}$ ist die relative Größe des Einzugsbereich der stabilen Lösung des Dreisegmentläufers mit elastischer Kopplung der Beine größer als der des Referenzmodells ohne elastische Kopplungen. Im mittleren Geschwindigkeitsbereich von $\bar{v} = 0{,}6 - 1{,}0\,\mathrm{m/s}$ ist der Einzugsbereich annähernd doppelt so groß. Folglich nimmt die Robustheit der stabilen Lösung des Dreisegmentläufers durch elastische Kopplung der Beine zu.

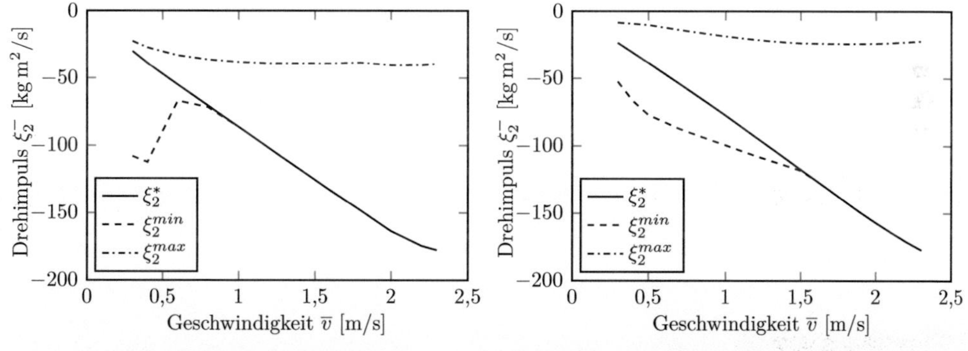

(a) Ohne elastische Kopplungen   (b) Lineare elastische Kopplung der Beine (B_B)

Abbildung 5.28: Einfluss der linearen elastischen Kopplung der Beine (B_B) auf den Einzugsbereich der stabilen Bewegung des Dreisegmentläufers.

In Abb. 5.28 ist der Einzugsbereich der stabilen Bewegung (ξ_2^*) des Dreisegmentläufers mit linearer elastischer Kopplung der Beine (B_B) dem des Referenzmodells ohne elastische Kopplung gegenübergestellt. Aufgrund der größeren Schrittlänge liegt die obere Schranke durch Rückfallen beim Referenzmodell ohne elastische Kopplungen niedriger als beim Dreisegmentläufer mit elastischer Kopplung der Beine. Des Weiteren liegt die stabile periodische Lösung des Referenzmodells ohne elastische Kopplung bereits bei einer Geschwindigkeit von $\bar{v} = 0{,}8\,\mathrm{m/s}$ an der Haftgrenze an, bei dem Dreisegmentläufer mit elastischer Kopplung erst ab einer Geschwindigkeit von $\bar{v} = 1{,}4\,\mathrm{m/s}$. Wird die Bewegung des Dreisegmentläufers für einen mit einer Sicherheitsreserve versehenen Haftreibungskoeffizienten $\tilde{\mu}_0$ optimiert und anschließend der Einzugsbereich der stabilen Lösung für den tatsächlichen Haftreibungskoeffizienten μ_0 ausgewertet, so kann die Lage der stabilen Lösung zum durch die Haftgrenze gegebenen Rand des Einzugsbereichs eingestellt werden.

Zusammenfassend lässt sich festhalten, dass durch die Minimierung der spezifischen Transportkosten durch elastische Kopplung die Geschwindigkeit, mit der Störungen im Gesamtdrehimpuls abklingen, prinzipbedingt abnimmt, die Stabilität der Bewegung bei gesteigerter Robustheit aber weiterhin gegeben ist.

6 Fünfsegmentläufer

In Kapitel 5 wurde anhand des akademischen Modells des Dreisegmentläufers die signifikante Minimierung der spezifischen Transportkosten durch elastische Kopplungen aufgezeigt. Im vorliegenden Kapitel soll dieses Konzept auf den Fünfsegmentläufer übertragen werden. Dieser kommt der Gestalt eines realen Roboters bereits sehr nahe (vgl. [CAA$^+$03, GHM$^+$09, RHHG14]) und gibt somit Aufschluss über die Praxisrelevanz der Minimierung der spezifischen Transportkosten mittels elastischer Kopplungen. Kern des Kapitels stellt folglich der Vergleich verschiedener Topologien und damit die Ermittlung der idealen Topologie der elastischen Kopplung des Fünfsegmentläufers dar. Für diese wird ein konkreter Konstruktionsvorschlag abgeleitet. Abschließend wird überprüft, inwiefern die Minimierung der spezifischen Transportkosten durch elastische Kopplungen mit Einschränkungen für Stabilität und Robustheit der Bewegung des Fünfsegmentläufers einhergeht.

6.1 Referenzmodell ohne elastische Kopplungen

Zur späteren Quantifizierung und Erklärung des Mechanismus der Minimierung der spezifischen Transportkosten mittels elastischer Kopplungen wird ein Referenzmodell des Fünfsegmentläufers ohne elastische Kopplungen eingeführt. Die Bewegung des Fünfsegmentläufers wird dabei mit dem in Abschn. 4.1 dargestellten Prozess hinsichtlich der spezifischen Transportkosten optimiert. In Abb. 6.2 wird sie für vier Geschwindigkeiten ($\bar{v} \in [0{,}4,\ 1{,}0,\ 1{,}6,\ 2{,}2]$ m/s) zu jeweils sieben äquidistanten Zeitpunkten dargestellt. Wie bereits beim Dreisegmentläufer nehmen Oberkörperneigung (q_5) und Schrittlänge ($r_{2_x}(\theta^-)$) mit wachsender Geschwindigkeit zu (s. Abb. 6.1).

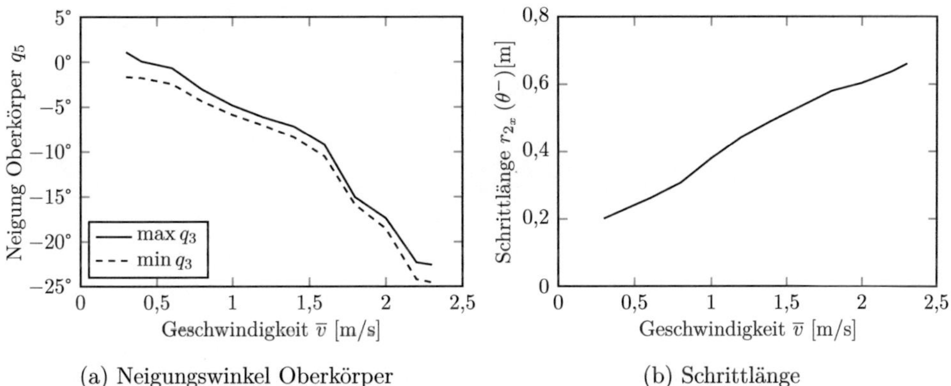

(a) Neigungswinkel Oberkörper   (b) Schrittlänge

Abbildung 6.1: Kinematische Kenngrößen des Fünfsegmentläufers auf Lageebene.

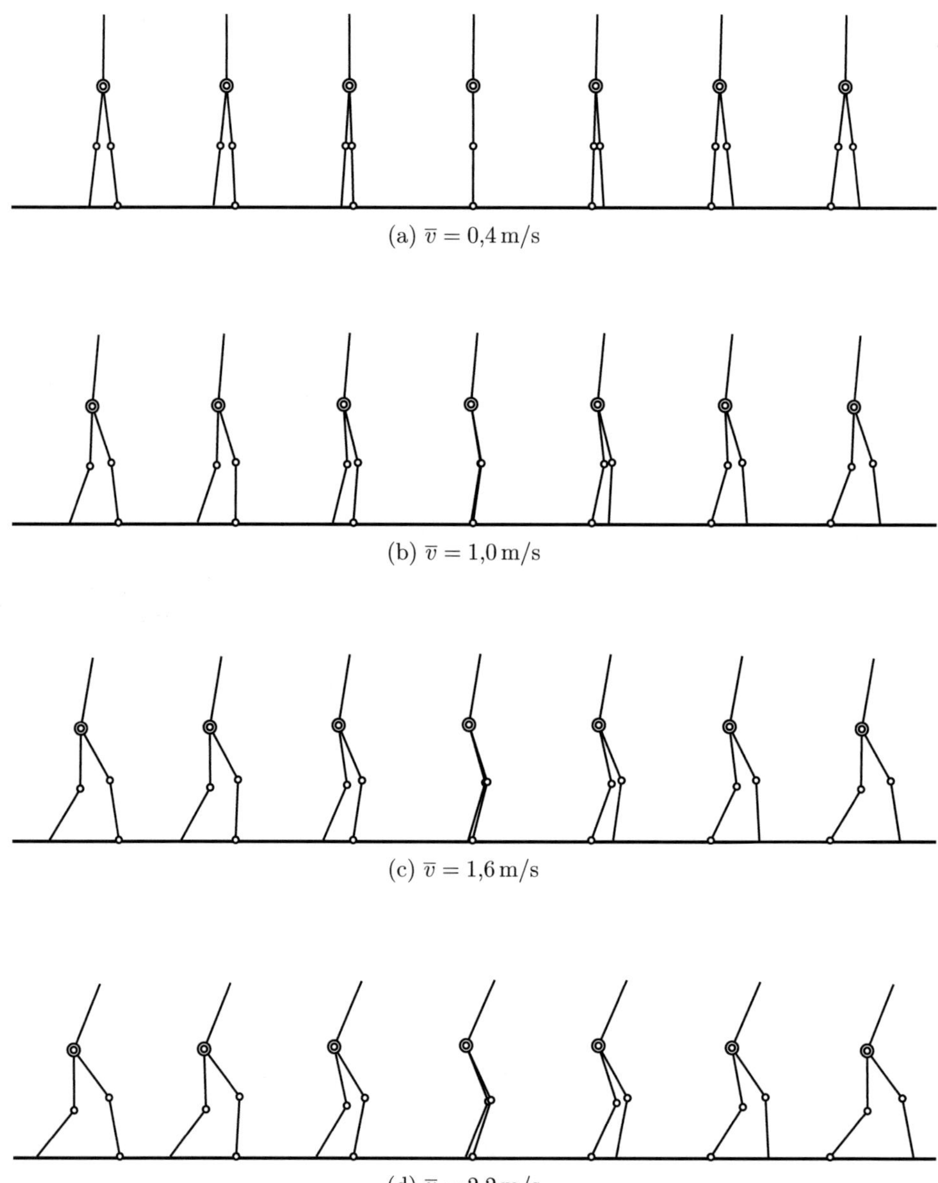

(a) $\overline{v} = 0{,}4\,\mathrm{m/s}$

(b) $\overline{v} = 1{,}0\,\mathrm{m/s}$

(c) $\overline{v} = 1{,}6\,\mathrm{m/s}$

(d) $\overline{v} = 2{,}2\,\mathrm{m/s}$

Abbildung 6.2: Vergleich der Bewegungen des Fünfsegmentläufers ohne elastische Kopplungen bei unterschiedlichen mittleren Geschwindigkeiten $\overline{v}$ zu sieben äquidistanten Zeitpunkten.

Die Neigung des Oberkörpers ist im Vergleich zum Dreisegmentläufer stark reduziert, bei einer Geschwindigkeit von $\overline{v} = 2{,}3\,\mathrm{m/s}$ gar um 67,9 %. Wie in Abschn. 5.2 erläutert, ist die starke Neigung des Oberkörpers beim Dreisegmentläufer in der Reduktion der Stoßverluste begründet. Beim Fünfsegmentläufer kann diese Funktion teilweise durch die Kniebewegung übernommen werden (s. Abschn. 6.2), und die Neigung des Oberkörpers geht zurück.

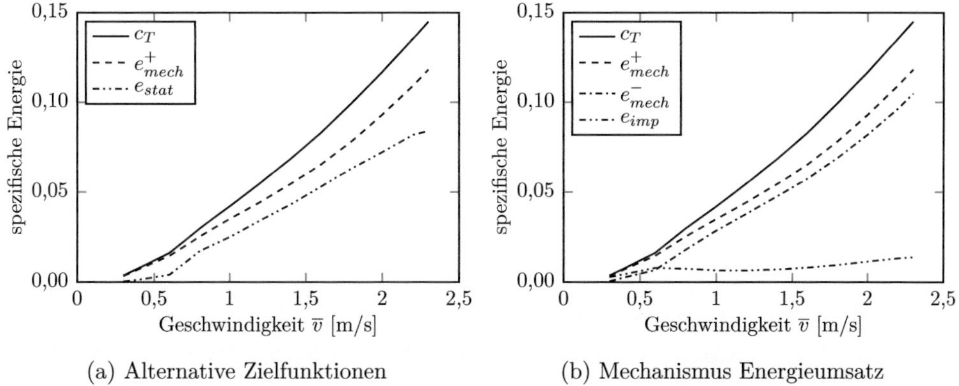

(a) Alternative Zielfunktionen (b) Mechanismus Energieumsatz

Abbildung 6.3: Vergleich der spezifischen Energien des Fünfsegmentläufers.

Zur Untersuchung des Mechanismus des Energieumsatzes und zur Überprüfung der Zielfunktion des Fünfsegmentläufers sind in Abb. 6.3 die spezifischen Energien gemäß Gl. (5.1) dargestellt. In Abb. 6.3a sind die in der Literatur verwendeten Zielfunktionen spezifische positive mechanischen Arbeit (e^{+}_{mech}), spezifische statische Arbeit (e_{stat}) und die gewählte Zielfunktion der spezifischen Transportkosten (c_T) einander gegenübergestellt. Die spezifische statische Arbeit und die spezifische positive mechanische Arbeit liegen über den kompletten Geschwindigkeitsbereich in derselben Größenordnung. Bei einer Geschwindigkeit von $\overline{v} = 2{,}3\,\mathrm{m/s}$ unterscheiden sie sich lediglich um 28,8 %, es kann folglich keine der beiden gegenüber der anderen vernachlässigt werden.

In Abb. 6.3b ist der Mechanismus des Energieumsatzes des Fünfsegmentläufers dargestellt. Im Gegensatz zum Dreisegmentläufer (s. Abb. 5.3b) wird ein Großteil der durch spezifische positive mechanische Arbeit (e^{+}_{mech}) in das System eingebrachten Energie durch spezifische negative mechanische Arbeit (e^{-}_{mech}) und nicht durch spezifische Stoßverluste (e_{imp}) verbraucht. Ursache hierfür ist die Kniebewegung wie in Abschn. 6.2 erläutert.

6.2 Energieverlust durch Stoß

Zur Klärung des Mechanismus des Energieumsatzes und damit zur Identifikation der Kniefunktion werden im Folgenden die beiden Modelle Fünf- und Dreisegmentläufer einander gegenübergestellt. Hierzu werden in Abb. 6.4 die spezifischen Transportkosten sowie die spezifischen Energieverluste beider Modelle verglichen. Die spezifischen Transportkosten (c_T) gehen beim Übergang vom Drei- zum Fünfsegmentläufer stark zurück, bei einer Geschwindigkeit von $\overline{v} = 2{,}3\,\mathrm{m/s}$ von $c_T = 0{,}284$ auf $c_T = 0{,}145$ um 48,9 %. Ein Hinweis auf

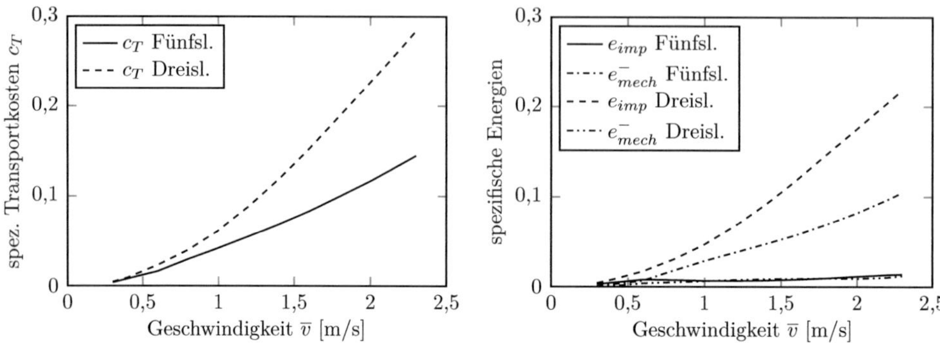

(a) Vergleich der spezifischen Transportkosten   (b) Vergleich der spezifischen Energieverluste

Abbildung 6.4: Vergleich der spezifischen Energien von Drei- und Fünfsegmentläufer.

die Ursache des Rückgangs ergibt sich bei Betrachtung der spezifischen Energieverluste in Abb. 6.4b. Beim Übergang vom Drei- zum Fünfsegmentläufer verlagert sich der primäre Energieverlust von den spezifischen Stoßverlusten (e_{imp}) zur spezifischen negativen mechanischen Arbeit (e_{mech}^-). Bei einer Geschwindigkeit von $\overline{v} = 2{,}3\,\mathrm{m/s}$ werden bei annähernd gleichen sekundären Energieverlusten die primären Energieverluste um 51,8 % reduziert. Die Ursache hierfür ist in der Funktion des Knies zu suchen. Mithilfe des Knies ist der Fünfsegmentläufer in der Lage, die Länge des Beins beim Gehen zu verändern. Die Beinlängenänderung des Stützbeins ($B1$) direkt vor ($\dot{l}_{B1}^-$) und direkt nach dem Stoß ($\dot{l}_{B1}^+$) haben dabei einen großen Einfluss auf die spezifischen Stoßverluste. Durch ein Abstoßen vom Boden durch Verlängerung des Stützbeins ($\dot{l}_{B1}^- > 0$) vor dem Stoß (s. Abb. 6.5a) kann die Schwerpunktbewegung von der Kreisbahn in die horizontale Richtung abgelenkt und damit die vertikale Schwerpunktgeschwindigkeit ($\dot{r}_{S_y}^-$) betragsmäßig reduziert werden (s. Abb. 6.5b). Bei einer Geschwindigkeit von $\overline{v} = 2{,}3\,\mathrm{m/s}$ wird die vertikale Schwerpunktgeschwindigkeit

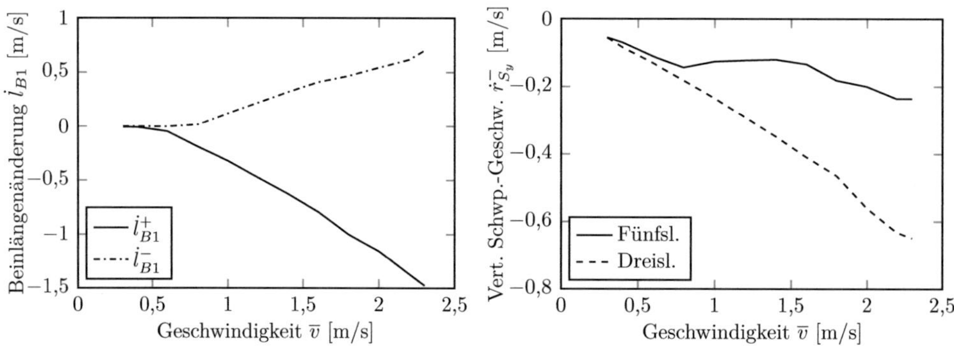

(a) Längenänderung Stützbein   (b) Vert. Schwerpunktgeschwindigkeit vor Stoß

Abbildung 6.5: Einfluss der Kniebewegung des Fünfsegmentläufers beim Stoß.

vor dem Stoß von $\dot{r}_{S_y}^- = -0{,}649\,\mathrm{m/s}$ beim Dreisegmentläufer auf $\dot{r}_{S_y}^- = -0{,}236\,\mathrm{m/s}$ beim Fünfsegmentläufers betragsmäßig um 63,6 % gesenkt. Das Verlängern des Stützbeins vor dem Stoß reduziert somit den potentiellen Stoßverlust. Durch Verkürzen des Stützbeins nach dem Stoß ($l_{B1}^+ < 0$) kann zusätzlich der Stoß abgefedert werden. Analog zur Erläuterung der relativen Orientierung von Oberkörper und stoßendem Bein in Abschn. 5.2 kann durch Beugen des Knies der Hebelarm der am jeweiligen Segment angreifenden Stoßkraft bezüglich dessen Schwerpunkt verändert werden. Somit wird das Abbremsen der translatorischen Bewegung beim Stoß in ein Beschleunigen der rotatorischen Bewegung umgewandelt. Die Rotation gilt es anschließend geeignet abzubremsen, was zum Anstieg der spezifischen negativen mechanischen Arbeit beim Fünfsegmentläufer führt (s. Abb. 6.4b).

Zusammenfassend kann festgehalten werden, dass der maßgebliche spezifische Energieverlust des Fünfsegmentläufers zwar aus spezifischer negativer mechanischer Arbeit besteht, aber eine direkte Folge des Mechanismus der Minimierung der Stoßverluste durch die Kniebewegung ist. Zur Minimierung der spezifischen Transportkosten durch elastische Kopplungen wird dieser Mechanismus im Folgenden teilweise durch die Minimierung der Stoßverluste mittels Reduktion der Schrittlänge ersetzt.

6.3 Mechanismus der Minimierung der spezifischen Transportkosten mit elastischen Kopplungen

Der Mechanismus zur Minimierung der spezifischen Transportkosten wird am Beispiel des Fünfsegmentläufers mit linearer elastischer Kopplung der Unterschenkel (BU_BU s. Abb. 3.8e) erläutert. Wie sich in Abschn. 6.4 zeigt, stellt diese Konfiguration die optimale elastische Kopplung hinsichtlich der mittleren spezifischen Transportkosten dar. Die elastische Kopplung wird über die beiden Parameter der Federsteifigkeit ($k_{BU\_BU} = 2250\,\mathrm{Nm/rad}$) und des Übersetzungsverhältnis ($i_{BU\_BU} = 0{,}364$) beschrieben, die mit dem in Abschn. 4.2 dargestellten Prozess bestimmt werden.

In Abb. 6.6 ist die sich dabei einstellende Bewegung veranschaulicht. Im Vergleich zum Referenzmodell ohne elastische Kopplungen nimmt sowohl der Neigungswinkel des Oberkörpers (q_5) als auch die Schrittlänge ($r_{2_x}(\theta^-)$) stark ab (s. Abb. 6.7). Wie in Abb. 6.7a dargestellt, beträgt der maximale Neigungswinkel des Oberkörpers des Fünfsegmentläufers bei $\bar{v} = 2{,}3\,\mathrm{m/s}$ mit elastischer Kopplung 13,8° und ist damit gegenüber dem Fünfsegmentläufer ohne elastische Kopplungen um 43,8 % reduziert. Die maximale Schwingweite des Oberkörperwinkels beträgt dabei lediglich 0,415°. Der Oberkörper rotiert somit praktisch nicht während des Gangs, er führt lediglich eine translatorische Bewegung aus. In Abb. 6.7b ist ein annähernd linearer Verlauf der Schrittlänge des Fünfsegmentläufers mit elastischer Kopplung über die Geschwindigkeit erkennbar. Die maximale Schrittlänge bei $\bar{v} = 2{,}3\,\mathrm{m/s}$ wird dabei gegenüber der des Referenzmodells ohne elastische Kopplungen von 0,661 m auf 0,249 m um 62,3 % reduziert. Die Minimierung der Schrittlänge deutet dabei bereits auf eine Minimierung potentieller Stoßverluste und der lineare Verlauf der Schrittlänge über der Geschwindigkeit auf eine Schwungbeinbewegung mit konstanter Frequenz, der natürlichen Frequenz des Systems, hin.

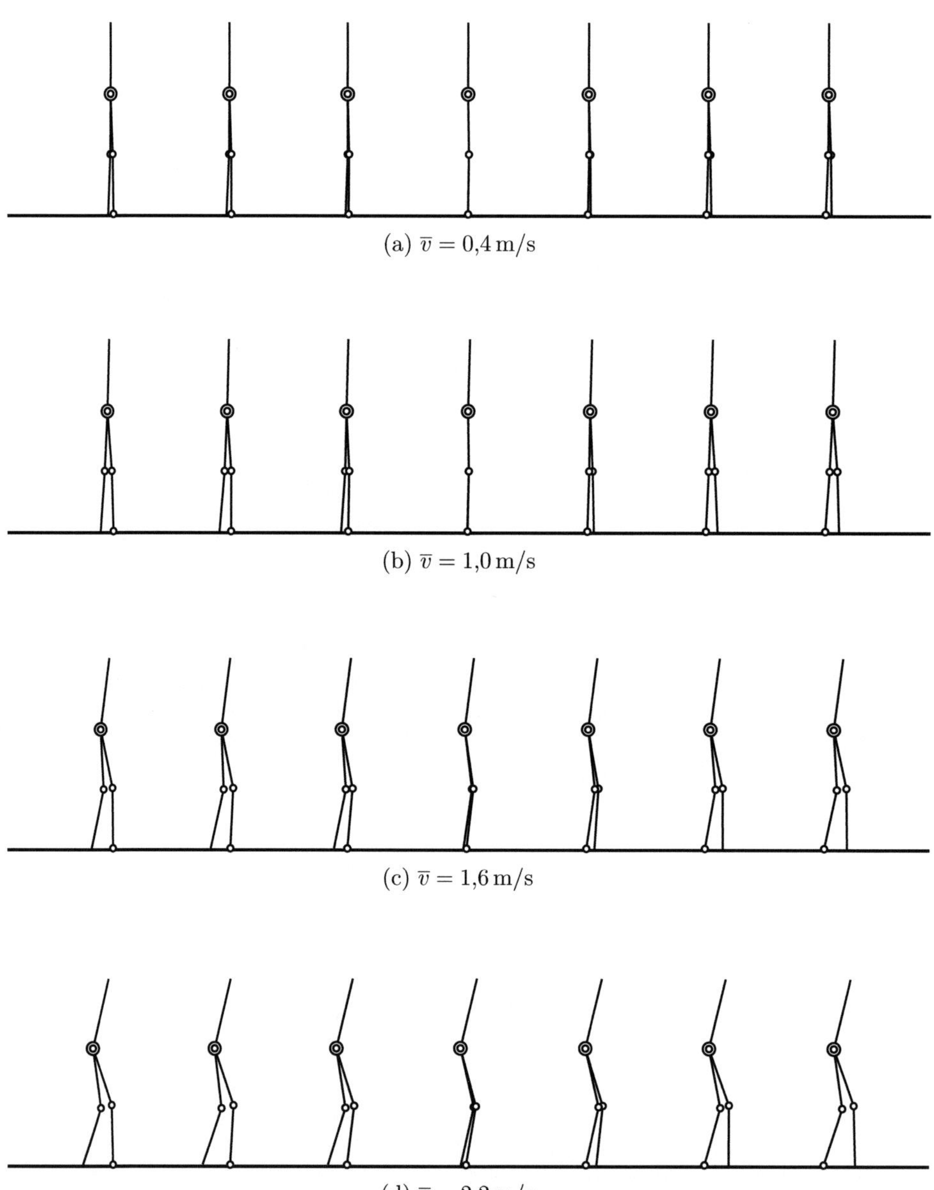

(a) $\overline{v} = 0{,}4\,\mathrm{m/s}$

(b) $\overline{v} = 1{,}0\,\mathrm{m/s}$

(c) $\overline{v} = 1{,}6\,\mathrm{m/s}$

(d) $\overline{v} = 2{,}2\,\mathrm{m/s}$

Abbildung 6.6: Vergleich der Bewegungen des Fünfsegmentläufers mit elastischer Kopplung der Unterschenkel (BU_BU) bei unterschiedlichen mittleren Geschwindigkeiten $\overline{v}$ zu sieben äquidistanten Zeitpunkten.

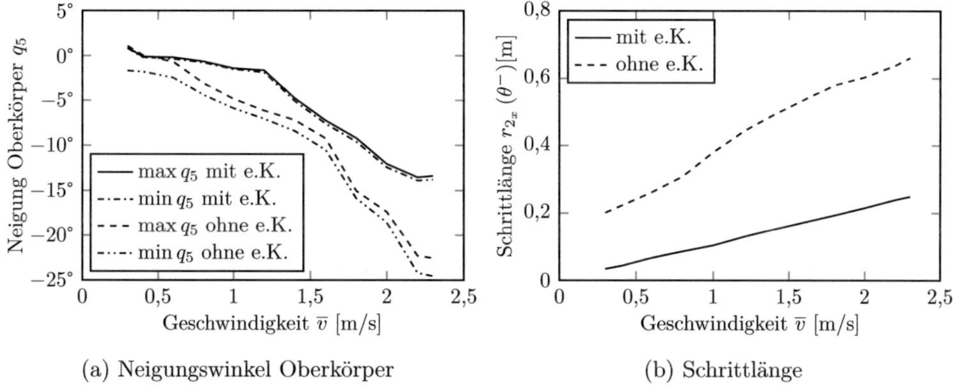

(a) Neigungswinkel Oberkörper

(b) Schrittlänge

Abbildung 6.7: Vergleich der kinematischen Kenngrößen des Fünfsegmentläufers mit und ohne elastischer Kopplung der Unterschenkel (BU_BU) auf Lageebene.

Zur Klärung des Mechanismus des Energieumsatzes und damit der Minimierung der spezifischen Transportkosten des Fünfsegmentläufers durch elastische Kopplungen sowie der Wahl der Zielfunktion werden wie bereits in den vorangegangenen Fällen die spezifischen Energien betrachtet. Aus Gründen der besseren Lesbarkeit werden die spezifischen Energien in Abb. 6.8 mit einer von den bisherigen Darstellungen abweichenden Skalierung aufgetragen. In Abb. 6.8a sind neben der gewählten Zielfunktion der spezifischen Transportkosten (c_T) zum Vergleich die spezifische positive Arbeit (e_{mech}^+) und die spezifische statische Arbeit (e_{stat}) dargestellt. Wie bereits im Fall des Referenzmodells ohne elastische Kopplungen (s. Abb. 6.3a) liegen die spezifische positive Arbeit und die spezifische statische Arbeit in einer Größenordnung, bei $\overline{v} = 2{,}3\,\mathrm{m/s}$ beträgt der Unterschied 56,0 %, es kann keine der beiden gegenüber der anderen vernachlässigt werden. Die gewählten spezifischen Transportkosten stellen somit in allen betrachteten Fällen die geeignete Zielfunktion dar.

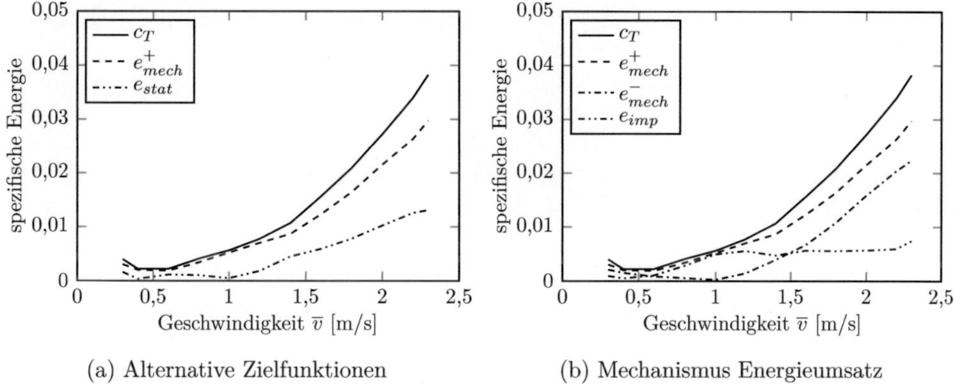

(a) Alternative Zielfunktionen

(b) Mechanismus Energieumsatz

Abbildung 6.8: Vergleich der spezifischen Energien des Fünfsegmentläufers mit elastischer Kopplung der Unterschenkel (BU_BU).

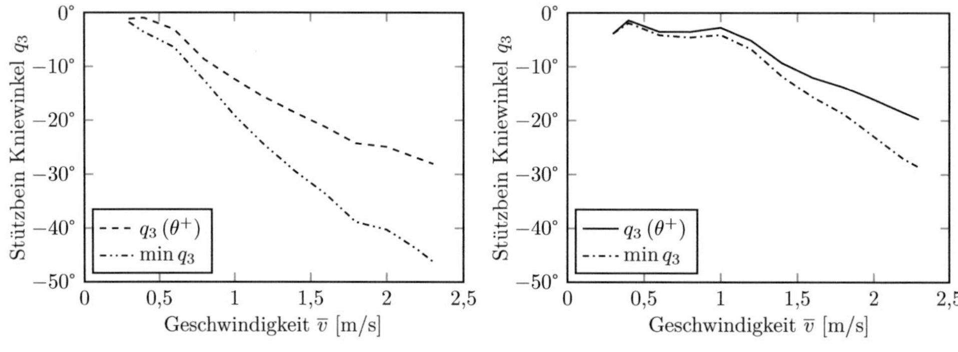

(a) ohne elastische Kopplungen

(b) mit elastischer Kopplung der Unterschenkel

Abbildung 6.9: Vergleich des Kniewinkels im stoßenden Bein des Fünfsegmentläufers mit und ohne elastischer Kopplung der Unterschenkel (*BU_BU*).

Zur Untersuchung des Mechanismus des Energieumsatzes werden in Abb. 6.8b die spezifische positive mechanische Arbeit (e^+_{mech}), die spezifische negative mechanische Arbeit (e^-_{mech}) und die spezifischen Stoßverluste (e_{imp}) des Fünfsegmentläufers mit linearer elastischer Kopplung der Unterschenkel miteinander verglichen. Im unteren Geschwindigkeitsbereich ($\overline{v} = 0{,}3 - 1{,}0\,\text{m/s}$) wird die durch spezifische positive mechanische Arbeit in das System eingebrachte Energie beinahe vollständig im Stoß verbraucht. Für Geschwindigkeiten über $\overline{v} = 1{,}0\,\text{m/s}$ bleiben die spezifischen Stoßverluste annähernd konstant und die spezifische negative mechanische Arbeit nimmt annähernd linear zu. Dies lässt eine Reduktion der Stoßverluste durch Beugen des Knies beim Stoß vermuten. In der Tat nimmt der Kniewinkel des stoßenden Beins beim Fünfsegmentläufer mit elastischer Kopplung zum Stoßzeitpunkt für Geschwindigkeiten über $\overline{v} = 1{,}0\,\text{m/s}$ signifikant zu (s. Abb. 6.9b). Beim Überstreichen des Bereichs des Stützbeinkniewinkels vom Wert direkt nach dem Stoß ($q_3\,(\theta^+)$) bis zum Minimalwert ($\min q_3$) findet ein Abbremsen und damit ein Verrichten negativer mechanischer Arbeit statt. Folglich nimmt mit dem Winkelbereich ($q_3\,(\theta^+) - \min q_3$) die spezifische negative mechanische Arbeit zu. Für das Referenzmodell ohne elastische Kopplungen ist die Verkleinerung der Schrittlänge nicht lukrativ, wie noch zu zeigen ist, folglich nutzt es den Effekt der Minimierung der Stoßverluste durch Anwinkeln des Knies beim Stoß stärker und beginnt damit bereits im niedrigen Geschwindigkeitsbereich (s. Abb. 6.9a).

Zur Quantifizierung der Minimierung der spezifischen Transportkosten werden in Abb. 6.10 die spezifischen Energien des Fünfsegmentläufers mit und ohne elastischer Kopplung der Unterschenkel miteinander verglichen. Die spezifischen Transportkosten (c_T) des Fünfsegmentläufers mit linearer elastischer Kopplung der Unterschenkel liegen dabei im kompletten Geschwindigkeitsbereich ($\overline{v} = 0{,}3 - 2{,}3\,\text{m/s}$) unter denjenigen des Fünfsegmentläufers ohne elastische Kopplungen (s. Abb. 6.10a). Mittels elastischer Kopplung der Unterschenkel können die mittleren spezifischen Transportkosten von $\overline{c}_T = 0{,}06540$ auf $\overline{c}_T = 0{,}01302$ um 80,1 % signifikant reduziert werden. Die mittlere spezifische statische Arbeit, die Wärmebelastung der Aktoren, nimmt von $\overline{e}_{stat} = 0{,}0395$ auf $\overline{e}_{stat} = 0{,}00458$ um 88,4 % ab.

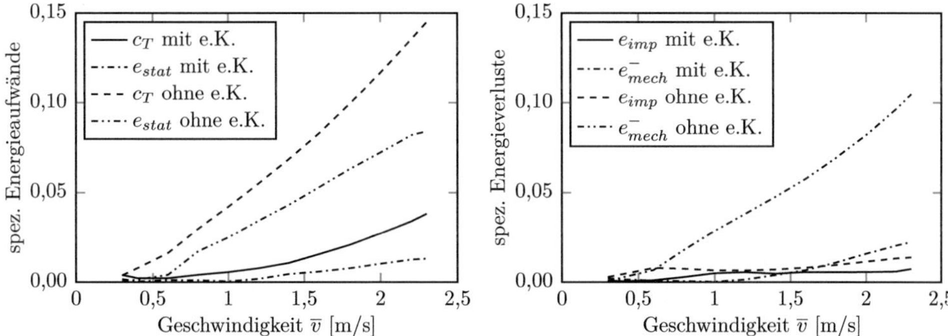

(a) Vergleich der spezifischen Energieaufwände   (b) Vergleich der spezifischen Energieverluste

Abbildung 6.10: Vergleich der spezifischen Energien des Fünfsegmentläufers mit und ohne elastischer Kopplung der Unterschenkel (BU_BU).

Ein Vergleich der spezifischen Energieverluste des Fünfsegmentläufers mit und ohne elastischer Kopplung der Unterschenkel zeigt, dass neben der spezifischen negativen mechanischen Arbeit (e^-_{mech}) die spezifischen Stoßverluste (e_{imp}) reduziert werden (s. Abb. 6.10b).

Zur Untersuchung des Mechanismus der Minimierung der spezifischen Transportkosten auf Momentenebene werden in Abb. 6.11 die Gelenkmomente der Aktoren **u** des Fünfsegmentläufers mit und ohne elastischer Kopplung der Unterschenkel (BU_BU) sowie die Gelenkmomente der elastischen Kopplung $\mathbf{T}_{ec}$ [1] über den Gelenkwinkeln **q** bei einer mittleren Geschwindigkeit von $\bar{v} = 1{,}3\,\mathrm{m/s}$ dargestellt.

In den Hüftgelenken (q_1 und q_2) zeigen die Aktormomente (u_1 und u_2) am Anfang des Schritts zunächst entgegen der Gelenkwinkelgeschwindigkeiten, wirken damit bremsend und verrichten negative mechanische Arbeit (s. Abbn. 6.11a und 6.11b). Anschließend zeigen die Aktormomente (u_1 und u_2) weitestgehend in Richtung der Gelenkwinkelgeschwindigkeiten, wirken damit beschleunigend und verrichten positive mechanische Arbeit. Die Momente der elastischen Kopplung in den Hüftgelenken (T_{ec_1} und T_{ec_2}) zeigen beide in der ersten Hälfte des Schrittes in die gleiche Richtung wie die jeweilige Gelenkwinkelgeschwindigkeit und wirken beschleunigend, in der zweiten Hälfte zeigen sie in entgegengesetzter Richtung und wirken bremsend. Durch die elastische Kopplung der Unterschenkel lässt sich die Funktion des Aktors im Schwungbeinhüftgelenk (q_2) beinahe vollständig ersetzen, sein Maximalmoment wird von $u_2^{max} = 636\,\mathrm{Nm}$ für den Fünfsegmentläufer ohne elastische Kopplung auf $u_2^{max} = 44{,}7\,\mathrm{Nm}$ für den Fünfsegmentläufer mit elastischer Kopplung der Unterschenkel reduziert. Der Aktor im Standbeinhüftgelenk (q_1) hat zudem die Funktion der Abstützung des Oberkörpers, sein Maximalmoment lässt sich von $u_1^{max} = 858\,\mathrm{Nm}$ für den Fünfsegmentläufer ohne elastische Kopplung auf $u_1^{max} = 124\,\mathrm{Nm}$ für den Fünfsegmentläufer mit linearer elastischer Kopplung der Unterschenkel reduzieren.

---

[1] Die Gelenkmomente $\mathbf{T}_{ec}$ der elastischen Kopplung sind linear bezüglich des übersetzten Relativwinkels $\varphi_{BU1\_BU2} = q_2 - q_1 + i_{BU\_BU}\,(q_4 - q_3)$ von Schwungbeinunterschenkel und Standbeinunterschenkel.

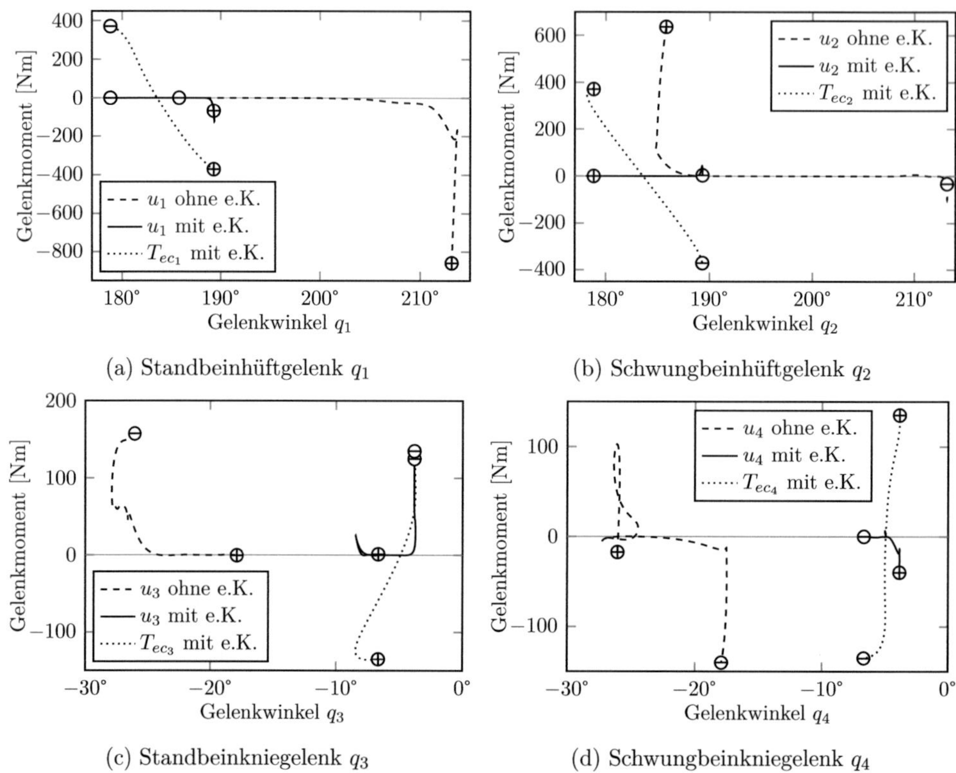

(a) Standbeinhüftgelenk q_1

(b) Schwungbeinhüftgelenk q_2

(c) Standbeinkniegelenk q_3

(d) Schwungbeinkniegelenk q_4

Abbildung 6.11: Vergleich der Gelenkmomente der Aktoren $\mathbf{u}$ des Fünfsegmentläufers mit und ohne elastischer Kopplung der Unterschenkel (BU_BU) sowie der Gelenkmomente der elastischen Kopplung $\mathbf{T}_{ec}$ dargestellt über den Gelenkwinkeln $\mathbf{q}$ (Anfang $\oplus$, Ende $\ominus$) bei $\overline{v} = 1{,}3\,\mathrm{m/s}$.

Die Verläufe in den Kniegelenken (q_3 und q_4) sind erheblich komplizierter (s. Abbn. 6.11c und 6.11d), weshalb an dieser Stelle auf eine Interpretation des Energieflusses verzichtet wird. Die Maximalbeträge der Aktormomente (u_3 und u_4) der Kniegelenke werden ebenfalls durch die elastische Kopplung der Unterschenkel reduziert, für das Standbeinkniegelenk (q_3) von $u_3^{max} = 157\,\mathrm{Nm}$ auf $u_3^{max} = 125\,\mathrm{Nm}$ und das Schwungbeinkniegelenk (q_4) von $u_4^{max} = 140\,\mathrm{Nm}$ auf $u_4^{max} = 39{,}8\,\mathrm{Nm}$.

Abschließend ist die Frage zu klären, weshalb der Fünfsegmentläufer ohne elastische Kopplungen keinen Gebrauch von der Reduktion der Stoßverluste durch Minimierung der Schrittlänge macht. Hierzu wird analog zur Vorgehensweise beim Dreisegmentläufer das Schwungbein als einfaches physikalisches Pendel modelliert (s. Abb. 6.12a). Zur Bestimmung der Parameter Schwerpunktposition (r_B) und Massenträgheitsmoment (J_B) des Pendels werden die Mittelwerte über den Bewegungsverlauf des für den jeweiligen Zeitpunkt als ein starrer Körper angenommenen Schwungbeins gebildet. Die elastische Kopplung wird als direkt auf das Hüftgelenk wirkend angenommen.

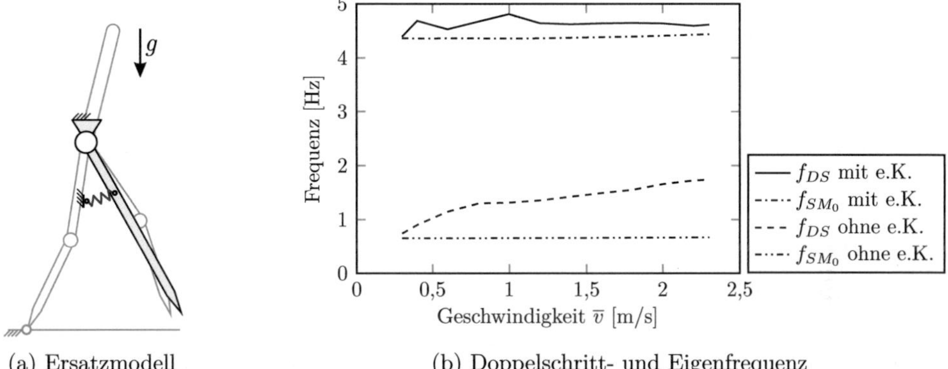

(a) Ersatzmodell   (b) Doppelschritt- und Eigenfrequenz

Abbildung 6.12: Vergleich der optimierten Doppelschrittfrequenz des Fünfsegmentläufers und der Eigenfrequenz des Schwungbeinmodells mit und ohne elastischer Kopplung der Unterschenkel (*BU_BU*).

In Abb. 6.12b wird die Doppelschrittfrequenz des Fünfsegmentläufers der optimierten Bewegung (f_{DS}) mit der Eigenfrequenz des Schwungbeinmodells (f_{SM_0} s. Gl. (5.4)) verglichen. Der Fünfsegmentläufer ohne elastische Kopplungen bewegt sich im kompletten Geschwindigkeitsbereich mit einer erheblich über der Eigenfrequenz des Ersatzmodells liegenden Doppelschrittfrequenz fort, bei einer Geschwindigkeit von $\overline{v} = 2,3\,\text{m/s}$ gar mit der 2,59-fachen Eigenfrequenz. Folglich wäre eine weitere Entfernung des Betriebspunkts von der Eigenfrequenz des Ersatzmodells und damit der natürlichen Frequenz des Fünfsegmentläufers aus Gesichtspunkten der Energieeffizienz kontraproduktiv. Analog zum entsprechenden Dreisegmentläufer wird mit der elastischen Kopplung die natürliche Frequenz des Fünfsegmentläufers erhöht, bei einer Geschwindigkeit von $\overline{v} = 2,3\,\text{m/s}$ steigt die Eigenfrequenz des Schwungbeinmodells von $0,672\,\text{Hz}$ auf $4,44\,\text{Hz}$. Die Doppelschrittfrequenz des Fünfsegmentläufers der optimierten Bewegung ist dabei über den kompletten Geschwindigkeitsbereich bei einer Spannweite von 9,09 % annähernd konstant und folgt der Eigenfrequenz des Ersatzmodells mit einer maximalen Abweichung von 10,4 %. Folglich bewegt sich ein energieeffizienter Fünfsegmentläufer in Resonanz.

Zusammenfassend lässt sich festhalten, dass der Mechanismus der Minimierung der spezifischen Transportkosten des Fünfsegmentläufers aus einer Reduktion der Stoßverluste durch Verkleinern der Schrittweite bei Erhöhen der natürlichen Frequenz besteht. Hierdurch wird der Mechanismus zum Abfedern des Stoßes im Stützbeinkniegelenk weniger stark genutzt und die spezifische negative mechanische Arbeit nimmt ab. Mit optimierter elastischer Kopplung wird über einen weiten Geschwindigkeitsbereich ($\overline{v} = 0,3 - 2,3\,\text{m/s}$) die Bewegung des Roboters in Resonanz ermöglicht. Dies lässt eine Minimierung der mittleren spezifischen Transportkosten im Vergleich zum Referenzmodell um 80,1% zu.

6.4 Einfluss der Topologie der elastischen Kopplungen

Mit dem Ziel einer konstruktiven Umsetzung soll der Einfluss der Topologie der elastischen Kopplungen des Fünfsegmentläufers auf die Transportkosten untersucht werden. Wie in Abschn. 3.1.5 erläutert, lässt sich die Wirkung aller zu berücksichtigenden elastischen Kopplungen auf die Systemdynamik des Fünfsegmentläufers als Kombination von sechs elementaren elastischen Kopplungen darstellen. Zur Ermittlung der optimalen Topologie der elastischen Kopplung werden deshalb zunächst die elementaren elastischen Kopplungen untersucht, gegebenenfalls miteinander kombiniert und in einem weiteren Schritt mittels geeigneter Kinematik und Zugfedern realisiert.

6.4.1 Vergleich der korrespondierenden elementaren elastischen Kopplungen

Um die Effektivität der einzelnen elementaren elastischen Kopplung in einer späteren Kombination bewerten zu können, werden im vorliegenden Abschnitt elastische Kopplungen ähnlicher Funktion miteinander verglichen. Wie in Abschn. 6.3 gezeigt, ist bei elastischer Kopplung der Unterschenkel der Oberkörperwinkel annähernd konstant. Bei entsprechender Wahl des Winkels ($\varphi_{0\_O\_BU}$) der entspannten Feder haben somit die elastischen Kopplungen von Oberkörper und Unterschenkel (O_BU) und der Unterschenkel (BU_BU) eine annähernd identische Funktion. Es wird daher von einer direkten (BU_BU) und einer indirekten (O_BU) Kopplung der Unterschenkel gesprochen. Analog zur elastischen Kopplung des Unterschenkels lassen sich direkte und indirekte Kopplungen der Oberschenkel und von Ober- und Unterschenkel definieren. Diese werden dabei darüber klassifiziert, ob die elastische Kopplung innerhalb eines Zweigs der Starrkörperkette Oberkörper-Ober-Unterschenkel verläuft (im Bein) oder zwischen zwei Zweigen (zwischen den Beinen) (s. Abb. 6.13). Im Folgenden werden die jeweiligen elastischen Kopplungen im Bein und zwischen den Beinen bezüglich ihrer Effektivität über die spezifischen Transportkosten (c_T) und bezüglich ihrer Aktivität über die in der elastischen Kopplung zwischengespeicherte, spezifische elastische

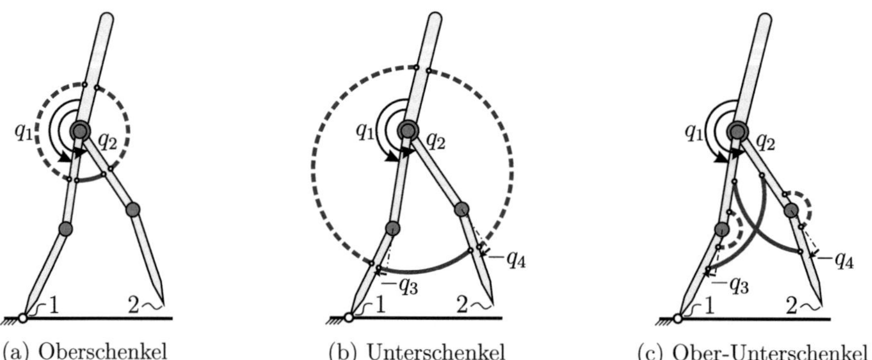

(a) Oberschenkel   (b) Unterschenkel   (c) Ober-Unterschenkel

Abbildung 6.13: Übersicht der Funktion der elastischen Kopplungen des Fünfsegmentläufers im Bein und zwischen den Beinen (gestrichelte bzw. durchgezogene Linie).

Energie (e_{ela}) beurteilt. Die spezifischen Energien des jeweiligen Fünfsegmentläufers werden dabei mit denen der Variante der linearen elastischen Kopplung der Unterschenkel und des Referenzmodells ohne elastische Kopplungen verglichen.

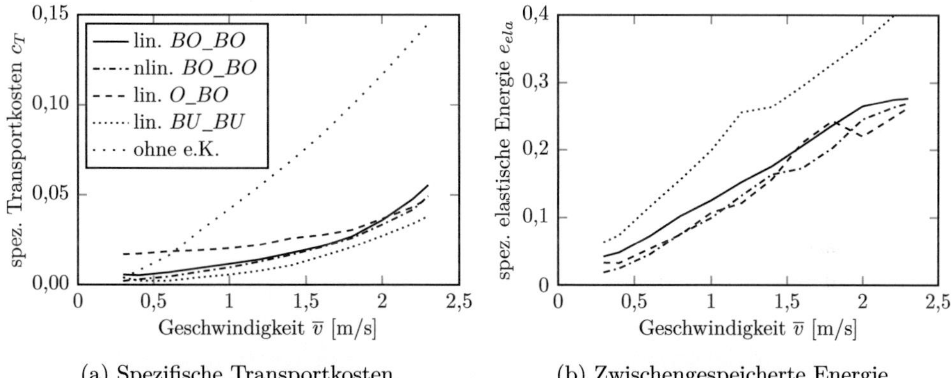

(a) Spezifische Transportkosten   (b) Zwischengespeicherte Energie

Abbildung 6.14: Vergleich der spezifischen Energien des Fünfsegmentläufers mit elastischer Kopplung der Oberschenkel im Bein (O_BO) und zwischen den Beinen (BO_BO).

In Abb. 6.14 sind die spezifischen Energien des Fünfsegmentläufers mit elastischer Kopplung der Oberschenkel im Bein und zwischen den Beinen dargestellt. Wie bereits beim Dreisegmentläufer muss bei der Wahl des Winkels ($\varphi_{0\_O\_BO}$) der entspannten Feder der elastischen Kopplung im Bein aufgrund des mit der Geschwindigkeit zunehmenden Oberkörperwinkels ein Kompromiss getroffen werden. Die spezifischen Transportkosten (c_T) des Fünfsegmentläufers mit elastischer Kopplung zwischen Oberkörper und Oberschenkel (O_BO) liegen folglich im unteren Geschwindigkeitsbereich ($\overline{v} = 0,3 - 0,6\,\mathrm{m/s}$) über jenen des Referenzmodells ohne elastische Kopplung. Im oberen Geschwindigkeitsbereich ($\overline{v} = 2,0 - 2,3\,\mathrm{m/s}$) kann die elastische Kopplung im Bein das statische Haltemoment abstützen, die spezifischen Transportkosten der elastischen Kopplung im Bein liegen leicht unter denen der linearen elastischen Kopplung der Beine (BO_BO). Die mittleren spezifischen Transportkosten der elastischen Kopplung der Oberschenkel im Bein liegen mit $\overline{c}_T = 0{,}02617$ über denen der elastischen Kopplung der Oberschenkel zwischen den Beinen $\overline{c}_T = 0{,}01963$, die sich durch eine nichtlineare Kennlinie noch weiter zu $\overline{c}_T = 0{,}01756$ minimieren lassen. Die in der elastischen Kopplung zwischengespeicherte spezifische elastische Energie (e_{ela}) und damit der Grad der Aktivität unterscheiden sich für die Varianten der elastischen Kopplung im Bein und zwischen den Beinen nur geringfügig.

In Abb. 6.15 sind die spezifischen Energien des Fünfsegmentläufers mit elastischer Kopplung der Unterschenkel im Bein (O_BU) und zwischen den Beinen (BU_BU) dargestellt. Wie bereits im vorherigen Fall ist bei der Kopplung der Unterschenkel beim Winkel ($\varphi_{0\_O\_BU}$) der entspannten Feder der elastischen Kopplung im Bein ein Kompromiss zu finden. Die spezifischen Transportkosten (c_T) der Variante mit Kopplung im Bein liegen im kompletten Geschwindigkeitsbereich über jenen der Kopplung zwischen den Beinen. Somit liegen

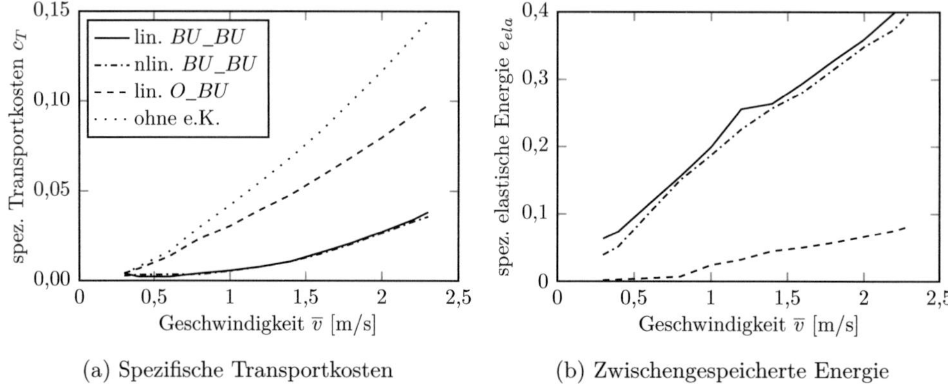

(a) Spezifische Transportkosten

(b) Zwischengespeicherte Energie

Abbildung 6.15: Vergleich der spezifischen Energien des Fünfsegmentläufers mit elastischer Kopplung der Unterschenkel im Bein (O_BU) und zwischen den Beinen (BU_BU).

die mittleren spezifischen Transportkosten der elastischen Kopplung der Unterschenkel im Bein mit $\bar{c}_T = 0{,}04593$ weit über denen der elastischen Kopplung der Unterschenkel zwischen den Beinen $\bar{c}_T = 0{,}01302$, die sich durch eine nichtlineare Kennlinie lediglich um $5{,}63\,\%$ zu $\bar{c}_T = 0{,}01285$ minimieren lassen. Der Fünfsegmentläufer mit elastischer Kopplung im Bein liegt bei der zwischengespeicherten elastischen Energie (e_{ela}) weit unter dem Fünfsegmentläufer mit elastischer Kopplung zwischen den Beinen.

In Abb. 6.16 sind die spezifischen Energien des Fünfsegmentläufers mit elastischer Kopplung von Ober- und Unterschenkel im Bein (BO_BU) und zwischen den Beinen ($BO1\_BU2$) dargestellt. Das Knie hat einerseits im Stützbein die Aufgabe die Gesamtlast zu tragen

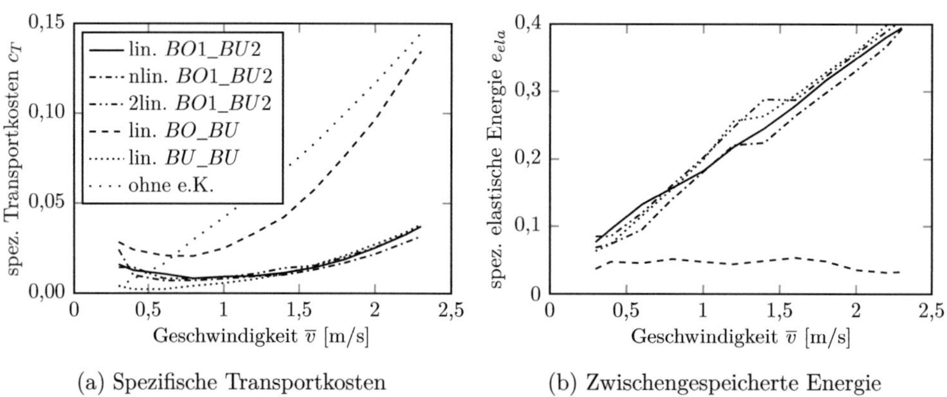

(a) Spezifische Transportkosten

(b) Zwischengespeicherte Energie

Abbildung 6.16: Vergleich der spezifischen Energien des Fünfsegmentläufers mit elastischer Kopplung von Ober- und Unterschenkel im Bein (BO_BU) und zwischen den Beinen ($BO1\_BU2$).

und andererseits im Schwungbein die Aufgabe den Unterschenkel anzuwinkeln. Dies führt zu zwei Momenten im gleichen Winkelbereich mit entgegengesetzten Vorzeichen und damit zu entgegengesetzten Anforderungen für die elastische Kopplung. Folglich ist bei der elastischen Kopplung von Ober- und Unterschenkel im Bein es ungleich schwerer einen geeigneten Kompromiss bei der Wahl des Winkels ($\varphi_{0\_BO\_BU}$) der entspannten Feder zu finden. Die spezifischen Transportkosten (c_T) des Fünfsegmentläufers mit elastischer Kopplung von Ober- und Unterschenkel im Bein liegen im unteren Geschwindigkeitsbereich ($\overline{v} = 0,3 - 0,6\,\mathrm{m/s}$) über denen des Referenzmodells ohne elastische Kopplungen und sonst nicht weit darunter. Die Werte der mittleren spezifischen Transportkosten fügen sich ebenfalls in das bekannte Bild. Der Fünfsegmentläufer mit elastischer Kopplung von Ober- und Unterschenkel im Bein liegt mit $\overline{c}_T = 0,05201$ weit über dem Wert des Fünfsegmentläufers mit elastischer Kopplung von Ober- und Unterschenkel zwischen den Beinen mit $\overline{c}_T = 0,01527$, die sich durch eine nichtlineare Kennlinie erheblich auf $\overline{c}_T = 0,01318$ reduzieren lassen, eine abschnittsweise lineare Kennlinie bringt keine Verbesserung. Die elastische Kopplung im Bein liegt bei der in der Elastizität zwischengespeicherten spezifischen elastischen Energie (e_{ela}) ebenfalls weit unter der elastischen Kopplung zwischen den Beinen.

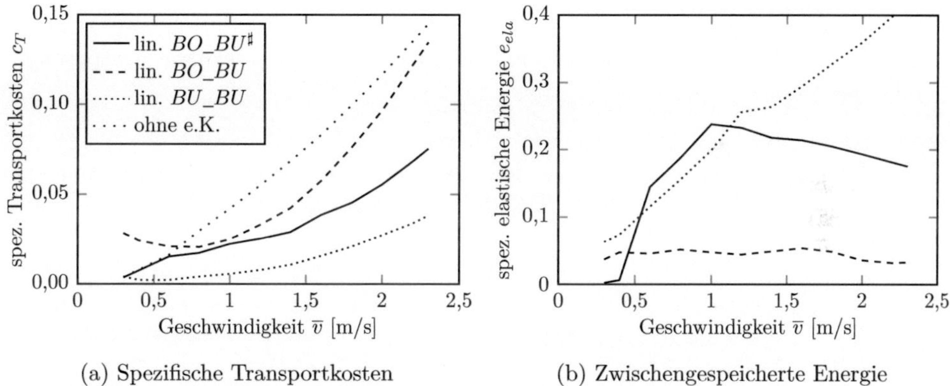

(a) Spezifische Transportkosten   (b) Zwischengespeicherte Energie

Abbildung 6.17: Vergleich der spezifischen Energien des Fünfsegmentläufers mit schaltbarer elastischer Kopplung von Ober- und Unterschenkel im Bein ($BO\_BU^\sharp$).

In Abb. 6.17 sind die spezifischen Energien des Fünfsegmentläufers mit schaltbarer elastischer Kopplung von Ober- und Unterschenkel im Knie ($BO\_BU^\sharp$) mit konstanter Steifigkeit ($k_{BO\_BU^\sharp} = 374\,\mathrm{Nm/rad}$) dargestellt. Um die konträren Anforderungen von Stütz- und Schwungbeinknie an die elastische Kopplung aufzuheben, wird zu Beginn der Stützphase des Beins im Stoß die entspannte elastische Kopplung zugeschaltet und am Ende der Schwungphase beim Abheben des Beins abgeschaltet. Beim Abschalten der elastischen Kopplung kann Energie verloren gehen, dafür bewegt sich das Knie in der Schwungphase frei. In der elastischen Kopplung von Ober- und Unterschenkel im Knie mit Schaltfunktion wird erheblich mehr spezifische elastische Energie (e_{ela}) zwischengespeichert als bei der Variante ohne Schaltfunktion. Sie hat daher einen stärkeren Einfluss auf die Dynamik des Systems. Die spezifischen Transportkosten (c_T) des Fünfsegmentläufers mit elastischer

elastische Kopplung	$\varphi_{0\_K1\_K2}$ [rad]	$k^{+}_{K1\_K2}$ $[\frac{\text{Nm}}{\text{rad}}]$	$k^{-}_{K1\_K2}$ $[\frac{\text{Nm}}{\text{rad}}]$	ν_{K1_K2}	i_{K1_K2}	$\bar{c}_T$	$\frac{\Delta\bar{c}_T}{\bar{c}_{T\_0}}$
ohne						0,06540	
im Bein — lin. O_BO	3,49	1090		1	1	0,02617	60,0 %
im Bein — lin. O_BU	3,06	2250		1	0,800	0,04593	29,8 %
im Bein — lin. BO_BU	-0,475	880		1	1	0,05201	20,5 %
zwischen den Beinen — lin. BO_BO	0	785		1	1	0,01963	70,0 %
zwischen den Beinen — nlin. BO_BO	0	2490		1,93	1	0,01756	73,2 %
zwischen den Beinen — lin. BU_BU	0	2250		1	0,364	0,01302	80,1 %
zwischen den Beinen — nlin. BU_BU	0	2740		1,10	0,345	0,01287	80,3 %
zwischen den Beinen — lin. BO1_BU2	-0,183	1040		1	0,678	0,01527	76,7 %
zwischen den Beinen — nlin. BO1_BU2	-0,198	2400		1,36	0,818	0,01318	79,9 %
zwischen den Beinen — 2lin. BO1_BU2	-0,183	1060	1330	1	0,679	0,01582	75,8 %

Tabelle 6.1: Übersicht der Parameter der elastischen Kopplungen des Fünfsegmentläufers mit mittleren spezifischen Transportkosten und deren relativer Einsparung.

Kopplung von Ober- und Unterschenkel im Bein können durch die Schaltfunktion gesenkt werden, sie liegen jedoch weiterhin erheblich über dem Wert bei elastischer Kopplung der Unterschenkel zwischen den Beinen. Elastische Kopplungen mit Schaltfunktion werden daher nicht weiter betrachtet.

Die in Gl. (5.1) eingeführten und hier nicht dargestellten spezifischen Energien der verschiedenen elastischen Kopplungen des Fünfsegmentläufers sind in Anhang B.1 abgedruckt.

Zusammenfassend ist in Tab. 6.1 eine Übersicht der Parameter der einzelnen elementaren elastischen Kopplungen des Fünfsegmentläufers und den daraus resultierenden mittleren spezifischen Transportkosten gegeben. Der Vergleich korrespondierender elastischer Kopplungen ergibt, dass für die Kopplungen im Bein die Wahl des Winkels der entspannten Feder aufgrund mit der Geschwindigkeit variabler Winkelbereiche ein Kompromiss darstellt. Hierdurch ist der Fünfsegmentläufer mit Kopplung im Bein bezüglich der spezifischen Transportkosten dem mit korrespondierender Kopplung zwischen beiden Beinen unterlegen. Wie bereits am Dreisegmentläufer demonstriert (s. Abschn. 5.4.3) bringt eine Kombination der elastischen Kopplungen im Bein und zwischen den Beinen keine Verbesserung hinsichtlich der spezifischen Transportkosten, da die optimale Funktion der Erhöhung der natürlichen Frequenz des Fünfsegmentläufers bereits in der elastischen Kopplung zwischen den Beinen enthalten ist. Die Suche nach der optimalen Topologie kann folglich auf die Untersuchung der elastischen Kopplungen zwischen den Beinen reduziert werden.

6.4.2 Vergleich der elementaren elastischen Kopplungen zwischen den Beinen

Zur Bestimmung der optimalen Topologie werden nun die elementaren elastischen Kopplungen zwischen den Beinen miteinander verglichen und gegebenenfalls kombiniert. Hierzu sind in Abb. 6.18 deren spezifische Transportkosten (c_T) und die in der elastischen Kopplung zwischengespeicherten, spezifischen elastischen Energien (e_{ela}) dargestellt. Die mittleren

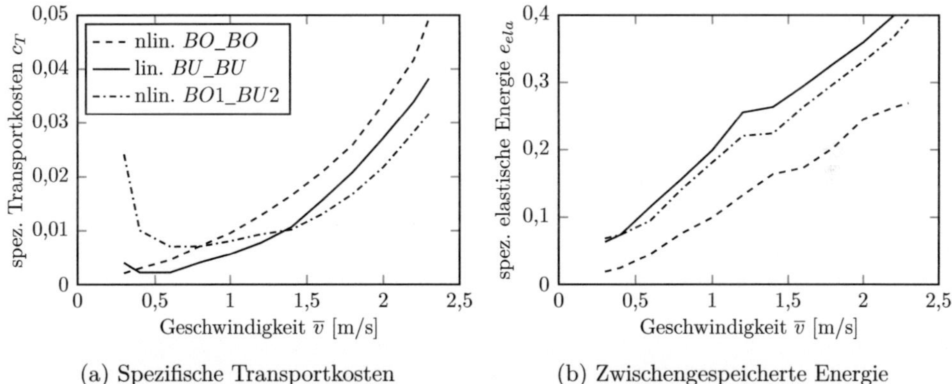

(a) Spezifische Transportkosten   (b) Zwischengespeicherte Energie

Abbildung 6.18: Vergleich der spezifischen Energien des Fünfsegmentläufers mit elastischen Kopplungen zwischen den Beinen.

spezifischen Transportkosten ($\bar{c}_T = 0{,}01756$) der elastischen Kopplung der Oberschenkel (BO_BO) sind mit Abstand schlechter als diejenigen ($\bar{c}_T = 0{,}01302$) der elastischen Kopplung der Unterschenkel (BU_BU) sowie diejenigen ($\bar{c}_T = 0{,}01318$) der elastischen Kopplung der Ober- und Unterschenkel ($BO1\_BU2$), welche nahe zusammen liegen. Im unteren bis mittleren Geschwindigkeitsbereich ($\bar{v} = 0{,}3 - 1{,}4\,\mathrm{m/s}$) ist die elastische Kopplung der Unterschenkel, im mittleren bis oberen Geschwindigkeitsbereich ($\bar{v} = 1{,}4 - 2{,}3\,\mathrm{m/s}$) die elastische Kopplung der Ober- und Unterschenkel von Vorteil. Die zwischengespeicherte, spezifische elastische Energie der elastischen Kopplung der Unterschenkel und der elastischen Kopplung der Ober- und Unterschenkel liegen nahe beieinander, wohingegen die der elastischen Kopplung der Oberschenkel mit Abstand darunter liegt. Die elastische Kopplung der Oberschenkel ist somit weitaus weniger aktiv als die elastische Kopplung der Unterschenkel und die elastische Kopplung der Ober- und Unterschenkel.

Bei einer Kombination der elementaren elastischen Kopplung der Oberschenkel mit der elementaren elastischen Kopplung der Unterschenkel bzw. mit der elementaren elastischen Kopplung der Ober- und Unterschenkel wird die Steifigkeit der elastischen Kopplung der Oberschenkel so weit minimiert, bis sie keinen Einfluss mehr hat und lediglich die elastische Kopplung der Unterschenkel bzw. die elastische Kopplung der Ober- und Unterschenkel vorliegt. Auch eine Kombination der elementaren elastischen Kopplung der Unterschenkel und der elementaren elastischen Kopplung der Ober- und Unterschenkel bringt keine weitere Reduktion der mittleren spezifischen Transportkosten. Zur Erklärung dieses Sachverhalts werden mittels linearer Momentenkennlinien gemäß Gl. (3.43) die resultierenden Gelenkmomente $\mathbf{T}_{K1\_K2}$ der elastischen Kopplungen bezüglich der Koordinaten $\mathbf{q} = [q_1,\ q_2,\ q_3,\ q_4,\ q_5]^T$ aufgestellt:

$$\mathbf{T}_{BO\_BO} = -k_{BO\_BO} \begin{bmatrix} -(q_2 - q_1) \\ (q_2 - q_1) \\ 0 \\ 0 \\ 0 \end{bmatrix}_{\mathbf{q}} , \tag{6.1a}$$

$$\mathbf{T}_{BU\_BU} = -k_{BU\_BU} \begin{bmatrix} -(q_2 - q_1 + i_{BU\_BU}(q_4 - q_3)) \\ (q_2 - q_1 + i_{BU\_BU}(q_4 - q_3)) \\ -i_{BU\_BU}(q_2 - q_1 + i_{BU\_BU}(q_4 - q_3)) \\ i_{BU\_BU}(q_2 - q_1 + i_{BU\_BU}(q_4 - q_3)) \\ 0 \end{bmatrix}_{\mathbf{q}} , \tag{6.1b}$$

$$\mathbf{T}_{BO2\_BU1} = -2k_{BO1\_BU2} \begin{bmatrix} -\left(q_2 - q_1 + \tfrac{1}{2}i_{BO1\_BU2}(q_4 - q_3)\right) \\ \left(q_2 - q_1 + \tfrac{1}{2}i_{BO1\_BU2}(q_4 - q_3)\right) \\ -\tfrac{1}{2}i_{BO1\_BU2}\left(q_2 - q_1 + i_{BO1\_BU2}\left(\frac{\varphi_{0\_BO1\_BU2}}{i_{BO1\_BU2}} - q_3\right)\right) \\ \tfrac{1}{2}i_{BO1\_BU2}\left(q_2 - q_1 + i_{BO1\_BU2}\left(q_4 - \frac{\varphi_{0\_BO1\_BU2}}{i_{BO1\_BU2}}\right)\right) \\ 0 \end{bmatrix}_{\mathbf{q}} . \tag{6.1c}$$

Das Moment der elastischen Kopplung der Oberschenkel (*BO_BO* s. Gl. (6.1a)) kann dabei durch die elastische Kopplung der Unterschenkel bzw. der Ober- und Unterschenkel ebenfalls dargestellt werden, indem die jeweilige Übersetzung zu null gesetzt wird. Die elastische Kopplung der Oberschenkel bringt folglich keine neue Funktion in die Kombination ein und braucht nicht weiter betrachtet zu werden. Die Momente der elastischen Kopplung der Unterschenkel (*BU_BU* s. Gl. (6.1b)) und der elastischen Kopplung der Ober- und Unterschenkel (*BO2_BU1* s. Gl. (6.1c)) auf die Gelenkwinkel zwischen Oberkörper und Oberschenkel (q_1 und q_2) sind identisch. Die Momente dieser elastischen Kopplungen auf die Gelenkwinkel zwischen Oberschenkel und Unterschenkel (q_3 und q_4) unterscheiden sich lediglich im Beitrag des Arguments ebendieser Gelenkwinkel. Die Differenz der Gelenkwinkel zwischen Oberkörper und Oberschenkel ist größer als die der Gelenkwinkel zwischen Oberschenkel und Unterschenkel, zudem wird sie nicht untersetzt. Folglich ist der Unterschied der Gelenkmomente der elastischen Kopplung der Unterschenkel und der elastischen Kopplung der Ober- und Unterschenkel gering und damit deren Funktion sehr ähnlich. Durch einer Kombination der elastischen Kopplung der Unterschenkel mit der der elastischen Kopplung der Ober- und Unterschenkel können die spezifischen Transportkosten nicht wesentlich im Mittel gesenkt, es kann lediglich deren Verlauf beeinflusst werden.

6.4.3 Optimale elastische Kopplung

Für die Umsetzung der elastischen Kopplungen im realen Roboter ist eine möglichst einfache Konstruktion zu bevorzugen. Die Kombination der elementaren elastischen Kopplungen der Unterschenkel und der elementaren elastischen Kopplung der Ober- und Unterschenkel zwischen beiden Beinen scheidet somit aus. Zur Umsetzung der elastischen Kopplung der Ober- und Unterschenkel zwischen beiden Beinen sind zwei Federn erforderlich. Folglich besteht die optimale elastische Kopplung des Fünfsegmentläufers hinsichtlich der spezifischen Transportkosten aus der linearen Kopplung der Unterschenkel zwischen den Beinen mit lediglich einer Feder konstanter Steifigkeit.

Das Gelenkmoment der optimalen elastischen Kopplung $\mathbf{T}_{BU\_BU}$ (s. Gl. (6.1b)) hängt lediglich von der relativen Orientierung der beiden Ober- und Unterschenkel ab. Damit wird die Oberkörperbewegung und das parallele Beugen der Knie des Roboters bei Manipulationsaufgaben durch die gewählte Kopplung nicht beeinflusst.

Die optimale elastische Kopplung erfüllt ihre energieeinsparende Funktion in allen Robotern mit Gestalt des Fünfsegmentläufers, solange deren Konstruktion und Regelungskonzept die Entwicklung der natürlichen Dynamik zulässt, sowie elastische Kopplung und Bewegung geeignet aufeinander abgestimmt sind.

Zur Quantifizierung der Einsparung der spezifischen Transportkosten im realen Fall wird auf den Fünfsegmentläufer mit der in Abschn. 3.2 bestimmten Gelenkdämpfungskonstanten $d_G = 8\,\mathrm{Nm\,s/rad}$ übergegangen und die Bewegung sowie gegebenenfalls die elastische Kopplung optimiert.

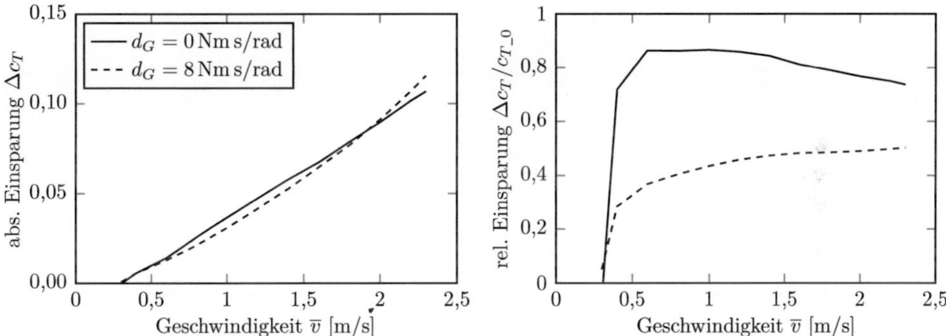

(a) Absolut eingesparte spez. Transportkosten   (b) Relativ eingesparte spez. Transportkosten

Abbildung 6.19: Einfluss der viskosen Gelenkreibung (d_G) auf die absolut bzw. relativ eingesparten spezifischen Transportkosten des Fünfsegmentläufers durch elastische Kopplung der Unterschenkel (BU_BU).

In Abb. 6.19 sind die mittels der elastischen Kopplung der Unterschenkel (BU_BU) absolut (Δc_T) bzw. relativ eingesparten spezifischen Transportkosten $(\Delta c_T/c_{T\_0})$ dargestellt. Die Verläufe der dazugehörigen spezifischen Transportkosten sind in Anhang B.2 abgebildet. Wie bereits beim Dreisegmentläufer (s. Abschn. 5.9) sind beim Fünfsegmentläufer die durch elastische Kopplungen absolut eingesparten Transportkosten unabhängig von der linear viskosen Gelenkreibung, die relativ eingesparten Transportkosten nehmen dagegen mit zunehmender Gelenkreibung ab.

Für den angenommenen reduzierten Antriebsstrang mit der Gelenkdämpfungskonstanten $d_G = 8\,\mathrm{Nm\,s/rad}$ nimmt die Einsparung der mittleren spezifischen Transportkosten durch elastische Kopplung der Beine von 80,1 % auf 47,0 % um 41,3 % und die Reduzierung der Wärmebelastung von 88,4 % auf 81,5 % um 7,8 % ab. Beim Übergang vom akademischen Fall ohne Gelenkreibung auf einen realitätsnahen Wert wird die relative Einsparung der spezifischen Transportkosten durch elastische Kopplungen zwar reduziert, verbleibt aber in einem für die Praxis relevanten Bereich. Die Reduzierung der Wärmebelastung bleibt dagegen sehr hoch, was ein Downsizing des Aktors ermöglicht. Wird beispielsweise die Getriebeübersetzung reduziert, so nimmt die effektive Gelenkreibung ab und die relativ eingesparten Transportkosten lassen sich weiter erhöhen.

6.4.4 Konstruktive Umsetzung der optimalen elastischen Kopplung

Bislang wurde die elastische Kopplung der Unterschenkel des Fünfsegmentläufers lediglich über das Gelenkmoment $\mathbf{T}_{BU\_BU}$ (s. Gl. (6.1b)) und damit über ihre beiden Teilfunktionen Elastizität und Gelenkwinkelübersetzung beschrieben. Im vorliegenden Abschnitt wird nun exemplarisch die Gestaltung einer solchen elastischen Kopplung skizziert, wobei gemäß dem Konstruktionsparadigma „Trennung der Funktion" die beiden Teilfunktionen Elastizität und Gelenkwinkelübersetzung in getrennten Teilsystemen umgesetzt werden.

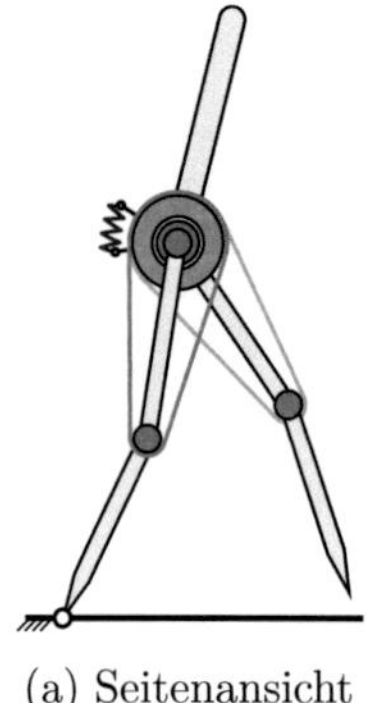

(a) Seitenansicht

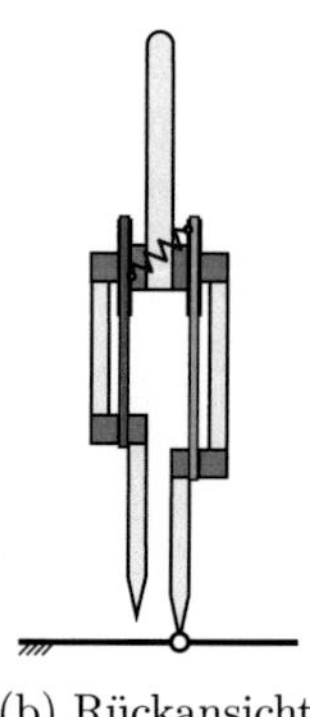

(b) Rückansicht

Abbildung 6.20: Konstruktive Umsetzung der optimalen elastischen Kopplung des Fünfsegmentläufers (BU_BU) mittels Riementrieb und Zugfeder.

Die Übersetzung der jeweiligen Kniegelenkwinkel (q_3, q_4) erfolgt dabei wie in Abb. 6.20 angedeutet über einen Riementrieb. Der geeignet vorgespannte Riemen läuft über zwei Riemenscheiben, von denen eine im Kniegelenk fest mit dem Unterschenkel verbunden und die zweite frei drehbar im Hüftgelenk gelagert ist. Die Übersetzung i_{BU_BU} entspricht dabei gerade dem Verhältnis der Radien der beiden Scheiben. Im Argument des Gelenkmoments $\mathbf{T}_{BU\_BU}$ der elastischen Kopplung zwischen den Unterschenkeln (s. Gl. (6.1b)) steht der Relativwinkel der beiden in der Hüfte gelagerten Riemenscheiben. Folglich wird die Elastizität zwischen diesen beiden Riemenscheiben angebracht. Im einfachsten Fall besteht sie aus einer linearen Zugfeder. Durch die Kennlinie der eingesetzten Elastizität und den axialen Abstand der Befestigungspunkte an den beiden Riemenscheiben lässt sich der Grad der Nichtlinearität in einem weiten Bereich einstellen.

Zusammenfassend kann festgehalten werden, dass sich die optimale elastische Kopplung des Fünfsegmentläufers mittels einfacher konstruktiver Elemente umsetzen lässt und darüber hinaus an einem bestehenden Roboter nachrüstbar ist.

6.5 Einfluss des Grads der Bézier-Polynome

Um negative Effekte zu grob aufgelöster Gelenkwinkel-Solltrajektorien auf die spezifischen Transportkosten des Fünfsegmentläufers auszuschließen, wird der Grad (n_α) der BÉZIER-Polynome variiert. Analog zum Dreisegmentläufer wird die geometrische Folge der Parameter $n_{\alpha_i} - 1 = 5 \times 2^{i-1}$ untersucht.

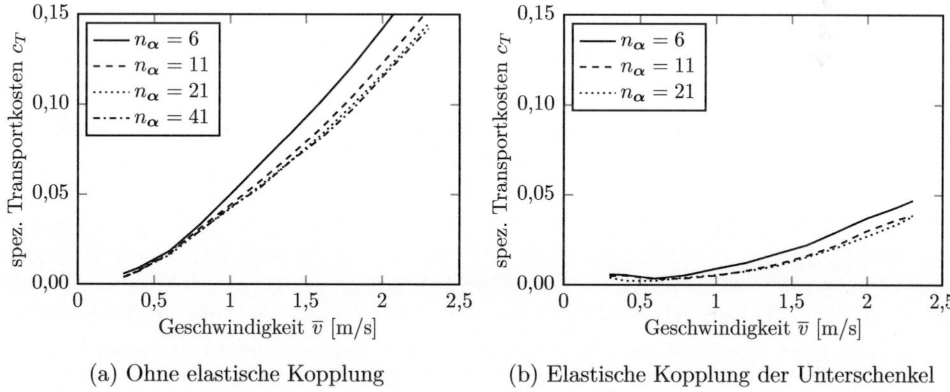

(a) Ohne elastische Kopplung (b) Elastische Kopplung der Unterschenkel

Abbildung 6.21: Einfluss des Grads (n_α) der BÉZIER-Polynome auf die spezifischen Transportkosten des Fünfsegmentläufers mit und ohne elastische Kopplung der Unterschenkel (*BU_BU*).

Wie in Abb. 6.21 dargestellt, gibt es eine signifikante Reduzierung der spezifischen Transportkosten (c_T) bei Erhöhen des Grads (n_α) der BÉZIER-Polynome. Hierdurch stehen eine größere Anzahl an Parametern zur Beschreibung der optimalen Solltrajektorien zur Verfügung. Für die dargestellten Ergebnisse des Fünfsegmentläufers wird der Grad $n_\alpha = 21$ der BÉZIER-Polynome gewählt. Er ist somit hinreichend hoch und begünstigt die Bewertung der Minimierung der spezifischen Transportkosten durch elastische Kopplungen nicht.

6.6 Einfluss der elastischen Kopplungen auf Stabilität und Robustheit

Wie bereits beim Dreisegmentläufer gilt es zu klären, inwiefern die Minimierung der spezifischen Transportkosten des Fünfsegmentläufers durch elastische Kopplungen zu Lasten von Stabilität und Robustheit der periodischen Bewegung und damit der Bewegung des Fünfsegmentläufers geht.

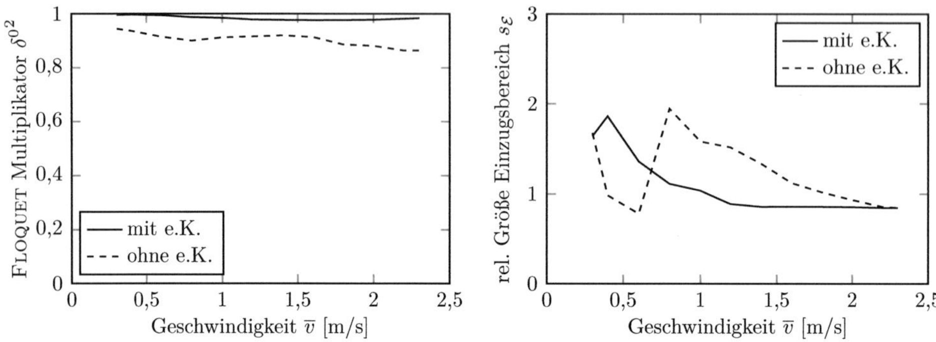

(a) Betrag des FLOQUET-Multiplikators (b) Rel. Größe Einzugsbereich der stab. Lösung

Abbildung 6.22: Einfluss der elastischen Kopplung der Unterschenkel (BU_BU) auf Stabilität und Robustheit der Bewegung des Fünfsegmentläufers.

Hierzu ist in Abb. 6.22 der Einfluss der linearen elastischen Kopplung der Unterschenkel auf Stabilität und Robustheit der Bewegung des Fünfsegmentläufers dargestellt. Wie bereits beim Dreisegmentläufer nimmt der Betrag des FLOQUET-Multiplikators (δ^{02}) im Vergleich zum Referenzmodell prinzipbedingt zu (s. Abb. 6.22a). Die Bewegung ist jedoch weiterhin stabil, bei verringerter Abklinggeschwindigkeit von Störungen.

Die relative Größe ($s_\mathcal{E}$) des Einzugsgebiets der stabilen Bewegung des Fünfsegmentläufers mit elastischer Kopplung der Unterschenkel ist im niedrigen Geschwindigkeitsbereich ($\overline{v} = 0{,}3 - 0{,}6\,\text{m/s}$) größer als die des Referenzmodells ohne elastische Kopplungen, im mittleren Geschwindigkeitsbereich ($\overline{v} = 0{,}6 - 1{,}8\,\text{m/s}$) erheblich kleiner, und im oberen Geschwindigkeitsbereich ($\overline{v} = 1{,}8 - 2{,}3\,\text{m/s}$) nähern sich beide wieder an (s. Abb. 6.22b). Folglich nimmt die Robustheit der stabilen Bewegung des Fünfsegmentläufers durch elastische Kopplung der Unterschenkel im Allgemeinen ab, bietet aber im Bereich niedriger Geschwindigkeiten eine Sicherheitsreserve und ist mit dem Minimalwert von 0,846 zu allen Geschwindigkeiten für den praktischen Betrieb hinreichend groß.

In Abb. 6.23 ist der Einzugsbereich der stabilen Bewegung (ξ_2^*) des Fünfsegmentläufers mit linearer elastischer Kopplung der Unterschenkel dem des Referenzmodells ohne elastische Kopplung gegenübergestellt. Aufgrund der größeren Schrittlänge liegt die obere Schranke durch Rückfallen beim Referenzmodell ohne elastische Kopplungen niedriger als beim Fünfsegmentläufer mit elastischer Kopplung. Gerade im Bereich niedriger Geschwindigkeiten verschafft dies eine wertvolle Sicherheitsreserve. Im mittleren und oberen Geschwindigkeitsbereich ($\overline{v} = 1{,}2 - 2{,}3\,\text{m/s}$) berührt die optimierte Bewegung des Fünfsegmentläufers mit elastischer Kopplung die Haftgrenze. Wie bereits beim Dreisegmentläufer kann durch Optimierung der Bewegung mit der Nebenbedingung eines Haftreibungskoeffizienten mit Sicherheitsreserve μ_0^* die Lage der stabilen Bewegung zum durch die Haftgrenze gegebenen Rand des Einzugsbereich verschoben werden.

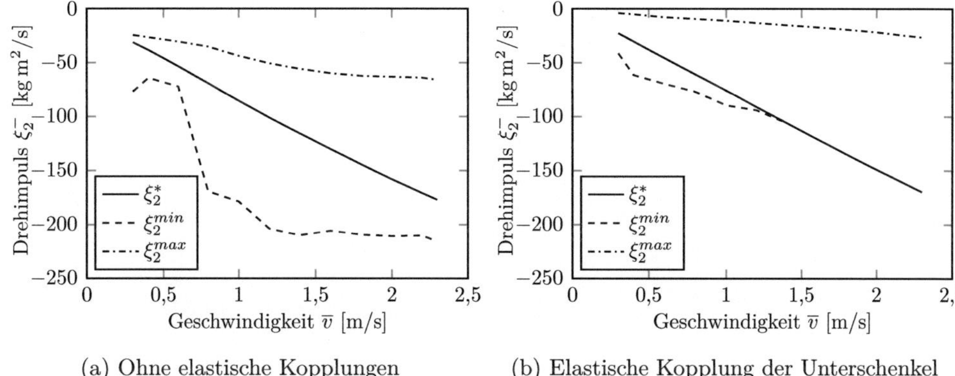

(a) Ohne elastische Kopplungen (b) Elastische Kopplung der Unterschenkel

Abbildung 6.23: Einfluss der elastischen Kopplung der Unterschenkel (BU_BU) auf den Einzugsbereich der stabilen Bewegung des Fünfsegmentläufers.

Zusammenfassend lässt sich festhalten, dass durch Minimierung der spezifischen Transportkosten des Fünfsegmentläufers durch elastische Kopplungen die Geschwindigkeit, mit der Störungen im Gesamtdrehimpuls abklingen, zwangsläufig abnimmt, die Stabilität der Bewegung aber weiterhin gegeben ist. Die Robustheit der Bewegung nimmt durch die elastische Kopplung ebenfalls ab, bleibt aber für den praktischen Betrieb hinreichend groß.

7 Zusammenfassung und Ausblick

Aus der Literatur ist bekannt, dass ein Roboter nur dann effizient gehen kann, wenn seine Regelung nicht gegen die natürliche Dynamik des mechanischen Systems ankämpft, sondern diese zulässt. Bei vorgegebener Konstruktion eines Roboters stellen elastische Kopplungen die einzige Möglichkeit dar, die natürliche Dynamik zu gestalten. Ziel der vorliegenden Arbeit war daher die Untersuchung des Einflusses elastischer Kopplungen auf die Energieeffizienz der Fortbewegung zweibeiniger Roboter.

Hierzu wurden unteraktuierte Roboter betrachtet, die mit dem in [WGC$^+$07] vorgeschlagenen Konzept der virtuellen Zwangsbedingungen geregelt wurden. Bei der Parametrierung des Starrkörpersystems wurde ein 1,80 m großer und 80,0 kg schwerer Roboter mit menschlicher Geometrie und Massenverteilung angenommen. Die dabei gewonnenen Erkenntnisse sind jedoch auf jeden Roboter übertragbar, vorausgesetzt sein Regelungskonzept lässt die Ausbildung der natürlichen Dynamik zu.

Zur Untersuchung des Einflusses der elastischen Kopplungen auf die Systemdynamik wurden diese unabhängig von der jeweiligen Gestaltung über deren Funktion als Gelenkmomente mit abschnittsweise nichtlinearer Kennlinie modelliert. Hierdurch wurde die Suche nach der optimalen elastischen Kopplung auf eine Parameteroptimierung zurückgeführt.

Zur Quantifizierung der Energieeffizienz und damit zur Bewertung des Einflusses der jeweiligen elastischen Kopplungen wurden die spezifischen Transportkosten als Energieaufwand pro zurückgelegter Strecke und Gewicht eingeführt. Der Energieaufwand wurde dabei über das Integral der von den Aktoren in den Gelenken aufgenommenen positiven elektrischen Leistung definiert.

Zur Entwicklung eines energieeffizienten Roboters wurde ein Optimierungsprozess entworfen, der die mittleren spezifischen Transportkosten für den Geschwindigkeitsbereich $\bar{v} = 0{,}3 - 2{,}3 \, \text{m/s}$ minimiert, indem sowohl die Bewegung des Roboters als auch dessen elastische Kopplungen optimiert werden. Mithilfe dieses Prozesses wurden an zwei Modellen unterschiedlicher Komplexität die verschiedenen Einflüsse auf die Energieeinsparung durch elastische Kopplungen untersucht und die Praxisrelevanz des Konzepts nachgewiesen.

Am akademischen Modell des Dreisegmentläufers wurde der Mechanismus der Minimierung der spezifischen Transportkosten detailliert analysiert. Im Referenzmodell ohne elastische Kopplungen wird die durch Aktoren in das System eingebrachte Energie großteils im plastischen Stoß beim Aufsetzen des Fußes in der Doppelstützphase dissipiert. Durch eine orthogonale Ausrichtung des Oberkörpers zum stoßenden Bein werden die Stoßverluste bei hohen Geschwindigkeiten bereits ansatzweise reduziert.

Mittels des inversen Pendels als Ersatzmodell für die Doppelstützphase konnte die Reduzierung der Schrittlänge als Mechanismus für eine weitere Senkung der Stoßverluste identifiziert werden. Bei vorgegebener Geschwindigkeit der Fortbewegung führt eine Reduzierung der Schrittlänge direkt zu einer Erhöhung der Doppelschrittfrequenz.

Mittels des physikalischen Pendels als Ersatzmodell für die Einzelstützphase konnte gezeigt werden, dass die Doppelschrittfrequenz des Dreisegmentläufers ohne elastische Kopplung bereits weit über der natürlichen Frequenz der Schwungbeinbewegung liegt. Mittels elastischer Kopplung der Beine lässt sich die natürliche Frequenz der Schwungbeinbewegung erhöhen, so dass der Mechanismus der Minimierung der Stoßverluste durch Reduzierung der Schrittlänge nutzbar wird. Mit optimierter elastischer Kopplung zwischen den Beinen bewegt sich der Dreisegmentläufer über einen weiten Geschwindigkeitsbereich in Resonanz. Wird viskose Reibung in den Gelenken zwischen Oberkörper und Beinen berücksichtigt, so bleiben die absoluten Einsparungen der spezifischen Transportkosten erhalten, die relativen nehmen jedoch ab.

Die mittleren spezifischen Transportkosten des Dreisegmentläufers ohne bzw. mit realistischer Gelenkreibung konnten durch Einsatz der elastischen Kopplung der Beine um 56,6 % bzw. 39,3 % reduziert werden.

Als optimale Topologie der elastischen Kopplung erwies sich eine direkte Kopplung der Beine. Die elastische Kopplung von Oberkörper und Beinen kann aufgrund einer geschwindigkeitsabhängigen Oberkörperneigung nicht optimal genutzt werden.

Des Weiteren konnte durch die elastische Kopplung der Beine die mittlere statische Arbeit, die Wärmebelastung der Aktoren, des Dreisegmentläufers ohne bzw. mit realistischer Gelenkreibung um 76,9 % bzw. 68,0 % reduziert werden. Somit kann durch Einsatz elastischer Kopplungen bei gleicher Wärmebelastung ein Downsizing der Aktoren und damit ein leichtgewichtigerer und reibungsärmerer Roboter ermöglicht werden.

Die Doppelschrittfrequenz des Dreisegmentläufers ist infolge der Abstützung der Gelenkmomente im Standfuß durch die Haftgrenze beschränkt. Je größer der bei der Optimierung zugelassene Haftreibungskoeffizient ist, desto größer wird die Doppelschrittfrequenz und desto stärker lassen sich die mittleren spezifischen Transportkosten reduzieren.

Beim Erniedrigen des Parameters des Koeffizienten der statischen Leistung wird die relative Einsparung der spezifischen Transportkosten nur geringfügig verkleinert, durch Erhöhen jedoch signifikant vergrößert.

Das Verschieben des Beinschwerpunkts in Richtung Fuß ändert die relative Einsparung der spezifischen Transportkosten nicht wesentlich, durch Erhöhung des Trägheitsradius und damit des Massenträgheitsmoments des Beins nehmen die relativen Einsparungen signifikant zu.

Um etwaige negative Effekte, bedingt durch die eindimensionale Optimierung hinsichtlich der Energieeffizienz, auf die Bewegung des Dreisegmentläufers auszuschließen, wurde deren Stabilität und Robustheit untersucht. Die Stabilität der Bewegung des Dreisegmentläufers ist unabhängig von der elastischen Kopplung gegeben. Die Geschwindigkeit, mit der Störungen in der Fortbewegungsgeschwindigkeit abklingen, nimmt jedoch mit den elastischen Kopplungen prinzipbedingt ab. Die Größe des Einzugsgebiets der stabilen Lösung und damit die Robustheit der Bewegung nimmt beim Dreisegmentläufer mit elastischer Kopplung zu. Es kann festgehalten werden, dass sich beim Dreisegmentläufer ohne bzw. mit realistischer Gelenkreibung durch optimierte elastische Kopplung der Beine ein Resonanzbetrieb bei stabiler Bewegung mit gesteigerter Robustheit einstellen lässt, dessen mittlere spezifische Transportkosten um 56,6 % bzw. 39,3 % reduziert sind.

Weiterhin wurde das Konzept der Minimierung der spezifischen Transportkosten durch elastische Kopplungen auf das realitätsnahe Modell des Fünfsegmentläufers übertragen. Durch Strecken des Stützbeinkniegelenks am Ende des Schritts hat der Fünfsegmentläufer die Möglichkeit, die vertikale Schwerpunktgeschwindigkeit betragsmäßig zu senken und durch Beugen des Stützbeinkniegelenks am Anfang des Schritts den Stoß abzufedern. Hierdurch werden die Stoßverluste gegenüber dem Dreisegmentläufer bei einem Anstieg der negativen mechanischen Arbeit reduziert. Der Mechanismus der Minimierung der spezifischen Transportkosten erfolgt wie bereits beim Dreisegmentläufer über die Minimierung der spezifischen Stoßverluste durch Reduktion der Schrittlänge. Hierdurch wird der Mechanismus des Stützbeinkniegelenks weniger stark genutzt und die negative mechanische Arbeit nimmt ab. Wie bereits beim Dreisegmentläufer wird durch die elastische Kopplung der Beine die natürliche Frequenz des Fünfsegmentläufers erhöht, so dass eine Fortbewegung in Resonanz mit geringer Schrittlänge ermöglicht wird.

Es wurden sämtliche elastischen Kopplungen zweier Segmente untersucht. Dabei wurde gezeigt, dass die elastischen Kopplungen zwischen den beiden Beinen denjenigen innerhalb eines Beins überlegen sind. Als optimal hinsichtlich der mittleren spezifischen Transportkosten wurde die elastische Kopplung der Orientierung der beiden Unterschenkel identifiziert. Mit ihr lassen sich im Falle einer linearen elastischen Kopplung die mittleren spezifischen Transportkosten des Fünfsegmentläufers ohne bzw. mit realistischer Gelenkreibung um 80,1 % bzw. 47,0 % minimieren.

Die mittlere statische Arbeit, die Wärmebelastung der Aktoren, des Fünfsegmentläufers ohne bzw. mit realistischer Gelenkreibung konnte durch Einsatz der elastischen Kopplung der Unterschenkel um 88,4 % bzw. 81,5 % reduziert werden.

Die optimale elastische Kopplung kann über zwei Riementriebe und eine Zugfeder realisiert und an einem bestehenden Roboter nachgerüstet werden. Sie ist lediglich bei der Fortbewegung aktiv und hat keinen Einfluss auf die Oberkörperbewegung oder das In-die-Knie-Gehen bei Manipulationsaufgaben.

Stabilität und Robustheit der Bewegung des Fünfsegmentläufers sind auch bei elastischer Kopplung der Unterschenkel gegeben. Neben der Geschwindigkeit, mit der Störungen abklingen, nimmt die Größe des Einzugsgebiets der stabilen Lösung ab, es bleibt jedoch für eine praktische Anwendung hinreichend groß.

Zusammenfassend lässt sich festhalten, dass durch elastische Kopplung der Beine die mittleren spezifischen Transportkosten des Dreisegmentläufer ohne bzw. mit realistischer Gelenkreibung um 56,6 % bzw. 39,3 % und des Fünfsegmentläufer um 80,1 % bzw. 47,0 % reduziert werden. In beiden Fällen bewegt sich der Roboter über einen großen Geschwindigkeitsbereich in Resonanz. Die Bewegung ist ferner bei hinreichend großem Einzugsgebiet stabil. Die vorgeschlagenen Topologien der elastischen Kopplungen beeinflussen die Bewegung der oberen Gliedmaßen eines Roboters nicht.

An die vorliegende Arbeit anknüpfende Fragestellungen lassen sich grob in die folgenden vier Punkte untergliedern: Elastische Kopplungen beim Rennen, schaltbare elastische Kopplungen, experimentelle Validierung der Energieeinsparung und elastische Kopplungen eines Roboter mit ausgedehnten Füßen.

Bislang wurde der Effekt der Minimierung der spezifischen Transportkosten lediglich an der Gangart Gehen nachgewiesen. Es verbleibt zu untersuchen, inwiefern sich der Mechanismus der Energieeinsparung auf einen Fünfsegmentläufer beim Rennen übertragen lässt. Aufgrund der höheren Geschwindigkeiten und der Flugphase sind potentiell höhere Stoßverluste und damit ein stärkeres Abfedern des Stoßes im Knie zu erwarten. Es wäre denkbar dass sich hier eine andere elastische Kopplung, beispielsweise die zwischen Oberschenkel und Unterschenkel des gegenüberliegenden Beins, als optimal hinsichtlich der mittleren spezifischen Transportkosten herausstellt.

In dieser Arbeit wurden sämtliche konstanten elastischen Kopplungen des Drei- und Fünfsegmentläufers ohne Schaltmechanismen untersucht. Durch den Kompromiss bei der Wahl des Winkels der entspannten Feder waren die elastischen Kopplungen innerhalb eines Beins denjenigen zwischen den Beinen unterlegen. Elastische Kopplungen mit verschiedenen Modi abhängig davon, ob sich das betreffende Bein in der Stütz- oder der Schwungphase befindet, wurden dagegen nur ansatzweise betrachtet. Gerade beim Rennen ist durch eine schaltbare elastische Kopplung des Knies eine größere Energieeinsparung zu erwarten. Weiterhin können mit schaltbaren elastischen Kopplungen unter Umständen die Funktion der Knieaktoren teilweise oder gar ganz ersetzt und so Aktoren eingespart werden.

Zur Validierung der hohen Einsparung der mittleren spezifischen Transportkosten durch elastische Kopplungen von 47,0 % kann ein bestehender Roboter mit der vorgeschlagenen konstruktiven Umsetzung nachgerüstet werden. Die Validierung des Effekts an einem Fünfsegmentläufer in Hardware sollte deshalb als primäres Ziel angesehen werden.

Beim Übergang vom Drei- zum Fünfsegmentläufer wurden mit der Möglichkeit der Reduzierung der vertikalen Schwerpunktgeschwindigkeit und des Abfederns des Stoßes durch Strecken und Beugen des Stützbeinkniegelenks die spezifischen Transportkosten erheblich gesenkt und der Mechanismus des Energieumsatzes stark verändert. Beim Übergang zum Siebensegmentläufer, einem Fünfsegmentläufer mit ausgedehnten, starren Füßen, ist ein ähnliches Szenario denkbar. Durch Aufsetzen des Fußes beim Stoß mit der Ferse lässt sich der Stoß neben dem Knie- nun auch im Sprunggelenk abfedern. Des Weiteren hat der Siebensegmentläufer mit dem Sprunggelenk die Möglichkeit, am Ende der Stützphase den Fuß vom Boden abzudrücken. Damit kann die vertikale Schwerpunktgeschwindigkeit und der Stoßverlust weiter reduziert werden, ohne dass zuvor ein Haltemoment oder negative mechanische Arbeit aufgebracht werden muss wie im Kniegelenk. Darüber hinaus bietet sich mit der Nachbildung der Achillessehne, der Feder, in der ein Mensch nachweislich Energie speichert, ein erhebliches Potential zur Energieeinsparung.

Der Einsatz von elastischen Kopplungen zur Steigerung der Energieeffizienz eines zweibeinigen Roboters wurde in dieser Arbeit als äußerst wirkungsvoller Mechanismus vorgestellt. Anhand der Liste der daran anknüpfenden Fragestellungen wird deutlich, dass zweibeinige Roboter im Allgemeinen und deren elastische Kopplungen im Besonderen ein interessantes und vielversprechendes Feld für weitere Forschungsaktivitäten ausmachen.

A Dreisegmentläufer

A.1 Einfluss der Topologie der elastischen Kopplungen

A.1.1 Einzelne elastische Kopplungen

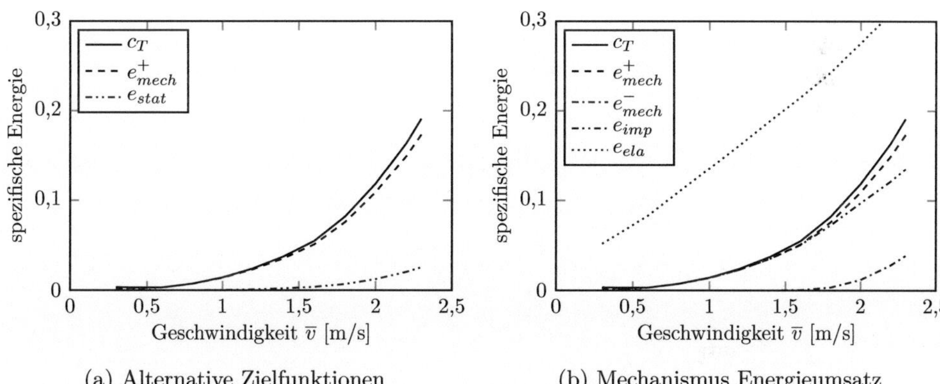

(a) Alternative Zielfunktionen

(b) Mechanismus Energieumsatz

Abbildung A.1: Vergleich der spezifischen Energien des Dreisegmentläufers mit nichtlinearer elastischer Kopplung der Beine (nlin. B_B).

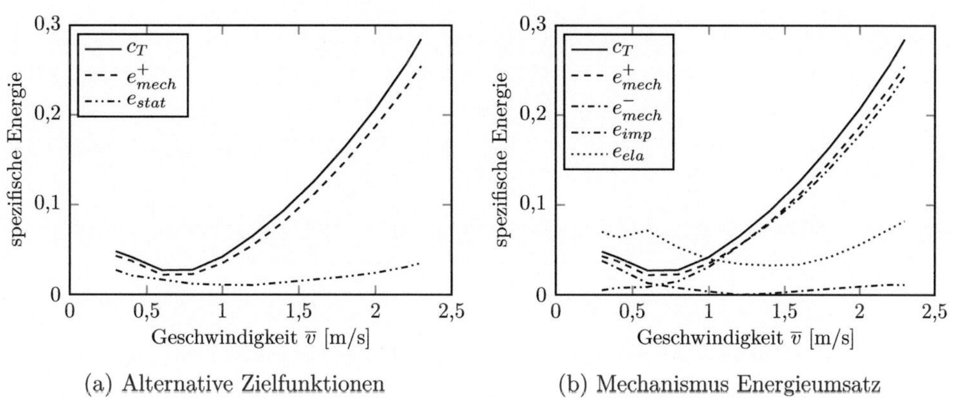

(a) Alternative Zielfunktionen

(b) Mechanismus Energieumsatz

Abbildung A.2: Vergleich der spezifischen Energien des Dreisegmentläufers mit linearer elastischer Kopplung des Oberkörpers und der Beine (lin. O_B).

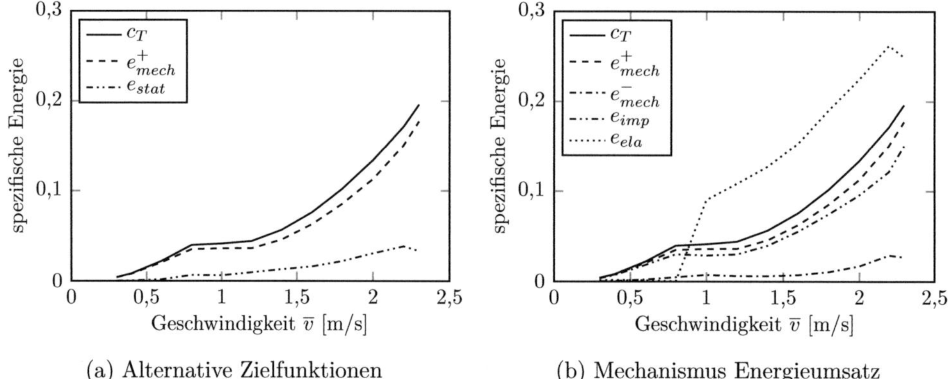

(a) Alternative Zielfunktionen

(b) Mechanismus Energieumsatz

Abbildung A.3: Vergleich der spezifischen Energien des Dreisegmentläufers mit nichtlinearer elastischer Kopplung des Oberkörpers und der Beine (nlin. O_B).

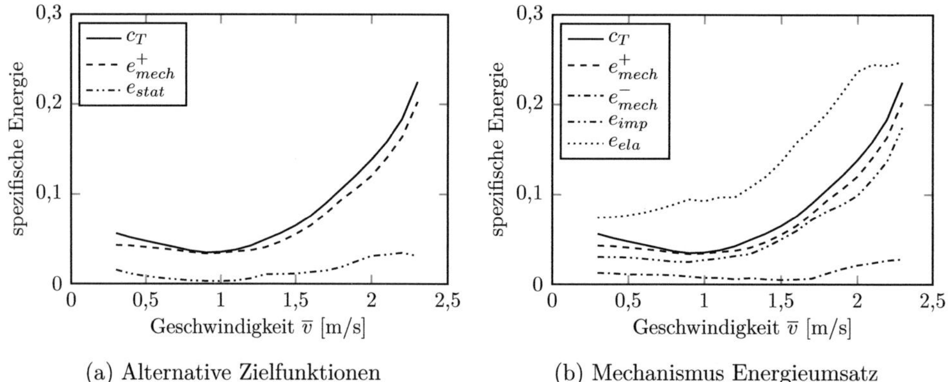

(a) Alternative Zielfunktionen

(b) Mechanismus Energieumsatz

Abbildung A.4: Vergleich der spezifischen Energien des Dreisegmentläufers mit abschnittsweise linearer elastischer Kopplung des Oberkörpers und der Beine (2lin. O_B).

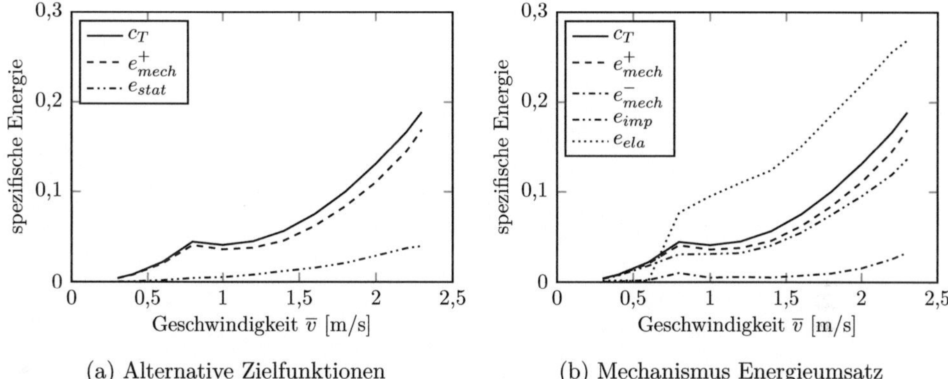

(a) Alternative Zielfunktionen

(b) Mechanismus Energieumsatz

Abbildung A.5: Vergleich der spezifischen Energien des Dreisegmentläufers mit abschnittsweise nichtlinearer elastischer Kopplung des Oberkörpers und der Beine (2nlin. O_B).

A.1.2 Kombination elastischer Kopplungen

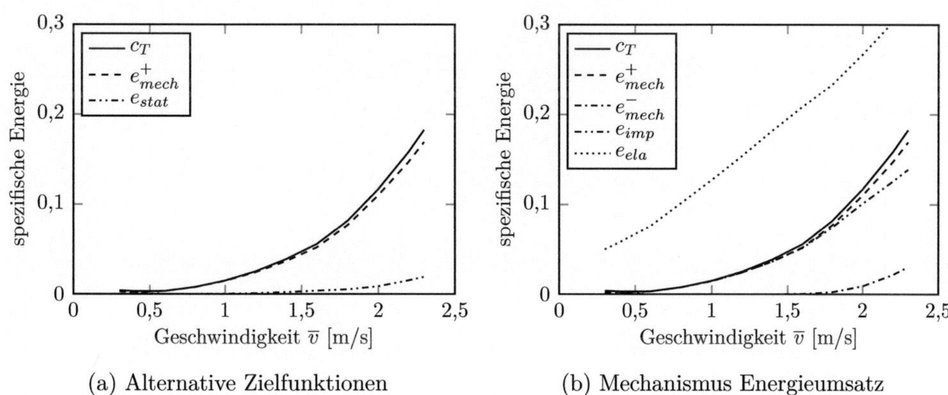

(a) Alternative Zielfunktionen

(b) Mechanismus Energieumsatz

Abbildung A.6: Vergleich der spezifischen Energien des Dreisegmentläufers mit Kombination der linearen elastischen Kopplungen von Oberkörper und Beinen und der Beine (lin. $B\_B + O\_B$).

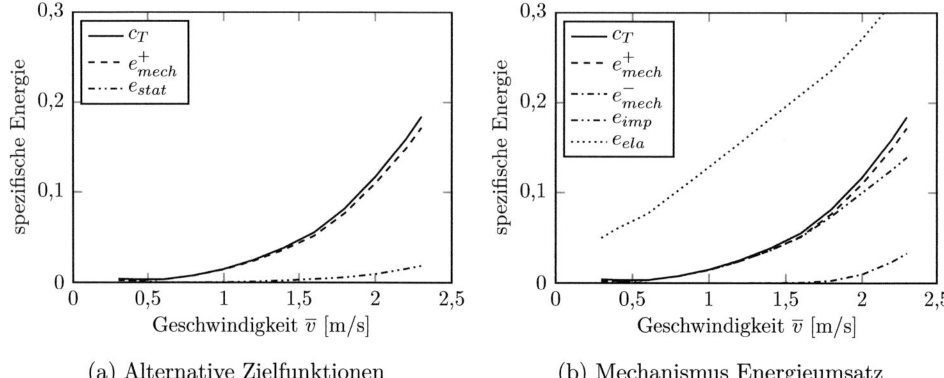

(a) Alternative Zielfunktionen

(b) Mechanismus Energieumsatz

Abbildung A.7: Vergleich der spezifischen Energien des Dreisegmentläufers mit Kombination der nichtlinearen elastischen Kopplungen von Oberkörper und Beinen und der Beine (nlin. $B\_B + O\_B$).

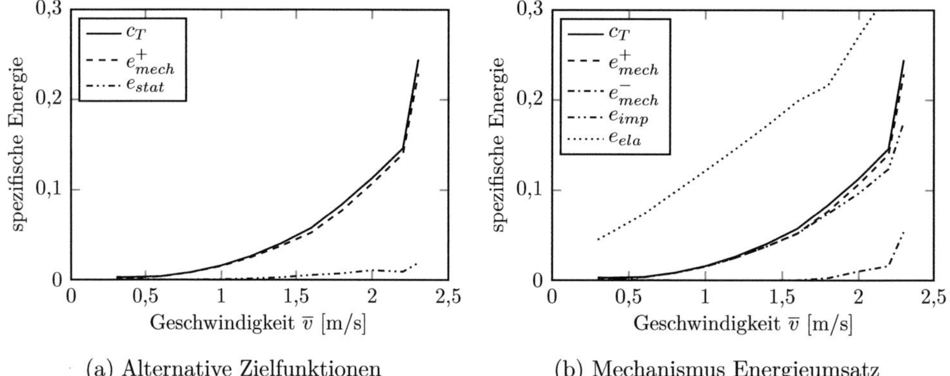

(a) Alternative Zielfunktionen

(b) Mechanismus Energieumsatz

Abbildung A.8: Vergleich der spezifischen Energien des Dreisegmentläufers mit Kombination der abschnittsweise linearen elastischen Kopplungen von Oberkörper und Beinen und der Beine (2lin. $B\_B + O\_B$).

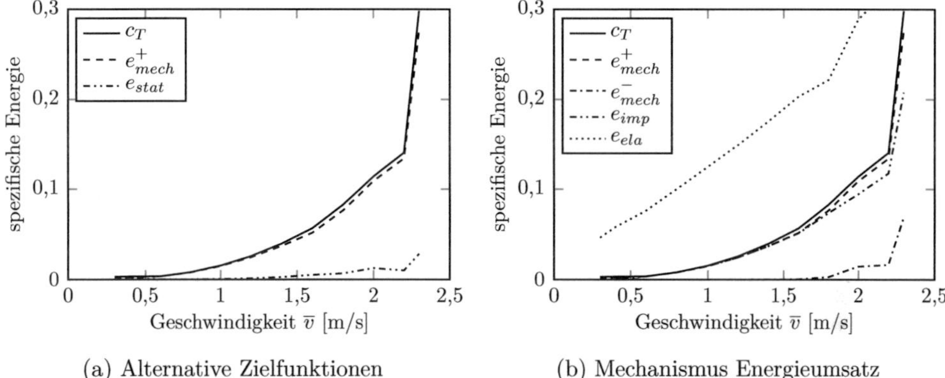

(a) Alternative Zielfunktionen

(b) Mechanismus Energieumsatz

Abbildung A.9: Vergleich der spezifischen Energien des Dreisegmentläufers mit Kombination der abschnittsweise nichtlinearen elastischen Kopplungen von Oberkörper und Beinen und der Beine (2nlin. $B\_B + O\_B$).

A.2 Einfluss des Koeffizienten der statischen Leistung

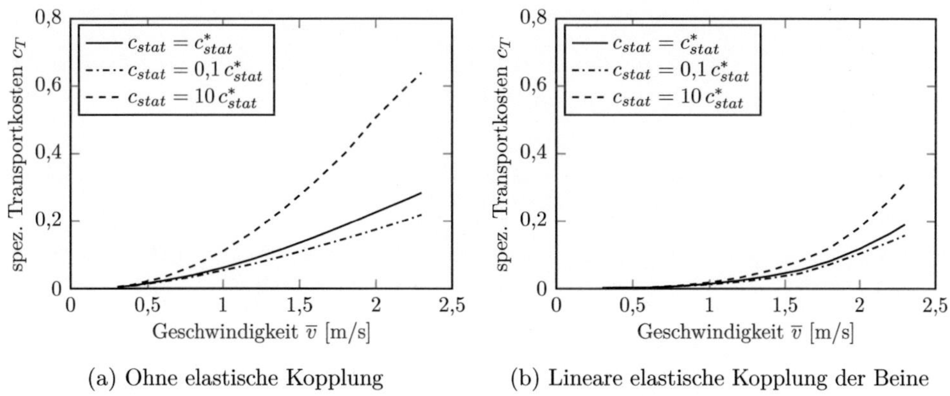

(a) Ohne elastische Kopplung

(b) Lineare elastische Kopplung der Beine

Abbildung A.10: Einfluss des Koeffizienten der statischen Leistung (c_{stat}) auf die spezifischen Transportkosten des Dreisegmentläufers mit und ohne elastischer Kopplung der Beine (B_B).

A.3 Einfluss der Massenverteilung

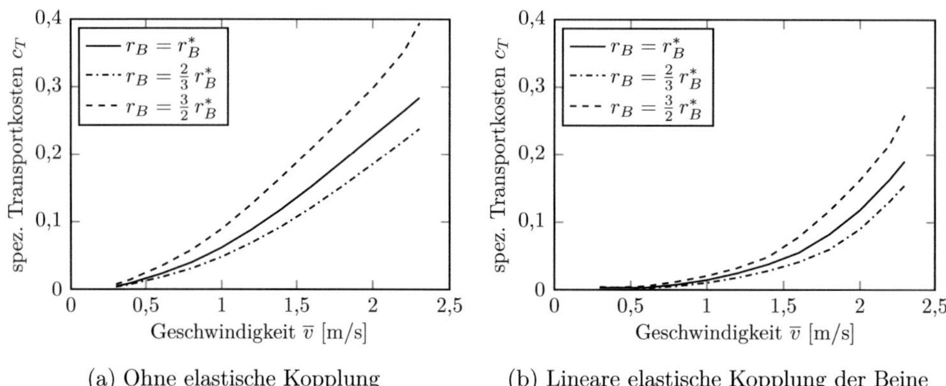

(a) Ohne elastische Kopplung   (b) Lineare elastische Kopplung der Beine

Abbildung A.11: Einfluss der Schwerpunktposition (r_B) des Beins auf die spezifischen Transportkosten des Dreisegmentläufers mit und ohne elastischer Kopplung der Beine (B_B).

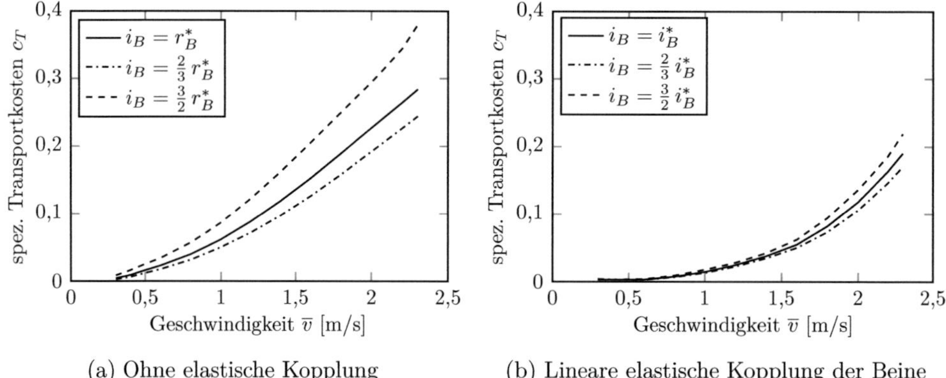

(a) Ohne elastische Kopplung   (b) Lineare elastische Kopplung der Beine

Abbildung A.12: Einfluss der Trägheitsradius (i_B) des Beins auf die spezifischen Transportkosten des Dreisegmentläufers mit und ohne elastischer Kopplung der Beine (B_B).

A.4 Einfluss der viskosen Gelenkreibung

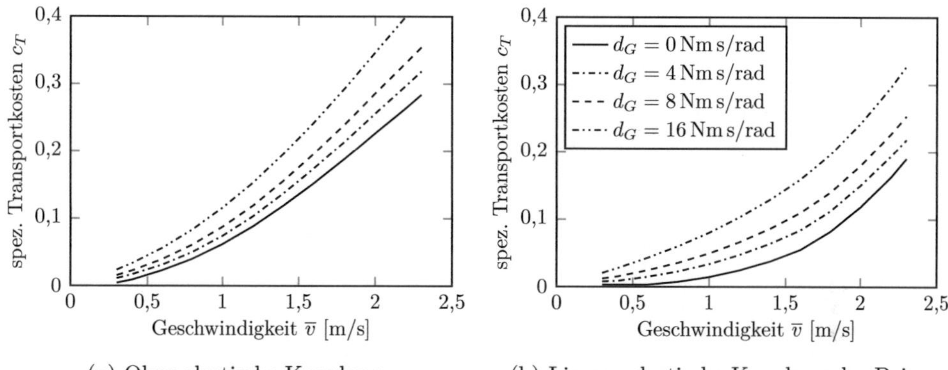

(a) Ohne elastische Kopplung (b) Lineare elastische Kopplung der Beine

Abbildung A.13: Einfluss der viskosen Gelenkreibung (d_G) auf die spezifischen Transportkosten des Dreisegmentläufers mit und ohne elastischer Kopplung der Beine (B_B).

B Fünfsegmentläufer

B.1 Einfluss der Topologie der elastischen Kopplungen

B.1.1 Elastische Kopplungen im Bein

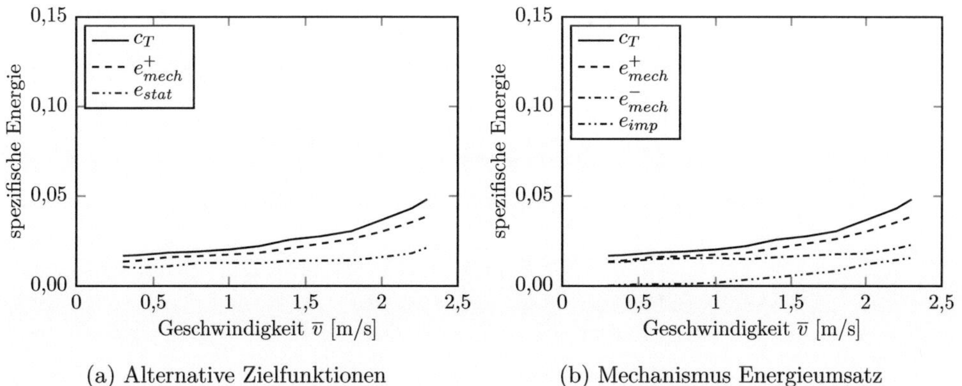

(a) Alternative Zielfunktionen

(b) Mechanismus Energieumsatz

Abbildung B.1: Vergleich der spezifischen Energien des Fünfsegmentläufers mit linearer elastischer Kopplung von Oberkörper und Oberschenkel (lin. *O_BO*).

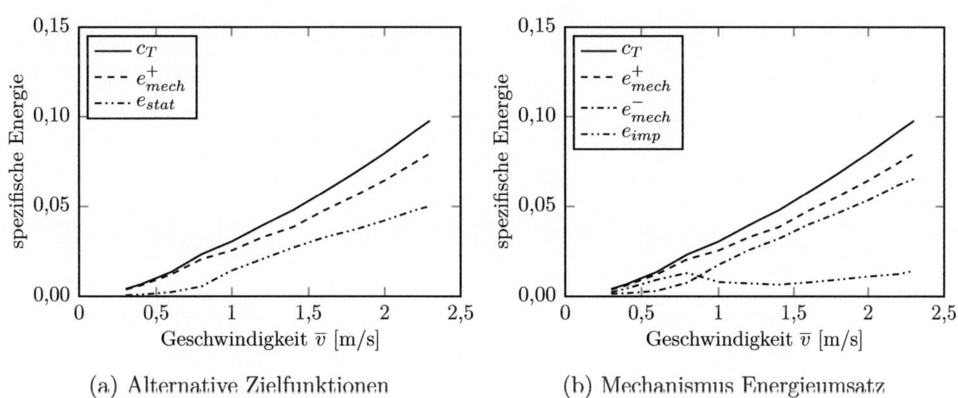

(a) Alternative Zielfunktionen

(b) Mechanismus Energieumsatz

Abbildung B.2: Vergleich der spezifischen Energien des Fünfsegmentläufers mit linearer elastischer Kopplung von Oberkörper und Unterschenkel (lin. *O_BU*).

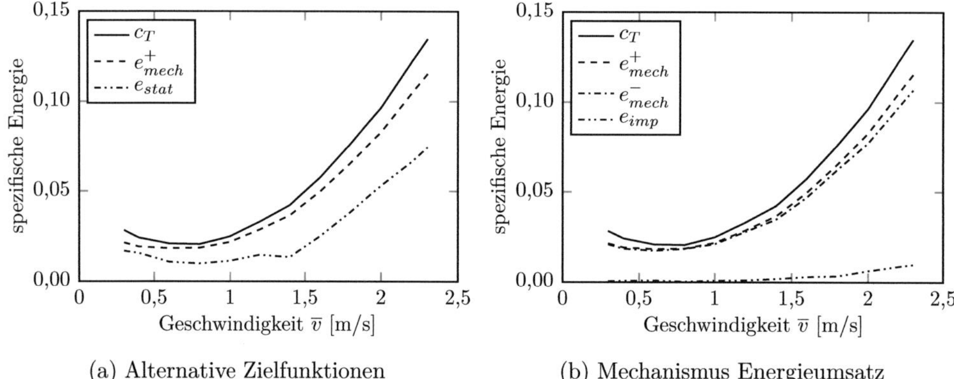

(a) Alternative Zielfunktionen

(b) Mechanismus Energieumsatz

Abbildung B.3: Vergleich der spezifischen Energien des Fünfsegmentläufers mit linearer elastischer Kopplung von Ober- und Unterschenkel (lin. *BO_BU*).

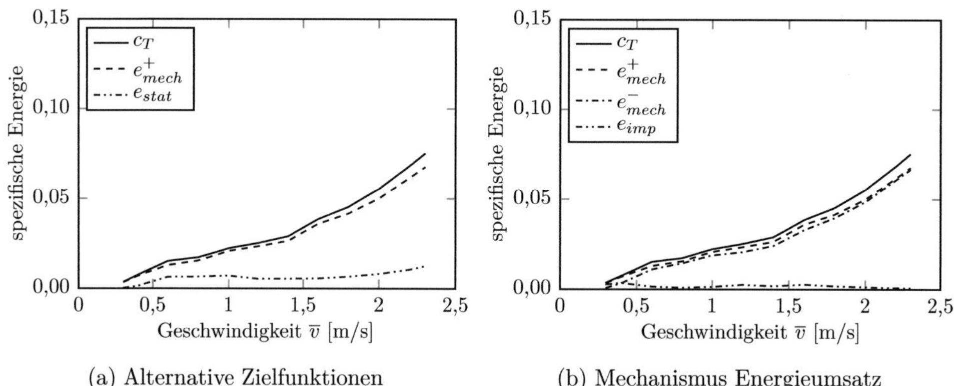

(a) Alternative Zielfunktionen

(b) Mechanismus Energieumsatz

Abbildung B.4: Vergleich der spezifischen Energien des Fünfsegmentläufers mit schaltbarer elastischer Kopplung von Ober- und Unterschenkel (lin. $BO\_BU^{\sharp}$).

B.1.2 Elastische Kopplungen zwischen den Beinen

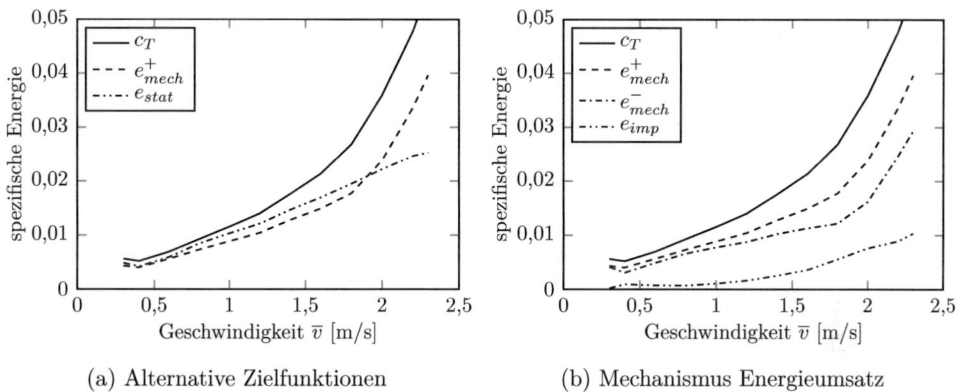

(a) Alternative Zielfunktionen

(b) Mechanismus Energieumsatz

Abbildung B.5: Vergleich der spezifischen Energien des Fünfsegmentläufers mit linearer elastischer Kopplung der Oberschenkel (lin. *BO_BO*).

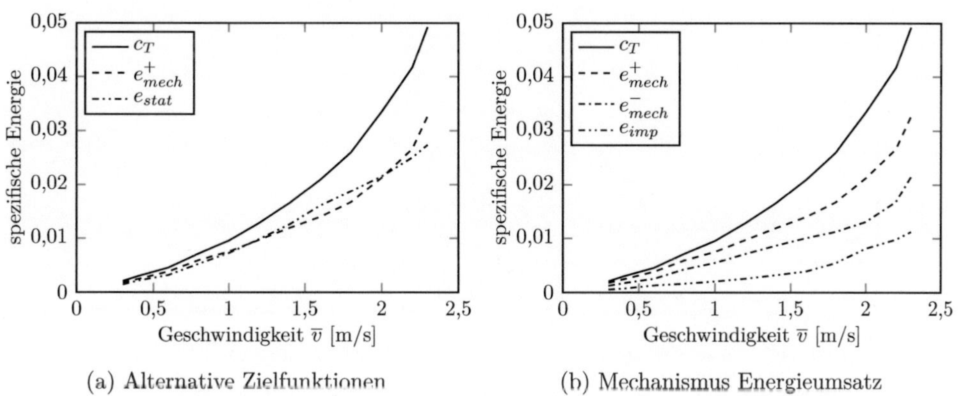

(a) Alternative Zielfunktionen

(b) Mechanismus Energieumsatz

Abbildung B.6: Vergleich der spezifischen Energien des Fünfsegmentläufers mit nichtlinearer elastischer Kopplung der Oberschenkel (nlin. *BO_BO*).

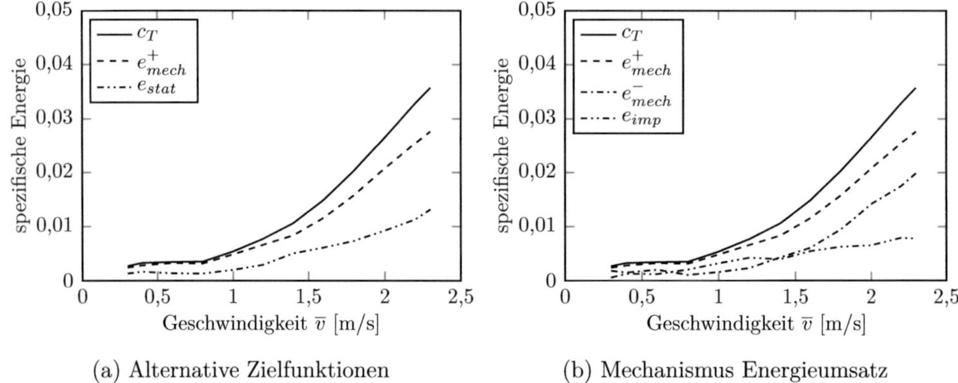

(a) Alternative Zielfunktionen   (b) Mechanismus Energieumsatz

Abbildung B.7: Vergleich der spezifischen Energien des Fünfsegmentläufers mit nichtlinearer elastischer Kopplung der Unterschenkel (nlin. BU_BU).

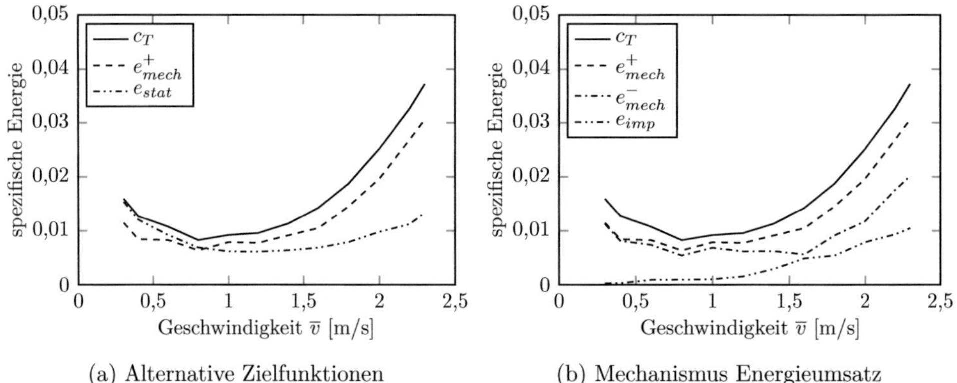

(a) Alternative Zielfunktionen   (b) Mechanismus Energieumsatz

Abbildung B.8: Vergleich der spezifischen Energien des Fünfsegmentläufers mit linearer elastischer Kopplung von Ober- und Unterschenkel zwischen den Beinen (lin. $BO1\_BU2$).

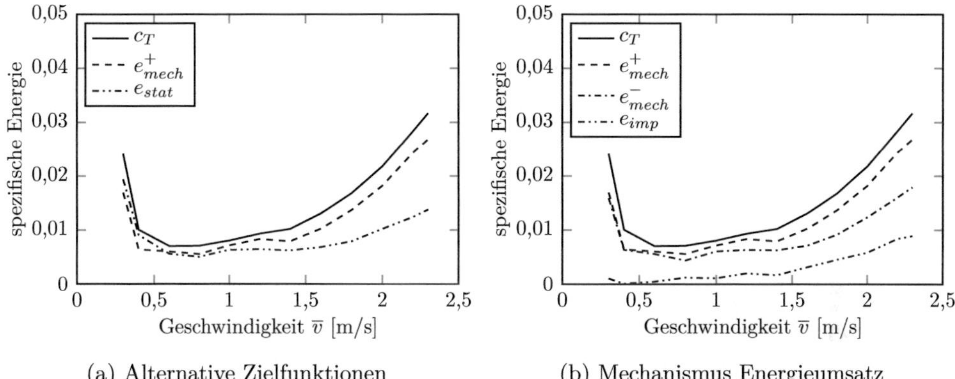

(a) Alternative Zielfunktionen (b) Mechanismus Energieumsatz

Abbildung B.9: Vergleich der spezifischen Energien des Fünfsegmentläufers mit nichtlinearer elastischer Kopplung von Ober- und Unterschenkel zwischen den Beinen (nlin. $BO1\_BU2$).

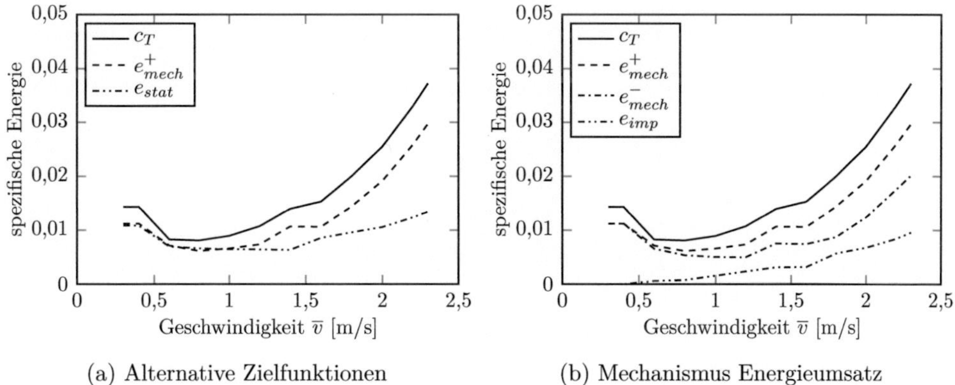

(a) Alternative Zielfunktionen (b) Mechanismus Energieumsatz

Abbildung B.10: Vergleich der spezifischen Energien des Fünfsegmentläufers mit abschnittsweise linearer elastischer Kopplung von Ober- und Unterschenkel zwischen den Beinen (2lin. $BO1\_BU2$).

B.2 Einfluss der viskosen Gelenkreibung

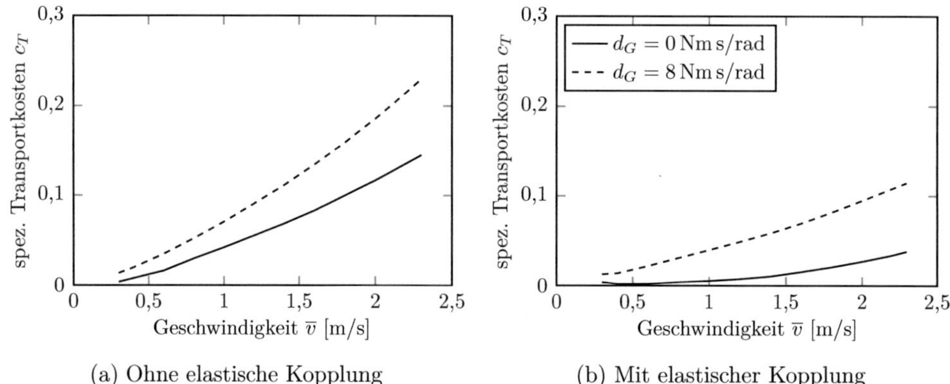

(a) Ohne elastische Kopplung

(b) Mit elastischer Kopplung

Abbildung B.11: Einfluss der viskosen Gelenkreibung (d_G) auf die spezifischen Transportkosten des Fünfsegmentläufers mit und ohne elastischer Kopplung der Unterschenkel (BU_BU).

Symbolverzeichnis

Superskripte

$\sim$	nach kanonischer Koordinatentransformation
0	in der Nulldynamik
$-$	direkt vor dem Stoß
$-$	linker Ast der Momentenkennlinie
$+$	direkt nach dem Stoß
$+$	rechter Ast der Momentenkennlinie
$*$	nach Substitution
$*$	im periodischen Orbit
$*$	Nennwert

Subskripte

1	Stützbeinfuß
2	Schwungbeinfuß
A	Absolutkoordinate
A	Anker des Gleichstrommotors
B	Bein
BO	Oberschenkel
BU	Unterschenkel
DL	Parameter nach De Leva
e	erweiterte Koordinaten
G	Gelenkkoordinate
h_1	Kante des Drehgelenks h im translatorischen Graph
h_2	Kante des Drehgelenks h im rotatorischen Graph
H	Hüfte
i	Laufindex
iP	inverses Pendel
ist	Istwert
j	Laufindex
$K1\_K2$	elastische Kopplung zwischen Körper 1 und Körper 2
k	k-te Kante des Graphs
m_1	Kante des starren Körpers m im translatorischen Graph
m_2	Kante des starren Körpers m im rotatorischen Graph
max	maximal
min	minimal
O	Oberkörper
p	Modellierungsvariable höchster Zeitableitung
q	Modellierungsvariable niederer Zeitableitung

$\mathbf{q}$	Zustandsvariable auf Ortsebene
$\dot{\mathbf{q}}$	Zustandsvariable auf Geschwindigkeitsebene
r_1	Kante der starren Verbindung r im translatorischen Graph
r_2	Kante der starren Verbindung r im rotatorischen Graph
r_3	Kante des Absolutwinkels der starren Verbindung r im rotatorischen Graph
rot	rotatorisch
S	Schwerpunkt
s	Sehne bezüglich des Baums des Graphs
Seg	Segment
$soll$	Sollwert
t_2	Kante des eingeprägten Moments t im rotatorischen Graph
tol	Toleranzschranke
$trans$	translatorisch
x	x-Koordinate
y	y-Koordinate
z	z-Koordinate
Z	Zweig bezüglich des Baums des Graphs
$\mathbf{z}$	Zustandvektor der Nulldynamik
η	beobacht- und steuerbare Zustandsgrößen der Nulldynamik
ξ	innere Zustandsgrößen der Nulldynamik

Formelzeichen

$\mathbf{A}_f$	Koeffizientenmatrix der fundamentalen Schnittmengengleichung
$\vec{a}$	Beschleunigungsvektor
$\mathcal{A}$	aktive Menge
b	BÉZIER-Polynom
$\mathbf{B}$	Eingangsmatrix
$\mathbf{b}$	Spaltenmatrix der rechten Seite der Dynamikgleichungen
$\mathbf{B}_f$	Koeffizientenmatrix der fundamentalen Maschengleichung
$\mathbf{c}$	Vektor der Nebenbedingungen
c_d	spezifischer Energieverlust durch viskose Gelenkreibung
c_{stat}	Koeffizient der statischen Leistung
c_T	spezifische Transportkosten
$\overline{c}_T$	mittlere spezifische Transportkosten
$\mathbf{C}^T$	Koeffizientenmatrix der Zwangsgrößen
$\mathbf{c}_\theta$	Koeffizientenmatrix zur Bestimmung des Absolutwinkels des virtuellen Stützbeins
$\mathcal{C}$	kritischer Kegel
D	Dämpfungsgrad
d	Differenzordnung
$\mathbf{d}$	Differenz des Parametervektors im Optimierungsschritt
d_G	rotatorische Dämpfungskonstante
E	Energieaufwand

$\mathbf{E}_2$	Projektionsmatrix kartesischer Größen am Fuß 2 auf Gelenkwinkel
e_{ela}	spezifische elastische Energie
e_{imp}	spezifische Stoßverluste
e_{mech}^-	spezifische negative mechanische Arbeit
e_{mech}^+	spezifische positive mechanische Arbeit
e_{stat}	spezifische statische Arbeit
$\vec{e}_A$	Einheitsvektor des Bezugssystems A
$\vec{e}_G$	Einheitsvektor des Inertialsystems G
$\mathcal{E}$	Einzugsgebiet der stabilen, periodischen Lösung
e^+	relative kinetische Energie nach dem Stoß
$\mathbf{F}$	Kraftvektor
$\hat{\mathbf{F}}$	Kraftstoß
$\mathbf{f}$	Vektor der nichtlinearen Systemdynamik
$\mathbf{f}_{zwang}$	Zwangsgrößen
f_{DS}	Doppelschrittfrequenz
f_{SM_0}	Eigenfrequenz des Schwungbeinmodells
$f_{\min}$	Zielfunktion
$\vec{F}$	Zwangskraftvektor
g	Erdbeschleunigung
$\mathbf{g}$	nichtlineare Eingangsmatrix
$\mathbf{g}_{dyn}$	Spaltenmatrix der Dynamikgleichungen
$\mathbf{g}_{kin}$	Spaltenmatrix der Kinematikgleichungen
$\mathbf{g}_{zwang}$	Spaltenmatrix der Zwangsbedingungen
$\mathcal{G}$	Menge der Gleichungsnebenbedingung
$\mathbf{H}$	Matrix der kanonischen Koordinatentransformation
$\mathbf{h}$	Vektor des nichtlinearen Systemausgangs
h	skalarer nichtlinearer Systemausgang
i	Trägheitsradius
$\mathbf{I}$	Einheitsmatrix
i_A	Ankerstrom
i_G	Seilzugtriebübersetzung
J	Massenträgheitsmoment bezüglich des Schwerpunkts
$\mathbf{j}$	Richtung im Raum der Optimierungsparameter
$\mathbf{k}$	Spaltenmatrix der rechten Seite der Kinematikgleichungen
$\mathbf{K}_D$	Matrix der Differentialverstärkung
$\mathbf{K}_P$	Matrix der Proportionalverstärkung
k_i	Reglerparameter
k_{K1_K2}	Steifigkeit der Momentenkennlinie der elastischen Kopplung der Körper $K1$ und $K2$
k_T	Drehmomentenkonstante des Gleichstrommotors
l	Segmentlänge
$L^{(1)}$	Gesamtdrehimpuls bezüglich Stützbeinfuß 1
$L^{(2)}$	Gesamtdrehimpuls bezüglich Schwungbeinfuß 2
L_A	Induktivität der Ankerwicklung

$\mathrm{L}_\mathbf{b}\, a$	LIE-Ableitung von a nach $\mathbf{b}$
L_K	Klemmeninduktivität
$\mathcal{L}$	LAGRANGE-Funktion
m	Gesamtmasse
$\mathbf{M}$	Massenmatrix
$\mathbf{N}$	Nullstellenproblem
n	Anzahl
n	Anzahl der Gelenke des Systems
n_α	Grad des BÉZIER-Polynoms
$\mathbf{0}$	Nullmatrix
$\underline{\mathbf{0}}$	Spaltenmatrix der Nullvektoren
$\underline{\mathbf{o}}_k$	Spaltenmatrix der Basisvektoren des Through-Raums der Kante k
P	POINCARÉ-Abbildung
p_A	Leistungsaufnahme des Elektromotors im Anker
$\mathbf{p}$	Spaltenmatrix der Modellierungsvariablen in höchster Zeitableitung
$\mathbf{p}$	Zustandsvariable auf Geschwindigkeitsebene
$\mathbf{Q}$	Vektor der generalisierten Kräfte
$\mathbf{q}$	Spaltenmatrix der Modellierungsvariablen in niederer Zeitableitung
$\mathbf{q}$	Zustandsvariable auf Lageebene
r	Position des Schwerpunkts vom letzten Gelenk
$\vec{r}_{12}$	Vektor vom Stützbeinfuß 1 zum Schwungbeinfuß 2
R_A	Widerstand der Ankerwicklung
$\mathbf{R}$	Vertauschungsmatrix
$\mathbf{r}$	Ortsvektor
r_F	Hebelarm der Stoßkraft
R_K	Klemmenwiderstand
$\vec{r}$	Ortsvektor
s	normiertes Argument des BÉZIER-Polynoms
s_x	horizontal zurückgelegte Strecke des Schwerpunkts
$s_\mathcal{E}$	relative Größe des Einzugsgebiets der stabilen, periodischen Lösung
T	kinetische Energie des Gesamtsystems
t	Zeit
T_A	Drehmoment des Elektromotors
T_d	Dämpfungsmoment
T_G	Gelenkmoment des Aktors
T_{K1_K2}	Momentenkennlinie der elastischen Kopplung der Körper $K1$ und $K2$
$\mathbf{T}_{K1\_K2}$	Gelenkmomentenvektor der elastischen Kopplung der Körper $K1$ und $K2$
$\vec{T}$	eingeprägter Momentenvektor
u	skalarer Eingang
$\mathbf{u}$	Eingangsvektor
u_A	Ankerspannung
$\underline{\mathbf{u}}_k$	Spaltenmatrix der Basisvektoren des Across-Raums der Kante k
$\mathcal{U}$	Menge der Ungleichungsnebenbedingung

$\bar{v}$	Betrag der mittleren Fortbewegungsgeschwindigkeit
V^0	generalisiertes Potentials der Nulldynamik
$\mathbf{v}$	Eingangsgröße der Feedback-Teil-Linearisierungs-Normalform bestehend aus der Sollbeschleunigung der Gelenkwinkel
$\vec{v}$	Geschwindigkeitsvektor
w	skalarer Ausgang des linearen Reglers
W_A	Energieaufnahme des Elektromotors im Anker
$\mathbf{w}$	Ausgangsvektor des linearen Reglers
$\mathbf{x}$	Zustandsvektor
$\mathbf{x}_k$	Spaltenmatrix der Koordinaten der Across-Variablen der Kante k
$\underline{\mathbf{x}}_k$	Spaltenmatrix der Across-Variablen der Kante k
y	skalarer Ausgang
$\mathbf{y}$	Ausgangsvektor
$\mathbf{y}_k$	Spaltenmatrix der Koordinaten der Through-Variablen der Kante k
$\underline{\mathbf{y}}_k$	Spaltenmatrix der Through-Variablen der Kante k
$\mathbf{z}$	Zustandsvektor der Nulldynamik
$\mathcal{Z}$	Mannigfaltigkeit der Nulldynamik
$\boldsymbol{\alpha}$	Vektor der BÉZIER-Parameter
$\boldsymbol{\alpha}$	Parametervektor des Optimierungsproblems mit Nebenbedingungen
α_{ϑ_0}	Temperaturkoeffizient
$\vec{\alpha}$	Winkelbeschleunigungsvektor
$\boldsymbol{\beta}$	Parametervektor der elastischen Kopplungen
$\boldsymbol{\beta}$	Parametervektor des Optimierungsproblems ohne Nebenbedingungen
β_{K1_K2}	Parameter der elastischen Kopplung der Körper $K1$ und $K2$
γ	Gittergröße des direkten Suchverfahrens
Δt_S	Stoßdauer
$\boldsymbol{\Delta}$	Abbildung der Zustandsvariablen über den Stoß
$\boldsymbol{\Delta}_{\hat{\mathbf{F}}_2}$	Abbildung der erweiterten Winkelgeschwindigkeiten vor dem Stoß auf die Stoßkraft
$\boldsymbol{\Delta}_{\dot{\mathbf{q}}_e}$	Abbildung der erweiterten Winkelgeschwindigkeiten über den Stoß
δ^0	Abbildung des Gesamtdrehimpulses über den Stoß
δ	Variation
δW	virtuelle Arbeit
$\nabla_{\mathbf{b}} a$	Gradient von a bezüglich $\mathbf{b}$
$\nabla^2_{\mathbf{bb}} a$	Hessematrix von a bezüglich $\mathbf{b}$
$\boldsymbol{\eta}$	beobacht- und steuerbare Zustandsgrößen der Nulldynamik
θ	Absolutwinkel des virtuellen Stützbeins
$\vec{\theta}$	Drehungsvektor
ϑ	Betriebstemperatur
ϑ_0	Bezugstemperatur
$\boldsymbol{\lambda}$	Vektor der LAGRANGE-Multiplikatoren
μ	Strafparameter in der Gütefunktion der Optimierung mit Nebenbedingungen

μ_0	Haftreibungskoeffizient
ν_{K1_K2}	Exponent der Momentenkennlinie der elastischen Kopplung der Körper $K1$ und $K2$
ξ	innere Zustandsgrößen der Nulldynamik
Φ	Spaltenmatrix der Zwangsbedingungen
ϕ	Koordinatentransformation auf Zustandsgrößen der Nulldynamik
ϕ	Gütefunktion der Optimierung mit Nebenbedingungen
φ_{K1_K2}	Argument der Momentenkennlinie der elastischen Kopplung der Körper $K1$ und $K2$
$\varphi_{0\_K1\_K2}$	Winkel der entspannten Feder der elastischen Kopplung der Körper $K1$ und $K2$
ψ	Winkel zwischen den Beinen des inversen Pendels
ω_A	Winkelgeschwindigkeit des Ankers
ω_G	Gelenkwinkelgeschwindigkeit des Aktors
$\vec{\omega}$	Winkelgeschwindigkeitsvektor

Abbildungsverzeichnis

1.1 Anwendungsszenarien für zweibeinige Roboter. 2

2.1 Doppelpendel als Anwendungsbeispiel der linearen Graphentheorie. 15

3.1 Seitenansicht und Rückansicht der im Rahmen dieser Arbeit untersuchten Robotermodellkategorien Dreisegmentläufer und Fünfsegmentläufer. 28

3.2 Einzelstützphase modelliert als Fallen des Gesamtsystems über den Stützbeinfuß 1 angetrieben durch die Gewichtskraft mg. 29

3.3 Doppelstützphase modelliert als instantaner Stoß definiert über die absolute Orientierung $\theta = \theta^-$ des (virtuellen) Standbeins 1. 33

3.4 Definition und Wertzuweisung der Parameter der Starrkörpersysteme Dreisegmentläufer und Fünfsegmentläufer. 38

3.5 Verschiedene Charakteristiken elastischer Kopplungen. 39

3.6 Übersicht der durch Gl. (3.43) darstellbaren Momentenkennlinien, konservativ realisierbar durch Kombination entsprechender Kinematiken und linearer Elastizitäten, beim Winkel $\varphi_0 = \frac{1}{2}\pi$ der entspannten Feder. 41

3.7 Übersicht elementarer elastischer Kopplungen des Dreisegmentläufers. . . . 43

3.8 Übersicht elementarer elastischer Kopplungen des Fünfsegmentläufers. . . . 44

3.9 Ersatzschaltbild der Ankerwicklung eines permanent erregten Gleichstrommotors. 46

3.10 Übersetzung der Motorbewegung über einen Seilzugtrieb. 48

3.11 Rückkopplungsschleife zur Regelung der Gelenkwinkel $\mathbf{q}_G$. 51

3.12 Verlauf der Orientierung θ des (virtuellen) Stützbeins über einen Schritt. . 51

3.13 Bézier-Polynom vom Grad sechs ($n_\alpha = 6$). 52

4.1 Prozessablauf zur Optimierung der Bewegung ($\boldsymbol{\alpha}$). 62

4.2 Prozessablauf zur Optimierung der elastischen Kopplungen ($\boldsymbol{\beta}$) 65

5.1 Kinematische Kenngrößen des Dreisegmentläufers auf Lageebene. 67

5.2 Vergleich der Bewegungen des Dreisegmentläufers ohne elastische Kopplungen bei unterschiedlichen mittleren Geschwindigkeiten $\bar{v}$ zu sieben äquidistanten Zeitpunkten. 68

5.3 Vergleich der spezifischen Energien des Dreisegmentläufers. 70

5.4 Erklärung des Mechanismus des Stoßverlusts mittels inversem Pendel. . . . 71

5.5 Einfluss des Winkels zwischen Oberkörper und Stoßbein auf die Stoßverluste. 71

5.6 Einfluss des Hebelarms der Stoßkraft auf die relative kinetische Energie nach dem Stoß. 72

5.7 Horizontale Schwerpunktposition als Hebelarm der Gewichtskraft und damit äußeres Moment zur Beschleunigung des Roboters in der Einzelstützphase. 73

5.8   Verlauf des Stoßverlusts des inversen Pendels über den Beininnenwinkel ψ.   74

5.9   Beurteilung der Doppelschrittfrequenz des Dreisegmentläufers durch die Eigenfrequenz des physikalischen Pendels als Ersatzmodell des Schwungbeins.   74

5.10 Vergleich der Bewegungen des Dreisegmentläufers mit elastischer Kopplung der Beine (B_B) bei unterschiedlichen mittleren Geschwindigkeiten $\bar{v}$ zu sieben äquidistanten Zeitpunkten.   76

5.11 Vergleich der kinematischen Kenngrößen des Dreisegmentläufers mit und ohne elastischer Kopplung der Beine (B_B) auf Lageebene.   77

5.12 Vergleich der spezifischen Energien des Dreisegmentläufers mit linearer elastischer Kopplung der Beine (B_B).   77

5.13 Dreisegmentläufer mit variabler elastischer Kopplung der Beine (B_B^*).   79

5.14 Vergleich der spezifischen Energien des Dreisegmentläufers mit und ohne elastischer Kopplung der Beine (B_B).   79

5.15 Vergleich der Gelenkmomente der Aktoren $\mathbf{u}$ des Dreisegmentläufers mit und ohne elastischer Kopplung der Beine (B_B) sowie der Gelenkmomente der elastischen Kopplung $\mathbf{T}_{ec}$ dargestellt über den Gelenkwinkeln $\mathbf{q}$ (Anfang $\oplus$, Ende $\ominus$) bei $\bar{v} = 1{,}3\,\text{m/s}$.   80

5.16 Vergleich der optimierten Doppelschrittfrequenz des Dreisegmentläufers und der Eigenfrequenz des Schwungbeinmodells mit und ohne elastischer Kopplung der Beine (B_B).   81

5.17 Vergleich der spezifischen Energien des Dreisegmentläufers mit nichtlinearer elastischer Kopplung der Beine (B_B).   82

5.18 Vergleich der spezifischen Energien des Dreisegmentläufers mit linearer elastischer Kopplung des Oberkörpers und der Beine (O_B).   83

5.19 Einfluss der Variation der Oberkörperneigungswinkels auf die lineare elastische Kopplung des Oberkörpers und der Beine (O_B).   84

5.20 Vergleich des Einflusses verschiedener Kennlinien der elastischen Kopplung des Oberkörpers und der Beine (O_B).   85

5.21 Vergleich der spezifischen Energien des Dreisegmentläufers mit Kombinationen $(B\_B + O\_B)$ der elastischen Kopplungen von Oberkörper und Beinen (O_B) und der Beine (B_B).   86

5.22 Einfluss des Grads (n_α) der BÉZIER-Polynome auf die spezifischen Transportkosten des Dreisegmentläufers.   88

5.23 Einfluss des Haftreibungskoeffizienten (μ_0) auf die spezifischen Transportkosten des Dreisegmentläufers.   89

5.24 Einfluss des Koeffizienten der statischen Leistung (c_{stat}) auf die Einsparung der spezifischen Transportkosten des Dreisegmentläufers durch elastische Kopplung der Beine (B_B).   90

5.25 Einfluss der Schwerpunktposition (r_B) und des Trägheitsradius (i_B) des Beins auf die relative Einsparung der spezifischen Transportkosten des Dreisegmentläufers durch elastische Kopplung der Beine (B_B).   92

5.26 Einfluss der viskosen Gelenkreibung (d_G) auf die absolut bzw. relativ eingesparten spezifischen Transportkosten des Dreisegmentläufers durch elastische Kopplung der Beine (B_B).   93

5.27 Einfluss der linearen elastischen Kopplung der Beine (B_B) auf Stabilität und Robustheit der Bewegung des Dreisegmentläufers. 94

5.28 Einfluss der linearen elastischen Kopplung der Beine (B_B) auf den Einzugsbereich der stabilen Bewegung des Dreisegmentläufers. 95

6.1 Kinematische Kenngrößen des Fünfsegmentläufers auf Lageebene. 97

6.2 Vergleich der Bewegungen des Fünfsegmentläufers ohne elastische Kopplungen bei unterschiedlichen mittleren Geschwindigkeiten $\bar{v}$ zu sieben äquidistanten Zeitpunkten. 98

6.3 Vergleich der spezifischen Energien des Fünfsegmentläufers. 99

6.4 Vergleich der spezifischen Energien von Drei- und Fünfsegmentläufer. . . . 100

6.5 Einfluss der Kniebewegung des Fünfsegmentläufers beim Stoß. 100

6.6 Vergleich der Bewegungen des Fünfsegmentläufers mit elastischer Kopplung der Unterschenkel (BU_BU) bei unterschiedlichen mittleren Geschwindigkeiten $\bar{v}$ zu sieben äquidistanten Zeitpunkten. 102

6.7 Vergleich der kinematischen Kenngrößen des Fünfsegmentläufers mit und ohne elastischer Kopplung der Unterschenkel (BU_BU) auf Lageebene. . . 103

6.8 Vergleich der spezifischen Energien des Fünfsegmentläufers mit elastischer Kopplung der Unterschenkel (BU_BU). 103

6.9 Vergleich des Kniewinkels im stoßenden Bein des Fünfsegmentläufers mit und ohne elastischer Kopplung der Unterschenkel (BU_BU). 104

6.10 Vergleich der spezifischen Energien des Fünfsegmentläufers mit und ohne elastischer Kopplung der Unterschenkel (BU_BU). 105

6.11 Vergleich der Gelenkmomente der Aktoren **u** des Fünfsegmentläufers mit und ohne elastischer Kopplung der Unterschenkel (BU_BU) sowie der Gelenkmomente der elastischen Kopplung $\mathbf{T}_{ec}$ dargestellt über den Gelenkwinkeln **q** (Anfang $\oplus$, Ende $\ominus$) bei $\bar{v} = 1{,}3\,\mathrm{m/s}$. 106

6.12 Vergleich der optimierten Doppelschrittfrequenz des Fünfsegmentläufers und der Eigenfrequenz des Schwungbeinmodells mit und ohne elastischer Kopplung der Unterschenkel (BU_BU). 107

6.13 Übersicht der Funktion der elastischen Kopplungen des Fünfsegmentläufers im Bein und zwischen den Beinen. 108

6.14 Vergleich der spezifischen Energien des Fünfsegmentläufers mit elastischer Kopplung der Oberschenkel im Bein (O_BO) und zwischen den Beinen (BO_BO). 109

6.15 Vergleich der spezifischen Energien des Fünfsegmentläufers mit elastischer Kopplung der Unterschenkel im Bein (O_BU) und zwischen den Beinen (BU_BU). 110

6.16 Vergleich der spezifischen Energien des Fünfsegmentläufers mit elastischer Kopplung von Ober- und Unterschenkel im Bein (BO_BU) und zwischen den Beinen ($BO1\_BU2$). 110

6.17 Vergleich der spezifischen Energien des Fünfsegmentläufers mit schaltbarer elastischer Kopplung von Ober- und Unterschenkel im Bein ($BO\_BU^{\sharp}$). . . 111

6.18 Vergleich der spezifischen Energien des Fünfsegmentläufers mit elastischen Kopplungen zwischen den Beinen. 113

6.19 Einfluss der viskosen Gelenkreibung (d_G) auf die absolut bzw. relativ eingesparten spezifischen Transportkosten des Fünfsegmentläufers durch elastische Kopplung der Unterschenkel (BU_BU). 115

6.20 Konstruktive Umsetzung der optimalen elastischen Kopplung des Fünfsegmentläufers (BU_BU) mittels Riementrieb und Zugfeder. 116

6.21 Einfluss des Grads (n_α) der BÉZIER-Polynome auf die spezifischen Transportkosten des Fünfsegmentläufers mit und ohne elastische Kopplung der Unterschenkel (BU_BU). 117

6.22 Einfluss der elastischen Kopplung der Unterschenkel (BU_BU) auf Stabilität und Robustheit der Bewegung des Fünfsegmentläufers. 118

6.23 Einfluss der elastischen Kopplung der Unterschenkel (BU_BU) auf den Einzugsbereich der stabilen Bewegung des Fünfsegmentläufers. 119

A.1 Vergleich der spezifischen Energien des Dreisegmentläufers mit nichtlinearer elastischer Kopplung der Beine (nlin. B_B). 125

A.2 Vergleich der spezifischen Energien des Dreisegmentläufers mit linearer elastischer Kopplung des Oberkörpers und der Beine (lin. O_B). 125

A.3 Vergleich der spezifischen Energien des Dreisegmentläufers mit nichtlinearer elastischer Kopplung des Oberkörpers und der Beine (nlin. O_B). 126

A.4 Vergleich der spezifischen Energien des Dreisegmentläufers mit abschnittsweise linearer elastischer Kopplung des Oberkörpers und der Beine (2lin. O_B). 126

A.5 Vergleich der spezifischen Energien des Dreisegmentläufers mit abschnittsweise nichtlinearer elastischer Kopplung des Oberkörpers und der Beine (2nlin. O_B). 127

A.6 Vergleich der spezifischen Energien des Dreisegmentläufers mit Kombination der linearen elastischen Kopplungen von Oberkörper und Beinen und der Beine (lin. $B\_B + O\_B$). 127

A.7 Vergleich der spezifischen Energien des Dreisegmentläufers mit Kombination der nichtlinearen elastischen Kopplungen von Oberkörper und Beinen und der Beine (nlin. $B\_B + O\_B$). 128

A.8 Vergleich der spezifischen Energien des Dreisegmentläufers mit Kombination der abschnittsweise linearen elastischen Kopplungen von Oberkörper und Beinen und der Beine (2lin. $B\_B + O\_B$). 128

A.9 Vergleich der spezifischen Energien des Dreisegmentläufers mit Kombination der abschnittsweise nichtlinearen elastischen Kopplungen von Oberkörper und Beinen und der Beine (2nlin. $B\_B + O\_B$). 129

A.10 Einfluss des Koeffizienten der statischen Leistung (c_{stat}) auf die spezifischen Transportkosten des Dreisegmentläufers mit und ohne elastischer Kopplung der Beine (B_B). 129

A.11 Einfluss der Schwerpunktposition (r_B) des Beins auf die spezifischen Transportkosten des Dreisegmentläufers mit und ohne elastischer Kopplung der Beine (B_B). 130

A.12 Einfluss der Trägheitsradius (i_B) des Beins auf die spezifischen Transportkosten des Dreisegmentläufers mit und ohne elastischer Kopplung der Beine (B_B). 130

A.13 Einfluss der viskosen Gelenkreibung (d_G) auf die spezifischen Transportkosten des Dreisegmentläufers mit und ohne elastischer Kopplung der Beine (B_B). 131

B.1 Vergleich der spezifischen Energien des Fünfsegmentläufers mit linearer elastischer Kopplung von Oberkörper und Oberschenkel (lin. O_BO). . . . 133

B.2 Vergleich der spezifischen Energien des Fünfsegmentläufers mit linearer elastischer Kopplung von Oberkörper und Unterschenkel (lin. O_BU). . . . 133

B.3 Vergleich der spezifischen Energien des Fünfsegmentläufers mit linearer elastischer Kopplung von Ober- und Unterschenkel (lin. BO_BU). 134

B.4 Vergleich der spezifischen Energien des Fünfsegmentläufers mit schaltbarer elastischer Kopplung von Ober- und Unterschenkel (lin. $BO\_BU^\sharp$). 134

B.5 Vergleich der spezifischen Energien des Fünfsegmentläufers mit linearer elastischer Kopplung der Oberschenkel (lin. BO_BO). 135

B.6 Vergleich der spezifischen Energien des Fünfsegmentläufers mit nichtlinearer elastischer Kopplung der Oberschenkel (nlin. BO_BO). 135

B.7 Vergleich der spezifischen Energien des Fünfsegmentläufers mit nichtlinearer elastischer Kopplung der Unterschenkel (nlin. BU_BU). 136

B.8 Vergleich der spezifischen Energien des Fünfsegmentläufers mit linearer elastischer Kopplung von Ober- und Unterschenkel zwischen den Beinen (lin. $BO1\_BU2$). 136

B.9 Vergleich der spezifischen Energien des Fünfsegmentläufers mit nichtlinearer elastischer Kopplung von Ober- und Unterschenkel zwischen den Beinen (nlin. $BO1\_BU2$). 137

B.10 Vergleich der spezifischen Energien des Fünfsegmentläufers mit abschnittsweise linearer elastischer Kopplung von Ober- und Unterschenkel zwischen den Beinen (2lin. $BO1\_BU2$). 137

B.11 Einfluss der viskosen Gelenkreibung (d_G) auf die spezifischen Transportkosten des Fünfsegmentläufers mit und ohne elastischer Kopplung der Unterschenkel (BU_BU). 138

Tabellenverzeichnis

2.1 Komponenten der ebenen Mehrkörperdynamik für die lineare Graphentheorie. 14

3.1 Definition und Wertzuweisung der Parameter der Starrkörpersysteme Dreisegmentläufer und Fünfsegmentläufer. 38

3.2 Parameter der Aktoren. 49

4.1 Gewählte Einstellungen der MATLAB Optimierungsverfahren. 66

5.1 Übersicht der Parameter der elastischen Kopplungen des Dreisegmentläufers mit mittleren spezifischen Transportkosten und deren relativer Einsparung. 87

6.1 Übersicht der Parameter der elastischen Kopplungen des Fünfsegmentläufers mit mittleren spezifischen Transportkosten und deren relativer Einsparung. 112

Literaturverzeichnis

[AB95]   AHMADI, Mojtaba ; BUEHLER, Martin: A control strategy for stable passive running. In: *Proceedings of the 1995 IEEE/RSJ International Conference on Intelligent Robots and Systems (IROS)* Bd. 3, 1995, S. 152–157

[AB02]   AHLBORN, Boye K. ; BLAKE, Robert W.: Walking and running at resonance. In: *Zoology* 105 (2002), Nr. 2, S. 165–174

[ADN01]   ADOLFSSON, Jesper ; DANKOWICZ, Harry ; NORDMARK, Arne: 3D passive walkers: Finding periodic gaits in the presence of discontinuities. In: *Nonlinear Dynamics* 24 (2001), Nr. 2, S. 205–229

[Ale76]   ALEXANDER, R. M.: Mechanics of bipedal locomotion. In: *Perspectives in Experimental Biology* 1 (1976), S. 493–504

[Ale90]   ALEXANDER, R. M.: Three uses for springs in legged locomotion. In: *The International Journal of Robotics Research* 9 (1990), Nr. 2, S. 53–61

[Ale91]   ALEXANDER, R. M.: Energy-saving mechanisms in walking and running. In: *Journal of Experimental Biology* 160 (1991), Nr. 1, S. 55–69

[Arm13]   ARMSTRONG, Neil: *One Small Step.* [online] Houston, USA: NASA, 2013-01-08 [gesehen am 2013-05-23]. Verfügbar unter:. http://www.hq.nasa.gov/alsj/a11/a11.step.html. Version: 2013

[Av10]   ACKERMANN, Marko ; VAN DEN BOGERT, Antonie J.: Optimality principles for model-based prediction of human gait. In: *Journal of Biomechanics* 43 (2010), Nr. 6, S. 1055–1060

[BBS12]   BUDDAY, Dominik ; BAUER, Fabian ; SEIPEL, Justin: Stability and Robustness of a 3D SLIP Model for Walking Using Lateral Leg Placement Control. In: *Proceedings of the 2012 ASME IDETC*, 2012, S. IDETC2012-71154

[BCR12]   BHOUNSULE, Pranav A. ; CORTELL, Jason ; RUINA, Andy: Design and control of Ranger: an energy-efficient, dynamic walking robot. In: *Proceedings of the 2012 International Conference on Climbing and Walking Robots (CLAWAR)*, 2012, S. 441–448

[BG09]   BRAUN, David J. ; GOLDFARB, Michael: A control approach for actuated dynamic walking in biped robots. In: *IEEE Transactions on Robotics* 25 (2009), Nr. 6, S. 1292–1303

[BH04]   BORZOVA, Elena ; HURMUZLU, Yildirim: Passively walking five-link robot. In: *Automatica* 40 (2004), Nr. 4, S. 621–629

[BHPS10]   BAUER, Fabian ; HETZLER, Hartmut ; PAGEL, Anna ; SEEMANN, Wolfgang: Do Non-linearities Enhance Stability of Bipedal Locomotion? In: MENEGAT-TI, Emanuele (Hrsg.): *Proceedings of the 2010 International Conference on Simulation, Modeling and Programming for Autonomous Robots Workshops (SIMPAR)*, 2010, S. 104–112

[Bli89]   BLICKHAN, Reinhard: The spring-mass model for running and hopping. In: *Journal of Biomechanics* 22 (1989), Nr. 11, S. 1217–1227

[BNv+12]   BAXTER, Josh R. ; NOVACK, Thomas A. ; VAN WERKHOVEN, Herman ; PENNELL, David R. ; PIAZZA, Stephen J.: Ankle joint mechanics and foot proportions differ between human sprinters and non-sprinters. In: *Proceedings of the Royal Society B: Biological Sciences* 279 (2012), Nr. 1735, S. 2018–2024

[Bre98]   BRECHT, Bertolt: *Leben des Galilei.* Suhrkamp, 1998

[BSG+07]   BLICKHAN, Reinhard ; SEYFARTH, Andre ; GEYER, Hartmut ; GRIMMER, Sten ; WAGNER, Heiko ; GÜNTHER, Michael: Intelligence by mechanics. In: *Philosophical Transactions of the Royal Society A: Mathematical, Physical and Engineering Sciences* 365 (2007), Nr. 1850, S. 199–220

[CA01]   CHEVALLEREAU, Christine ; AOUSTIN, Yannick: Optimal reference trajectories for walking and running of a biped robot. In: *Robotica* 19 (2001), Nr. 5, S. 557–569

[CAA+03]   CHEVALLEREAU, Christine ; ABBA, Gabriel ; AOUSTIN, Yannick ; PLESTAN, Franck ; WESTERVELT, Eric R. ; CANUDAS-DE-WIT, Carlos ; GRIZZLE, Jessy W.: RABBIT: A testbed for advanced control theory. In: *IEEE Control Systems Magazine* 23 (2003), Nr. 5, S. 57–79

[CAF99]   CHEVALLEREAU, Christine ; AOUSTIN, Yannick ; FORMAL'SKY, Alexander: Optimal walking trajectories for a biped. In: *Proceedings of the First Workshop on Robot Motion and Control (RoMoCo)*, 1999, S. 171–176

[CAK09]   COLLINS, Steven H. ; ADAMCZYK, Peter G. ; KUO, Arthur D.: Dynamic arm swinging in human walking. In: *Proceedings of the Royal Society B: Biological Sciences* 276 (2009), Nr. 1673, S. 3679–3688

[CAS09]   CHEVALLEREAU, Christine ; AOUSTIN, Yannick ; SHIH, Ching-Long: Asymptotically stable walking of a five-link underactuated 3-D bipedal robot. In: *IEEE Transactions on Robotics* 25 (2009), Nr. 1, S. 37–50

[CCA95]   CABODEVILA, Gonzalo ; CHAILLET, Nicolas ; ABBA, Gabriel: Energy-minimized Gait for a Biped Robot. In: DILLMANN, Rüdiger (Hrsg.) ; REM-BOLD, Ulrich (Hrsg.) ; LÜTH, Tim (Hrsg.): *Autonome Mobile Systeme 1995.* Springer Berlin Heidelberg, 1995 (Informatik aktuell), S. 90–99

[CG00] CHATTERJEE, Anindya ; GARCIA, Mariano: Small slope implies low speed for McGeer's passive walking machines. In: *Dynamics and Stability of Systems* 15 (2000), Nr. 2, S. 139–157

[CG05] CHOI, Jun H. ; GRIZZLE, Jessy W.: Planar bipedal walking with foot rotation. In: *Proceedings of the 2005 American Control Conference (ACC)*, 2005, S. 4909–4916

[CGMR01] COLEMAN, Michael J. ; GARCIA, Mariano ; MOMBAUR, Katja ; RUINA, Andy: Prediction of stable walking for a toy that cannot stand. In: *Physical Review E* 64 (2001), Nr. 2, S. 022901

[CJ71] CHOW, C.K. ; JACOBSON, D.H.: Studies of human locomotion via optimal programming. In: *Mathematical Biosciences* 10 (1971), Nr. 3, S. 239–306

[CKC$^+$99] CALSAMIGLIA, John ; KENNEDY, Scott W. ; CHATTERJEE, Anindya ; RUINA, A ; JENKINS, James T.: Anomalous frictional behavior in collisions of thin disks. In: *Journal of applied mechanics* 66 (1999), Nr. 1, S. 146–152

[CLP11] CHYOU, Teyuan ; LIDDELL, Gerrard F. ; PAULIN, Mike G.: An upper-body can improve the stability and efficiency of passive dynamic walking. In: *Journal of Theoretical Biology* 285 (2011), Nr. 1, S. 126–135

[COB$^+$12] COTTON, Sebastien ; OLARU, Ionut Mihai C. ; BELLMAN, Matthew ; VAN DER VEN, Tim ; GODOWSKI, Johnny ; PRATT, Jerry: Fastrunner: A fast, efficient and robust bipedal robot. Concept and planar simulation. In: *Proceedings of the 2012 IEEE International Conference on Robotics and Automation (ICRA)*, 2012, S. 2358–2364

[CR98] COLEMAN, Michael J. ; RUINA, Andy: An uncontrolled walking toy that cannot stand still. In: *Physical Review Letters* 80 (1998), Nr. 16, S. 3658–3661

[CR05] COLLINS, Steven H. ; RUINA, Andy: A bipedal walking robot with efficient and human-like gait. In: *Proceedings of the 2005 IEEE International Conference on Robotics and Automation (ICRA)*, 2005, S. 1983–1988

[CRTW05] COLLINS, Steve ; RUINA, Andy ; TEDRAKE, Russ ; WISSE, Martijn: Efficient bipedal robots based on passive-dynamic walkers. In: *Science* 307 (2005), Nr. 5712, S. 1082–1085

[CWR01] COLLINS, Steven H. ; WISSE, Martijn ; RUINA, Andy: A three-dimensional passive-dynamic walking robot with two legs and knees. In: *The International Journal of Robotics Research* 20 (2001), Nr. 7, S. 607–615

[Dar12] DARIO, Paolo: *CA-RoboCom Public Report.* [online] Pisa, Italien: Coordination Action Robot Companions, 2012–11 [gesehen am: 2013–05–23]. Verfügbar unter:. `http://www.robotcompanions.eu/drupal-robocom-files/` `page-files/CA-RoboCom_PublicReport.pdf`. Version: 2012

[DK09] DEAN, Jesse C. ; KUO, Arthur D.: Elastic coupling of limb joints enables faster bipedal walking. In: *Journal of The Royal Society Interface* 6 (2009), Nr. 35, S. 561–573

[DKK02] DONELAN, J. M. ; KRAM, Rodger ; KUO, Arthur D.: Mechanical work for step-to-step transitions is a major determinant of the metabolic cost of human walking. In: *Journal of Experimental Biology* 205 (2002), Nr. 23, S. 3717–3727

[DL96] DE LEVA, Paolo: Adjustments to Zatsiorsky-Seluyanov's segment inertia parameters. In: *Journal of Biomechanics* 29 (1996), Nr. 9, S. 1223–1230

[DN99] DASGUPTA, Anirvan ; NAKAMURA, Yoshihiko: Making feasible walking motion of humanoid robots from human motion capture data. In: *Proceedings of the 1999 IEEE International Conference on Robotics and Automation (ICRA)* Bd. 2, 1999, S. 1044–1049

[DRC⁺06] DAMSGAARD, Michael ; RASMUSSEN, John ; CHRISTENSEN, Søren T. ; SURMA, Egidijus ; ZEE, Mark de: Analysis of musculoskeletal systems in the AnyBody Modeling System. In: *Simulation Modelling Practice and Theory* 14 (2006), Nr. 8, S. 1100–1111

[DS05] DUINDAM, Vincent ; STRAMIGIOLI, Stefano: Optimization of mass and stiffness distribution for efficient bipedal walking. In: *Proceedings of 2005 IEEE/RSJ International Conference on Intelligent Robots and Systems (IROS)*, 2005

[Emo13] EMOTEQ CORPORATION: *Specifications of Quantum Frameless Servo Motor QB05601.* [online] Tulsa, OK, USA: Allied Motion, 2013 [gesehen am: 2013-01-16]. Verfügbar unter:. `http://www.alliedmotion.com/Products/Series.aspx?s=38`. Version: 2013

[EPH06] ENDO, Ken ; PALUSKA, Daniel ; HERR, Hugh: A quasi-passive model of human leg function in level-ground walking. In: *Proceedings of the 2006 IEEE/RSJ International Conference on Intelligent Robots and Systems (IROS)* IEEE, 2006, S. 4935–4939

[Eze88] EZELL, Linda N.: *NASA Historical Data Book, Vol. II: Programs and Projects, 1958–1968.* Scientific and Technical Information Division, National Aeronautics and Space Administration, 1988. – 22–23 S.

[Fal88] FALLIS, George T.: *Walking Toy.* Patent. US 376 588, 1888

[Fey89] FEYNMAN, Richard: Feynman's Office; the Last Blackboards. In: *Physics Today* 42 (2) (1989), S. 88

[FK99] FULL, Robert J. ; KODITSCHEK, Daniel E.: Templates and anchors: neuromechanical hypotheses of legged locomotion on land. In: *Journal of Experimental Biology* 202 (1999), Nr. 23, S. 3325–3332

[GAHK03] GHIGLIAZZA, R.M. ; ALTENDORFER, Richard ; HOLMES, Philip ; KODIT-SCHEK, Daniel E.: A simply stabilized running model. In: *SIAM Journal on Applied Dynamical Systems* 2 (2003), Nr. 2, S. 187–218

[GAP99] GRIZZLE, Jessy W. ; ABBA, Gabriel ; PLESTAN, Franck: Proving asymptotic stability of a walking cycle for a five dof biped robot model. In: *Proceedings of the 1999 International Conference on Climbing and Walking Robots (CLAWAR)*, 1999

[GAP01] GRIZZLE, Jesse W. ; ABBA, Gabriel ; PLESTAN, Franck: Asymptotically stable walking for biped robots: Analysis via systems with impulse effects. In: *IEEE Transactions on Automatic Control* 46 (2001), Nr. 1, S. 51–64

[GCR00] GARCIA, Mariano ; CHATTERJEE, Anindya ; RUINA, Andy: Efficiency, speed, and scaling of two-dimensional passive-dynamic walking. In: *Dynamics and Stability of Systems* 15 (2000), Nr. 2, S. 75–99

[GCRC98] GARCIA, Mariano ; CHATTERJEE, Anindya ; RUINA, Andy ; COLEMAN, Michael: The simplest walking model: Stability, complexity, and scaling. In: *Journal of Biomechanical Engineering* 120 (1998), Nr. 2, S. 281–288

[GEK96] GOSWAMI, Ambarish ; ESPIAU, Bernard ; KERAMANE, Ahmed: Limit cycles and their stability in a passive bipedal gait. In: *Proceedings of the 1996 IEEE International Conference on Robotics and Automation (ICRA)* Bd. 1, 1996, S. 246–251

[GH10] GEYER, Hartmut ; HERR, Hugh: A muscle-reflex model that encodes principles of legged mechanics produces human walking dynamics and muscle activities. In: *IEEE Transactions on Neural Systems and Rehabilitation Engineering* 18 (2010), Nr. 3, S. 263–273

[GHM+09] GRIZZLE, Jessy W. ; HURST, Jonathan ; MORRIS, Benjamin ; PARK, Hae-Won ; SREENATH, Koushil: MABEL, a new robotic bipedal walker and runner. In: *Proceedings of the 2009 American Control Conference (ACC)*, 2009, S. 2030–2036

[Gos99] GOSWAMI, Ambarish: Postural stability of biped robots and the foot-rotation indicator (FRI) point. In: *The International Journal of Robotics Research* 18 (1999), Nr. 6, S. 523–533

[GPA99] GRIZZLE, Jesse W. ; PLESTAN, Frank ; ABBA, Gabriel: Poincaré's method for systems with impulse effects: application to mechanical biped locomotion. In: *Proceedings of the 38th IEEE Conference on Decision and Control* Bd. 4, 1999, S. 3869–3876

[GR11] GOMES, Mario ; RUINA, Andy: Walking model with no energy cost. In: *Physical Review E* 83 (2011), Nr. 3, S. 032901

[GSB06] GEYER, Hartmut ; SEYFARTH, Andre ; BLICKHAN, Reinhard: Compliant leg behaviour explains basic dynamics of walking and running. In: *Proceedings of the Royal Society B: Biological Sciences* 273 (2006), Nr. 1603, S. 2861–2867

[GTE⁺96] GOSWAMI, Ambarish ; THUILOT, Benoit ; ESPIAU, Bernard u. a.: Compass-like biped robot part I: Stability and bifurcation of passive gaits / Institut National de Recherche en Informatique et en Automatique (INRIA) Rhône-Alpes. 1996. – Forschungsbericht

[HAF00] HASEGAWA, Yasuhisa ; ARAKAWA, Takemasa ; FUKUDA, Toshio: Trajectory generation for biped locomotion robot. In: *Mechatronics* 10 (2000), Nr. 1, S. 67–89

[HGB04] HURMUZLU, Yildirim ; GÉNOT, Frank ; BROGLIATO, Bernard: Modeling, stability and control of biped robots – a general framework. In: *Automatica* 40 (2004), Nr. 10, S. 1647–1664

[Hil38] HILL, A.V.: The heat of shortening and the dynamic constants of muscle. In: *Proceedings of the Royal Society of London. Series B, Biological Sciences* 126 (1938), Nr. 843, S. 136–195

[HS03] HARDT, Michael ; STRYK, Oskar von: Dynamic modeling in the simulation, optimization, and control of bipedal and quadrupedal robots. In: *ZAMM-Journal of Applied Mathematics and Mechanics/Zeitschrift für Angewandte Mathematik und Mechanik* 83 (2003), Nr. 10, S. 648–662

[HSD10] HAMNER, Samuel R. ; SETH, Ajay ; DELP, Scott L.: Muscle contributions to propulsion and support during running. In: *Journal of Biomechanics* 43 (2010), Nr. 14, S. 2709–2716

[Ijs08] IJSPEERT, Auke J.: 2008 Special Issue: Central pattern generators for locomotion control in animals and robots: A review. In: *Neural Networks* 21 (2008), Nr. 4, S. 642–653

[INH⁺13] IJSPEERT, Auke J. ; NAKANISHI, Jun ; HOFFMANN, Heiko ; PASTOR, Peter ; SCHAAL, Stefan: Dynamical movement primitives: learning attractor models for motor behaviors. In: *Neural Computation* 25 (2013), Nr. 2, S. 328–373

[Isi94] ISIDORI, Alberto: *Nonlinear Control Systems*. Bd. 1. Springer, 1994

[Isi99] ISIDORI, Alberto: *Nonlinear Control Systems II*. Bd. 2. Springer, 1999

[Ken61] KENNEDY, John F.: *Special message to Congress on urgent national needs, 25 May 1961*. [online] Boston, USA: JFK Library, 1961–05–25 [gesehen am 2013–05–23]. Verfügbar unter:. `http://www.jfklibrary.org/Asset-Viewer/Archives/JFKPOF-034-030.aspx`. Version: 1961

[Kha02] KHALIL, Hassan K.: *Nonlinear systems*. Bd. 3. Prentice hall Upper Saddle River, 2002

[KKK+01] KAJITA, Shuuji ; KANEHIRO, Fumio ; KANEKO, Kenji ; YOKOI, Kazuhito ; HIRUKAWA, Hirohisa: The 3D Linear Inverted Pendulum Mode: A simple modeling for a biped walking pattern generation. In: *Proceedings of the 2001 IEEE/RSJ International Conference on Intelligent Robots and Systems (IROS)* Bd. 1, 2001, S. 239–246

[KKK+02] KAJITA, Shuuji ; KANEHIRO, Fumio ; KANEKO, Kenji ; FUJIWARA, Kiyoshi ; YOKOI, Kazuhito ; HIRUKAWA, Hirohisa: A realtime pattern generator for biped walking. In: *Proceedings of the 2002 IEEE International Conference on Robotics and Automation (ICRA)* Bd. 1, 2002, S. 31–37

[KKK+03] KAJITA, Shuuji ; KANEHIRO, Fumio ; KANEKO, Kenji ; FUJIWARA, Kiyoshi ; HARADA, Kensuke ; YOKOI, Kazuhito ; HIRUKAWA, Hirohisa: Biped walking pattern generation by using preview control of zero-moment point. In: *Proceedings of the 2003 IEEE International Conference on Robotics and Automation (ICRA)* Bd. 2, 2003, S. 1620–1626

[KKL00] KAYE, H. S. ; KANG, Taewoon ; LAPLANTE, Mitchell P.: *Mobility Device Use in the United States*. [online] San Francisco, USA: National Institute on Disability and Rehabilitation Research U.S. Department of Education, 2000–06 [gesehen am 2013-05-23]. Verfügbar unter:. http://dsc.ucsf.edu/pdf/report14.pdf. Version: 2000

[KMS01] KAJITA, Shuuji ; MATSUMOTO, Osamu ; SAIGO, Muneharu: Real-time 3D walking pattern generation for a biped robot with telescopic legs. In: *Proceedings of the 2001 IEEE International Conference on Robotics and Automation (ICRA)* Bd. 3 IEEE, 2001, S. 2299–2306

[KP11] KIM, Seyoung ; PARK, Sukyung: Leg stiffness increases with speed to modulate gait frequency and propulsion energy. In: *Journal of Biomechanics* 44 (2011), Nr. 7, S. 1253–1258

[KT72] KATO, Ichiro ; TSUIKI, H: The hydraulically powered biped walking machine with a high carrying capacity. In: *Proceedings of the 4th International Symposium on External Control of Human Extremities*, 1972, S. 410–421

[Kuo99] KUO, Arthur D.: Stabilization of lateral motion in passive dynamic walking. In: *The International Journal of Robotics Research* 18 (1999), Nr. 9, S. 917–930

[Kuo01] KUO, Arthur D.: A simple model of bipedal walking predicts the preferred speed-step length relationship. In: *Journal of Biomechanical Engineering* 123 (2001), S. 264–269

[Kuo07] KUO, Arthur D.: Choosing your steps carefully. In: *IEEE Robotics & Automation Magazine* 14 (2007), Nr. 2, S. 18–29

[LGR+12] LIPFERT, Susanne W. ; GÜNTHER, Michael ; RENJEWSKI, Daniel ; GRIM-
MER, Sten ; SEYFARTH, Andre: A model-experiment comparison of system
dynamics for human walking and running. In: *Journal of Theoretical Biology*
292 (2012), S. 11–17

[Lin05] LINDNER, M: *Experimentelle und theoretische Untersuchungen zur Gummi-
reibung an Profilklötzen und Dichtungen*, Universität Hannover, Diss., 2005

[Lio65] LIOT, M. R.: *Accélérateurs de vitesse du coureur à pied.* Patent.
FR000001463005A, 1965

[MBSL05] MOMBAUR, Katja D. ; BOCK, Hans G. ; SCHLODER, Johannes P. ; LONG-
MAN, Richard W.: Self-stabilizing somersaults. In: *IEEE Transactions on
Robotics* 21 (2005), Nr. 6, S. 1148–1157

[MC90] MCMAHON, Thomas A. ; CHENG, George C.: The mechanics of running:
how does stiffness couple with speed? In: *Journal of Biomechanics* 23 (1990),
S. 65–78

[McG90a] MCGEER, Tad: Passive bipedal running. In: *Proceedings of the Royal Society
of London. B. Biological Sciences* 240 (1990), Nr. 1297, S. 107–134

[McG90b] MCGEER, Tad: Passive dynamic walking. In: *The International Journal of
Robotics Research* 9 (1990), Nr. 2, S. 62–82

[McG90c] MCGEER, Tad: Passive walking with knees. In: *Proceedings of the 1990 IEEE
International Conference on Robotics and Automation (ICRA)* IEEE, 1990, S.
1640–1645

[McG93] MCGEER, Tad: Dynamics and control of bipedal locomotion. In: *Journal of
Theoretical Biology* 163 (1993), S. 277–314

[MG06] MORRIS, Benjamin ; GRIZZLE, Jessy W.: Hybrid invariance in bipedal robots
with series compliant actuators. In: *Proceedings of the 45th IEEE Conference
on Decision and Control*, 2006, S. 4793–4800

[Mil12] MILLSON, Beverly: *New Levels of Autonomy for Patients Wea-
ring Upgraded Bionic Walking Suit "Ekso".* [online] Richmond,
USA: ekso Bionics, 2012-08-09 [gesehen am: 2013-05-23]. Verfügbar unter:. `http://res.cloudinary.com/eksobionics/image/upload/`
`v1368976706/ijzqdhin27gma7qbgzny.pdf`. Version: 2012

[MLBS05] MOMBAUR, Katja D. ; LONGMAN, Richard W. ; BOCK, Hans G. ; SCHLÖ-
DER, Johannes P.: Open-loop stable running. In: *Robotica* 23 (2005), Nr. 1, S.
21–33

[MM80] MOCHON, Simon ; MCMAHON, Thomas A.: Ballistic walking. In: *Journal of
Biomechanics* 13 (1980), Nr. 1, S. 49–57

[Mom09]   MOMBAUR, Katja: Using optimization to create self-stable human-like running. In: *Robotica* 27 (2009), Nr. 3, S. 321–330

[MWC⁺06]   MORRIS, Benjamin ; WESTERVELT, Eric R. ; CHEVALLEREAU, Christine ; BUCHE, Gabriel ; GRIZZLE, Jessy W.: Achieving bipedal running with RABBIT: Six steps toward infinity. In: *Fast Motions in Biomechanics and Robotics* (2006), S. 277–297

[NTY11]   NARUKAWA, Terumasa ; TAKAHASHI, Masaki ; YOSHIDA, Kazuo: Efficient walking with optimization for a planar biped walker with a torso by hip actuators and springs. In: *Robotica* 29 (2011), Nr. 04, S. 641–648

[NW06]   NOCEDAL, Jorge ; WRIGHT, Stephen J.: *Numerical Optimization.* Springer, 2006

[Oba11]   OBAMA, Barack: *National Robotics Initiative.* [online] Washington, USA: White House – Office of Science and Technology Policy, 2011-06-24 [gesehen am 2013-05-23]. Verfügbar unter:. http://www.whitehouse.gov/blog/ 2011/08/03/supporting-president-s-national-robotics-initiative. Version: 2011

[OKY⁺10]   OWAKI, Dai ; KOYAMA, Masatoshi ; YAMAGUCHI, Shin'ichi ; KUBO, Shota ; ISHIGURO, Akio: A two-dimensional passive dynamic running biped with knees. In: *Proceedings of the 2010 IEEE International Conference on Robotics and Automation (ICRA)*, 2010, S. 5237–5242

[OOI08]   OWAKI, Dai ; OSUKA, Koichi ; ISHIGURO, Akio: On the embodiment that enables passive dynamic bipedal running. In: *Proceedings of the 2008 IEEE International Conference on Robotics and Automation (ICRA)*, 2008, S. 341–346

[PCT⁺01]   PRATT, Jerry ; CHEW, Chee-Meng ; TORRES, Ann ; DILWORTH, Peter ; PRATT, Gill: Virtual model control: An intuitive approach for bipedal locomotion. In: *The International Journal of Robotics Research* 20 (2001), Nr. 2, S. 129–143

[PDN01]   PIIROINEN, Petri T. ; DANKOWICZ, Harry J. ; NORDMARK, Arne B.: On a normal-form analysis for a class of passive bipedal walkers. In: *International Journal of Bifurcation and Chaos* 11 (2001), Nr. 09, S. 2411–2425

[PDN03]   PIIROINEN, Petri T. ; DANKOWICZ, Harry J. ; NORDMARK, Arne B.: Breaking symmetries and constraints: Transitions from 2D to 3D in passive walkers. In: *Multibody system dynamics* 10 (2003), Nr. 2, S. 147–176

[PDP97]   PRATT, Jerry ; DILWORTH, Peter ; PRATT, Gill: Virtual model control of a bipedal walking robot. In: *Proceedings of the 1997 IEEE International Conference on Robotics and Automation (ICRA)* Bd. 1, 1997, S. 193–198

[PGWA03] PLESTAN, Franck ; GRIZZLE, Jessy W. ; WESTERVELT, Eric R. ; ABBA, Gabriel: Stable walking of a 7-DOF biped robot. In: *IEEE Transactions on Robotics and Automation* 19 (2003), Nr. 4, S. 653–668

[PP98] PRATT, Jerry ; PRATT, Gill: Intuitive control of a planar bipedal walking robot. In: *Proceedings of the 1998 IEEE International Conference on Robotics and Automation (ICRA)* Bd. 3, 1998, S. 2014–2021

[PP99] PRATT, Jerry ; PRATT, Gill: Exploiting natural dynamics in the control of a 3d bipedal walking simulation. In: *Proceedings of the 1999 International Conference on Climbing and Walking Robots (CLAWAR)*, 1999, S. 797–807

[Pra00] PRATT, Jerry E.: *Exploiting inherent robustness and natural dynamics in the control of bipedal walking robots*, Massachusetts Institute of Technology, Diss., 2000

[Pra12a] PRATT, Gill: *DARPA-BAA-12-39 – DARPA Robotics Challenge.* [online] Arlington, USA: DARPA, 2012–04–10 [gesehen am: 2013–05–23]. Verfügbar unter:. https://www.fbo.gov/utils/view?id= 74d674ab011d5954c7a46b9c21597f30. Version: 2012

[Pra12b] PRATT, Gill: *DARPA-BAA-12-52 – Maximum Mobility and Manipulation (M3) – Actuation.* [online] Arlington, USA: DARPA, 2012–07–03 [gesehen am 2013–05–23]. Verfügbar unter:. https://www.fbo.gov/utils/view?id= c2ec611a24dc91ac01846694a757062d. Version: 2012

[PSHG11] PARK, Hae-Won ; SREENATH, Koushil ; HURST, Jonathan W. ; GRIZZLE, Jessy W.: Identification of a bipedal robot with a compliant drivetrain. In: *IEEE Control Systems Magazine* 31 (2011), Nr. 2, S. 63–88

[PW95] PRATT, Gill A. ; WILLIAMSON, Matthew M.: Series elastic actuators. In: *Proceedings of the 1995 IEEE/RSJ International Conference on Intelligent Robots and Systems (IROS)* Bd. 1, 1995, S. 399–406

[Rai86] RAIBERT, Marc H.: *Legged robots that balance.* MIT Press, 1986

[RBC84] RAIBERT, Marc H. ; BROWN, H. B. ; CHEPPONIS, Michael: Experiments in balance with a 3D one-legged hopping machine. In: *The International Journal of Robotics Research* 3 (1984), Nr. 2, S. 75–92

[RBC+89] RAIBERT, Marc H. ; BROWN, H. Benjamin J. ; CHEPPONIS, Michael ; KOECHLING, Jeff ; HODGINS, Jessica K. ; DUSTMAN, Diane ; BRENNAN, W. K. ; BARRETT, David S. ; THOMPSON, Clay M. ; HEBERT, John D. ; LEE, Woojin ; BORVANSKY, Lance: Dynamically Stable Legged Locomotion / Massachusetts Institute of Technology, Artificial Intelligence Laboratory. 1989. – Forschungsbericht

[RBS05] RUINA, Andy ; BERTRAM, John E. ; SRINIVASAN, Manoj: A collisional model of the energetic cost of support work qualitatively explains leg sequencing in walking and galloping, pseudo-elastic leg behavior in running and the walk-to-run transition. In: *Journal of Theoretical Biology* 237 (2005), Nr. 2, S. 170–192

[RHHG14] RAMEZANI, Alireza ; HURST, Jonathan W. ; HAMED, Kaveh A. ; GRIZZLE, Jessy W.: Performance Analysis and Feedback Control of ATRIAS, A Three-Dimensional Bipedal Robot. In: *Journal of Dynamic Systems, Measurement, and Control* 136 (2014), Nr. 2, S. 021012

[RLv12] RADKHAH, Katayon ; LENS, Thomas ; VON STRYK, Oskar: Detailed dynamics modeling of BioBiped's monoarticular and biarticular tendon-driven actuation system. In: *Proceedings of the 2012 IEEE/RSJ International Conference on Intelligent Robots and Systems (IROS)* IEEE, 2012, S. 4243–4250

[RMM+11] RADKHAH, Katayon ; MAUFROY, Christophe ; MAUS, Moritz ; SCHOLZ, Dorian ; SEYFARTH, Andre ; VON STRYK, Oskar: Concept and design of the biobiped1 robot for human-like walking and running. In: *International Journal of Humanoid Robotics* 8 (2011), Nr. 03, S. 439–458

[Sch04] SCHMITKE, Chad: *Modelling Multibody Multi-Domain Systems Using Subsystems and Linear Graph Theory*, University of Waterloo, Diss., 2004

[SH05] SEIPEL, Justin E. ; HOLMES, Philip J.: Three-dimensional running is unstable but easily stabilized. In: *Proceedings of the 2005 International Conference on Climbing and Walking Robots (CLAWAR)*. 2005, S. 585–592

[SIT+09] SEYFARTH, Andre ; IIDA, Fumiya ; TAUSCH, R. ; STELZER, Maximilian ; VON STRYK, Oskar ; KARGUTH, Andreas: Towards bipedal jogging as a natural result of optimizing walking speed for passively compliant three-segmented legs. In: *The International Journal of Robotics Research* 28 (2009), Nr. 2, S. 257–265

[SM08] SCHMITKE, Chad ; MCPHEE, John: Using linear graph theory and the principle of orthogonality to model multibody, multi-domain systems. In: *Advanced Engineering Informatics* 22 (2008), Nr. 2, S. 147–160

[SPPG13] SREENATH, Koushil ; PARK, Hae-Won ; POULAKAKIS, Ioannis ; GRIZZLE, Jessy W.: Embedding active force control within the compliant hybrid zero dynamics to achieve stable, fast running on MABEL. In: *The International Journal of Robotics Research* 32 (2013), S. 324–345

[Sta06] STATISTISCHES BUNDESAMT: *Leben in Deutschland - Mikrozensus 2005.* 2006

[SVS06] STELZER, Maximilian ; VON STRYK, Oskar: Efficient forward dynamics simulation and optimization of human body dynamics. In: *ZAMM-Journal of*

Applied Mathematics and Mechanics/Zeitschrift für Angewandte Mathematik und Mechanik 86 (2006), Nr. 10, S. 828–840

[Tag95] TAGA, Gentaro: A model of the neuro-musculo-skeletal system for human locomotion. In: *Biological Cybernetics* 73 (1995), Nr. 2, S. 97–111

[Ted09] TEDRAKE, Russ: LQR-trees: Feedback motion planning on sparse randomized trees. In: *Proceedings of Robotics: Science and Systems*, MIT Press, 2009

[TGE97] THUILOT, Benoit ; GOSWAMI, Ambarish ; ESPIAU, Bernard: Bifurcation and chaos in a simple passive bipedal gait. In: *Proceedings of the 1997 IEEE International Conference on Robotics and Automation (ICRA)* Bd. 1, 1997, S. 792–798

[The13] THE MATHWORKS: *Constrained Nonlinear Optimization Algorithms.* [online] Natick, USA: Matlab Documentation, 2013–09–01 [gesehen am 2013–11–15]. Verfügbar unter:. `http://www.mathworks.de/de/help/`. Version: 2013

[TMTR10] TEDRAKE, Russ ; MANCHESTER, Ian R. ; TOBENKIN, Mark ; ROBERTS, John W.: LQR-trees: Feedback motion planning via sums-of-squares verification. In: *The International Journal of Robotics Research* 29 (2010), Nr. 8, S. 1038–1052

[TR90] THOMPSON, Clay M. ; RAIBERT, Marc H.: Passive dynamic running. In: *Experimental Robotics I*, 1990, S. 74–83

[TYS91] TAGA, Gentaro ; YAMAGUCHI, Yoko ; SHIMIZU, Hiroshi: Self-organized control of bipedal locomotion by neural oscillators in unpredictable environment. In: *Biological Cybernetics* 65 (1991), Nr. 3, S. 147–159

[TZFS04] TEDRAKE, Russ ; ZHANG, Teresa W. ; FONG, Ming-fai ; SEUNG, H S.: Actuating a simple 3D passive dynamic walker. In: *Proceedings of the 2004 IEEE International Conference on Robotics and Automation (ICRA)* Bd. 5, 2004, S. 4656–4661

[TZS04] TEDRAKE, Russ ; ZHANG, Teresa W. ; SEUNG, H. S.: Stochastic policy gradient reinforcement learning on a simple 3D biped. In: *Proceedings of the 2004 IEEE/RSJ International Conference on Intelligent Robots and Systems (IROS)* Bd. 3, 2004, S. 2849–2854

[VB04] VUKOBRATOVIĆ, Miomir ; BOROVAC, Branislav: Zero-moment point – thirty five years of its life. In: *International Journal of Humanoid Robotics* 1 (2004), Nr. 1, S. 157–173

[VBP06] VUKOBRATOVIĆ, Miomir ; BOROVAC, Branislav ; POTKONJAK, Veljko: ZMP: A review of some basic misunderstandings. In: *International Journal of Humanoid Robotics* 3 (2006), Nr. 2, S. 153–175

[VBSS90] VUKOBRATOVIĆ, Miomir ; BOROVAC, Branislav ; SURLA, Dušan ; STOKIĆ, Dragan: *Scientific fundamentals of robotics 7: Biped locomotion.* Springer, 1990

[vGC98] VAN DEN BOGERT, Antonie J. ; GERRITSEN, Karin G. ; COLE, Gerald K.: Human muscle modelling from a user's perspective. In: *Journal of Electromyography and Kinesiology* 8 (1998), Nr. 2, S. 119–124

[VJ69] VUKOBRATOVIC, Miomir ; JURICIC, Davor: Contribution to the synthesis of biped gait. In: *IEEE Transactions on Biomedical Engineering* (1969), Nr. 1, S. 1–6

[WBG04a] WESTERVELT, Eric R. ; BUCHE, Gabriel ; GRIZZLE, Jessy W.: Experimental validation of a framework for the design of controllers that induce stable walking in planar bipeds. In: *The International Journal of Robotics Research* 23 (2004), Nr. 6, S. 559–582

[WBG04b] WESTERVELT, Eric R. ; BUCHE, Gabriel ; GRIZZLE, Jessy W.: Inducing dynamically stable walking in an underactuated prototype planar biped. In: *Proceedings of the 2004 IEEE International Conference on Robotics and Automation (ICRA)* Bd. 4 IEEE, 2004, S. 4234–4239

[WGC+07] WESTERVELT, Eric R. ; GRIZZLE, Jessy W. ; CHEVALLEREAU, Christine ; CHOI, Jun H. ; MORRIS, Benjamin: *Feedback control of dynamic bipedal robot locomotion.* CRC Press, 2007

[WHR+06] WISSE, Martijn ; HOBBELEN, Daan G. ; ROTTEVEEL, Remco J. ; ANDERSON, Stuart O. ; ZEGLIN, Garth J.: Ankle springs instead of arc-shaped feet for passive dynamic walkers. In: *Proceedings of the 2006 IEEE-RAS International Conference on Humanoid Robots (Humanoids)*, 2006, S. 110–116

[Win09] WINTER, David A.: *Biomechanics and motor control of human movement.* Wiley, 2009

[WSv04] WISSE, Martijn ; SCHWAB, Arend L. ; VAN DER HELM, Frans C. T.: Passive dynamic walking model with upper body. In: *Robotica* 22 (2004), Nr. 6, S. 681–688

[WSvv05] WISSE, Martijn ; SCHWAB, Arend L. ; VAN DER LINDE, Richard Q. ; VAN DER HELM, Frans C. T.: How to keep from falling forward: elementary swing leg action for passive dynamic walkers. In: *IEEE Transactions on Robotics* 21 (2005), Nr. 3, S. 393–401

[XAAM10] XIANG, Yujiang ; ARORA, Jasbir S. ; ABDEL-MALEK, Karim: Physics-based modeling and simulation of human walking: a review of optimization-based and other approaches. In: *Structural and Multidisciplinary Optimization* 42 (2010), Nr. 1, S. 1–23

[ZWZ[+]12] ZEILIG, Gabi ; WEINGARDEN, Harold ; ZWECKER, Manuel ; DUDKIEWICZ, Israel ; BLOCH, Ayala ; ESQUENAZI, Alberto u. a.: Safety and tolerance of the ReWalk™ exoskeleton suit for ambulation by people with complete spinal cord injury: A pilot study. In: *The Journal of Spinal Cord Medicine* 35 (2012), Nr. 2, S. 96–101

KARLSRUHER INSTITUT FÜR TECHNOLOGIE (KIT)
SCHRIFTENREIHE DES INSTITUTS FÜR TECHNISCHE MECHANIK (ITM)

ISSN 1614-3914

Die Bände sind unter www.ksp.kit.edu als PDF frei verfügbar oder als Druckausgabe zu bestellen.

Band 1 **Marcus Simon**
Zur Stabilität dynamischer Systeme mit stochastischer
Anregung. 2004
ISBN 3-937300-13-9

Band 2 **Clemens Reitze**
Closed Loop, Entwicklungsplattform für mechatronische
Fahrdynamikregelsysteme. 2004
ISBN 3-937300-19-8

Band 3 **Martin Georg Cichon**
Zum Einfluß stochastischer Anregungen auf mechanische
Systeme. 2006
ISBN 3-86644-003-0

Band 4 **Rainer Keppler**
Zur Modellierung und Simulation von Mehrkörpersystemen
unter Berücksichtigung von Greifkontakt bei Robotern. 2007
ISBN 978-3-86644-092-0

Band 5 **Bernd Waltersberger**
Strukturdynamik mit ein- und zweiseitigen Bindungen
aufgrund reibungsbehafteter Kontakte. 2007
ISBN 978-3-86644-153-8

Band 6 **Rüdiger Benz**
Fahrzeugsimulation zur Zuverlässigkeitsabsicherung
von karosseriefesten Kfz-Komponenten. 2008
ISBN 978-3-86644-197-2

Band 7 **Pierre Barthels**
Zur Modellierung, dynamischen Simulation und
Schwingungsunterdrückung bei nichtglatten, zeitvarianten
Balkensystemen. 2008
ISBN 978-3-86644-217-7

KARLSRUHER INSTITUT FÜR TECHNOLOGIE (KIT)
SCHRIFTENREIHE DES INSTITUTS FÜR TECHNISCHE MECHANIK (ITM)

ISSN 1614-3914

Band 8   **Hartmut Hetzler**
           Zur Stabilität von Systemen bewegter Kontinua mit
           Reibkontakten am Beispiel des Bremsenquietschens. 2008
           ISBN 978-3-86644-229-0

Band 9   **Frank Dienerowitz**
           Der Helixaktor – Zum Konzept eines vorverwundenen
           Biegeaktors. 2008
           ISBN 978-3-86644-232-0

Band 10   **Christian Rudolf**
           Piezoelektrische Self-sensing-Aktoren zur Korrektur
           statischer Verlagerungen. 2008
           ISBN 978-3-86644-267-2

Band 11   **Günther Stelzner**
           Zur Modellierung und Simulation biomechanischer
           Mehrkörpersysteme. 2009
           ISBN 978-3-86644-340-2

Band 12   **Christian Wetzel**
           Zur probabilistischen Betrachtung von Schienen- und
           Kraftfahrzeugsystemen unter zufälliger Windanregung. 2010
           ISBN 978-3-86644-444-7

Band 13   **Wolfgang Stamm**
           Modellierung und Simulation von Mehrkörpersystemen
           mit flächigen Reibkontakten. 2011
           ISBN 978-3-86644-605-2

Band 14   **Felix Fritz**
           Modellierung von Wälzlagern als generische
           Maschinenelemente einer Mehrkörpersimulation. 2011
           ISBN 978-3-86644-667-0

KARLSRUHER INSTITUT FÜR TECHNOLOGIE (KIT)
SCHRIFTENREIHE DES INSTITUTS FÜR TECHNISCHE MECHANIK (ITM)

ISSN 1614-3914

KARLSRUHER INSTITUT FÜR TECHNOLOGIE (KIT)
SCHRIFTENREIHE DES INSTITUTS FÜR TECHNISCHE MECHANIK (ITM)

ISSN 1614-3914

Band 22   Dominik Kern
           Neuartige Drehgelenke für reibungsarme Mechanismen. 2013
           ISBN 978-3-7315-0103-9

Band 23   Nicole Gaus
           Zur Ermittlung eines stochastischen Reibwerts und dessen Einfluss
           auf reibungserregte Schwingungen. 2013
           ISBN 978-3-7315-0118-3

Band 24   Fabian Bauer
           Optimierung der Energieeffizienz zweibeiniger
           Roboter durch elastische Kopplungen. 2014
           ISBN 978-3-7315-0256-2